Apprentissage et enseignement de la lecture

Jocelyne Giasson, *Université Laval*
Jacqueline Thériault, *Université du Québec à Chicoutimi*

Apprentissage et enseignement de la lecture

LES ÉDITIONS VILLE-MARIE
Publication PPMF-LAVAL

DISTRIBUTEUR EXCLUSIF POUR LE CANADA :
AGENCE DE DISTRIBUTION POPULAIRE INC.*
955, rue Amherst, Montréal, H2L 3K4
Tél.: (514) 523-1182
*Filiale de Sogides

Illustration de la couverture : Jean-Christian Knaff
Conception graphique : Katherine Sapon
Illustrations : Nicholas Pitre

Cette publication a été réalisée grâce à une subvention du ministère de l'Éducation du Québec au Programme de perfectionnement des maîtres de français (PPMF) de l'Université Laval, grâce également à la collaboration du département des Sciences de l'éducation de l'Université du Québec à Chicoutimi ainsi que celle du Fonds FCAC pour l'aide à la rédaction de manuels en langue française.

ISBN 2-89194-089-X
Dépot légal, 3e trimestre 1983, 1re éd., 1983

TABLE DES MATIÈRES

PARTIE A : FONDEMENTS DE LA LECTURE

Chapitre I : Historique de la lecture

ÉVOLUTION DES SYSTÈMES D'ÉCRITURE 22
Le système pictographique 22
Le système idéographique 24
Le système alphabétique 26

HISTORIQUE DE LA RECHERCHE EN LECTURE 28
L'âge d'or des recherches en lecture 29
L'abandon des recherches en lecture 30
Le renouveau d'intérêt pour la lecture 31
Les courants de recherche actuels 32
A) Le lecteur adulte 33
B) Le lecteur précoce 33
C) L'alphabétisation 34
D) La métalinguistique 34
E) Les rapports entre l'écriture et la lecture 35

F) L'apport de la technologie 35
G) L'analyse du discours et les modèles théoriques de compréhension 35

HISTORIQUE DE L'ENSEIGNEMENT DE LA LECTURE 36
Les méthodes d'enseignement de la lecture 36
A) Les méthodes synthétiques 37
1) La méthode alphabétique 38
2) La méthode phonétique 38
3) La méthode syllabique 38
B) Les méthodes analytiques 38
L'enseignement de la lecture de la préhistoire jusqu'à la fin du XIXe siècle 41
L'enseignement de la lecture au cours du XXe siècle 43
A) Aux États-Unis 43
B) En France 45
C) Au Québec 46
1) Le courant centré sur les méthodes synthétiques 46
2) Le courant centré sur les méthodes analytiques 56
3) Les orientations actuelles 58

Chapitre II : Modèles et processus de lecture

MODÈLES DE LECTURE 66
Pourquoi un modèle de lecture ? 66
Votre propre conception du processus de lecture 70
Classification des modèles de lecture selon Williams 72
A) Les modèles taxonomiques 73
B) Les modèles psychométriques 73
C) Les modèles psychologiques 73
1) Approche behavioriste 74
2) Approche cognitive 74
3) Traitement de l'information 75
D) Les modèles linguistiques 75

Autre classification des modèles de lecture 76
A) Les modèles *Bottom-up* 78
B) Les modèles *Top-down* 78
C) Les modèles interactifs 79

PROCESSUS DE LECTURE 80
L'aspect perceptif en lecture 81
A) La perception des mots 81
1) Les caractéristiques de la perception 82
2) Les facteurs qui exercent une influence sur la perception 84
a) Les parties supérieure et inférieure des lettres 84
b) La place de la lettre dans le mot 85
c) Les consonnes et les voyelles 86
B) Les mouvements des yeux 87
1) Les données de base 87
2) Quelques particularités des mouvements des yeux 89
3) Les effets de la typographie 92
4) Quelques appareils pour mesurer les mouvements des yeux 93
a) L'appareil de Javal 93
b) Les appareils modernes 93
5) Les nouvelles interprétations 94
L'aspect cognitif en lecture 97
A) La lecture n'est pas synonyme d'identification précise 97
B) La lecture précise est-elle parfois indispensable ? 98
C) Présentation d'un modèle psycholinguistique 99
1) Les stratégies de prédiction 101
a) Prédiction des unités syntaxiques 102
b) Prédiction des classes sémantiques 104
2) Les stratégies de confirmation 106
3) Les stratégies d'intégration 106
4) Lecture orale/lecture silencieuse 107
a) Lecture silencieuse 107
b) Lecture orale 108

5) Les méprises 109
a) Les méprises chez le bon lecteur 109
b) La théorie du signal de détection 110
D) En quoi se distingue l'approche psycholinguistique des autres approches en lecture? 111

Chapitre III : Fonctions de la lecture

FONCTIONS DE LA LECTURE 116
Classification des fonctions 118
A) La fonction instrumentale 118
B) La fonction régulatrice ou directive 119
C) La fonction interactionnelle 120
D) La fonction personnelle 121
E) La fonction heuristique 122
F) La fonction imaginative ou projective 123
G) La fonction informative 124
Distinction entre langage oral et langage écrit 126
A) Modalité 126
B) Interaction 127
C) Engagement 127
D) Communauté d'espace 127
E) Communauté de temps 128
F) Degré d'abstraction du référent 128
G) Distinction entre les interlocuteurs 128
Les fonctions propres à l'écrit 130
A) Fonctions qui découlent de la nature même de l'écrit 130
1) La permanence potentielle de l'écrit 130
2) L'écrit se déplace dans le temps 131
3) L'écrit est un canal souple 131
4) L'écrit est un moyen de communication discret et même secret 131
5) L'écrit permet une communication en l'absence d'émetteur et de récepteur 131

6) L'écrit permet de préciser et d'expliciter son discours 132
7) L'écrit permet la réflexion 132
B) Fonctions qui découlent de la vie communautaire 132
C) Fonctions qui découlent de la technologie 132

LES TYPES DE DISCOURS 133
Le discours à caractère informatif 133
Le discours à caractère incitatif 135
Le discours à caractère expressif 136
Le discours à caractère poétique 136
Le discours à caractère ludique 138

PARTIE B : LE JEUNE LECTEUR

Chapitre IV : La lecture avant l'âge scolaire

HISTORIQUE DE LA CONCEPTION DE LA LECTURE AVANT L'ÂGE SCOLAIRE 142
Courant axé sur la maturation 142
A) Les théories développementales 142
B) Les garderies pendant la guerre de 39-45 143
C) L'influence européenne 143
Courant axé sur la psychomotricité 144
Courant axé sur la conscience de l'écrit 145
A) Définition de la conscience de l'écrit 146
B) Évaluation de la conscience de l'écrit 147

LA SENSIBILISATION À L'ÉCRIT CHEZ LES PETITS 161
Les observations dans le milieu naturel 161
Les recherches sur le lecteur précoce 162
Les stratégies de sensibilisation à l'écrit 164
A) L'adulte fait la lecture à l'enfant 164
B) L'adulte interprète les symboles écrits pour l'enfant 167
C) Pour ou contre l'apprentissage précoce de la lecture 168

Chapitre V : Mise au point sur la discrimination des lettres

LA DISCRIMINATION VISUELLE DES LETTRES 174

Les traits distinctifs 174

A) Les traits distinctifs des majuscules 175

B) Les traits distinctifs des minuscules 179

Les causes d'inversion des lettres 180

L'ACQUISITION DU NOM DES LETTRES 182

Le rôle de la connaissance des lettres dans l'apprentissage de la lecture 183

Les données expérimentales sur l'apprentissage de l'alphabet 185

Faut-il enseigner le nom ou le son des lettre ? 187

L'ENSEIGNEMENT DE L'ALPHABET 188

Quelques stratégies 189

Des activités concrètes 191

A) La discrimination visuelle 191

B) L'apprentissage du nom des lettres 192

Chapitre VI : Stratégies de lecture

LES DIFFÉRENTES STRATÉGIES D'IDENTIFICATION DES MOTS 198

LE CONTEXTE SYNTAXIQUE ET SÉMANTIQUE 201

Primauté de l'utilisation du contexte comme stratégie 201

Définition des types de lecteurs en fonction de l'utilisation du contexte 202

Stratégies d'enseignement des indices syntaxiques 203

Stratégies d'enseignement des indices sémantiques 205

A) Les activités centrées sur le contexte oral 206

B) Les activités intégrant le contexte oral et les indices grapho-phonétiques 207

C) Les activités centrées sur le contexte écrit 208

D) Les activités combinant le contexte écrit et les indices grapho-phonétiques 209

Utilisation du contexte et compréhension 211

Contexte et acquisition du vocabulaire 212

LE VOCABULAIRE VISUEL 216
Mécanismes de reconnaissance globale des mots chez l'enfant 217
A) L'enfant doit regarder le mot pendant que l'enseignant l'identifie 218
B) L'enfant doit utiliser de bons indices 218
1) Les bons indices 219
2) Les mauvais indices 219
La présentation du vocabulaire visuel 220
Critères dans la sélection des mots 221
A) Les mots qui font partie du langage oral 221
B) Les mots concrets 222
C) Les motifs émotifs 224
D) Les mots fréquents 225
Une solution de rechange à la sélection des mots : les mots-clés 227
La pratique du vocabulaire visuel 230
Activités suggérées 231

L'ANALYSE DES ÉLÉMENTS DU MOT 233
L'analyse phonique ou les correspondances graphèmes/phonèmes 233
A) Définitions 233
B) Complexité des correspondances graphèmes/phonèmes 234
Pourquoi enseigner les correspondances lettres/sons ? 237
Les limites de l'analyse phonique 238
Quand faut-il entreprendre l'enseignement des correspondances lettres/sons ? 239
Différentes approches dans l'apprentissage des correspondances graphèmes/phonèmes . 239
A) L'approche déductive 239
B) L'approche inductive 240
Quelle approche doit-on privilégier ? 242
Est-il préférable de ne présenter que des correspondances régulières au début de l'apprentissage ? 243
La pratique de l'analyse phonique 244
L'analyse de la structure du mot 245
A) La syllabe 245

B) Les racines 246
C) Les suffixes 246
D) Les préfixes 250

Chapitre VII : Vitesse et flexibilité

LA VITESSE DANS LA LECTURE 256
La vitesse et la compréhension 256
La vitesse dans la lecture orale et dans la lecture silencieuse 257
La vitesse comme indice d'habileté dans la lecture 257
La subvocalisation 258
Quelle part doit-on accorder à la vitesse dans l'enseignement de la lecture ? 259
A) Comment évaluer la vitesse dans la lecture ? 259
1) L'élaboration du test 260
2) Le déroulement du test 260
B) Comment utiliser les résultats de l'évaluation ? 261
La vitesse et les différents types de lecture 262
A) Les lectures rapide, lente, très lente 263
B) Le balayage 263
1) Le repérage 264
a) Les deux types de repérage 264
b) L'enseignement du repérage 266
2) Le survol 267
1) La distinction survol/repérage 267
2) L'enseignement du survol 268

LA FLEXIBILITÉ 269
L'évaluation de la flexibilité 269
L'enseignement de la flexibilité 270

Chapitre VIII : Attitudes, intérêts et habitudes à l'égard de la lecture

L'ATTITUDE DEVANT LA LECTURE 274
Les facteurs responsables des attitudes négatives 274

Les échelles d'attitude 276
A) La grille d'observation des attitudes 276
B) Le questionnaire d'attitudes 276
C) L'échelle des attitudes devant un texte particulier 281

LES INTÉRÊTS RELATIVEMENT À LA LECTURE 282
Les intérêts particuliers 283
Les facteurs qui influencent le choix des livres 284
L'inventaire d'intérêts 284
Le relevé des types de lecture 286

LES HABITUDES DE LECTURE 287

PARTIE C : PÉDAGOGIE ET LECTURE

Chapitre IX : Activités de lecture

APPRENTISSAGE ET ENSEIGNEMENT 292

LECTURE À HAUTE VOIX/LECTURE SILENCIEUSE 293
La nature de la lecture à haute voix 293
La lecture à haute voix à tour de rôle 294
La lecture à haute voix dans une situation de communication 296
A) La préparation de la lecture à haute voix 296
B) Nécessité d'un auditoire 297
C) Évaluation de la lecture à haute voix 297
L'importance de la lecture silencieuse 298
La lecture silencieuse continue (L.S.C.) 298
A) La nature de la L.S.C. 299
B) Comment implanter la L.S.C. ? 299
C) Quels résultats faut-il attendre de cette technique ? 300
D) Questionnaire sur les attitudes des élèves face à la L.S.C 302
Le coin de lecture 302

STRATÉGIES D'INTERVENTION EN LECTURE 304
Classification des interventions 304
Modification des interventions 306
A) Le temps de réflexion 307
B) Le choix des stratégies 308

ACTIVITÉS SIGNIFIANTES POUR LE LECTEUR DÉBUTANT 308
Apprendre à lire en écoutant 309
A) Activités fondées sur le langage de l'enfant 310
B) Activités de langage structuré 312
C) Activités de lecture guidée 317
D) Le livre-cassette 320
1) Son implantation 321
2) Son fonctionnement 322
Activités pour les premières semaines de la 1re année 323

BANQUE D'ACTIVITÉS DE LECTURE 326

LES JEUX DE LECTURE 331

Chapitre X : Matériel de lecture

VARIÉTÉ ET CARACTÈRE AUTHENTIQUE DES TEXTES 334
Exemples de textes authentiques et variés 334
Exemples d'activités 335

LE NIVEAU DE DIFFICULTÉ D'UN TEXTE 337
La lisibilité 339
Les collections graduées 340
Les textes produits par les enfants 341

LES STÉRÉOTYPES SEXISTES 342
Le sexisme dans les manuels scolaires 342
Les manuels récents 344

Effets du contenu stéréotypé de certains manuels 345
A) Les intérêts des enfants 345
B) Les attitudes des enfants 345
C) La compréhension 346
Stratégies pour contrer les stéréotypes sexistes dans le matériel didactique 346

LES STÉRÉOTYPES RELATIFS AUX PERSONNES ÂGÉES 347

Chapitre XI : Évaluation de la lecture

LES BUTS DE L'ÉVALUATION 352

LES TESTS NORMALISÉS 352

L'ÉVALUATION INFORMELLE 354

L'ANALYSE DES MÉPRISES 356
Problèmes relatifs à l'évaluation traditionnelle 356
L'origine de l'analyse des méprises 358
Le déroulement de l'analyse des méprises 360
A) Cueillette d'échantillons de lecture à haute voix 360
B) Évaluation de méprises 360
C) Cotation de méprises 361
D) Exemple d'analyse des méprises 361

LA TECHNIQUE DE CLOSURE 362
La technique de closure comme moyen de mesurer la compréhension en lecture 363
A) Élaboration du test 363
1) Choix du texte 363
2) Les lacunes 364
3) Règles de suppression des mots 364
B) Déroulement du test 364
C) Cotation du test de closure 365
D) Interprétation 365
E) Exemples de tests de closure 367

La technique de closure comme mesure de la lisibilité 369
La technique de closure comme technique d'enseignement 369
Variantes de la technique de closure 369
A) La technique de labyrinthe 369
B) Le test de closure après la lecture à haute voix 370
C) Le test de closure limité 371

Bibliographie 373

Introduction

Dans ce livre destiné aux enseignants et aux futurs enseignants, nous avons essayé d'intégrer la théorie et la pratique. Nous pensons qu'il est important de présenter des éléments théoriques, des principes généraux qui pourront par la suite être appliqués à des situations spécifiques. L'enseignement de la lecture le plus efficace est celui qui est basé sur une bonne compréhension du processus de lecture lui-même. Notre objectif est donc de faire connaître le processus de lecture pour aider les enseignants à élaborer leurs propres stratégies d'enseignement mais nous avons voulu, par contre, apporter également un aspect pratique tout au long du livre parce que nous sommes sensibles aux problèmes des enseignants qui se retrouvent souvent devant des énoncés théoriques *inapplicables* en classe.

La première section présente l'historique de l'évolution de la recherche et de l'enseignement en lecture et suggère comme cadre conceptuel un modèle théorique du processus de lecture basé sur l'approche psycholinguistique. La deuxième section aborde l'apprentissage de la lecture chez le lecteur débutant ; la définition de ce terme inclut également l'enfant d'âge pré-scolaire. La troisième section propose des stratégies d'enseignement, des critères de choix de matériel ainsi que des pistes pour l'évaluation des progrès en lecture.

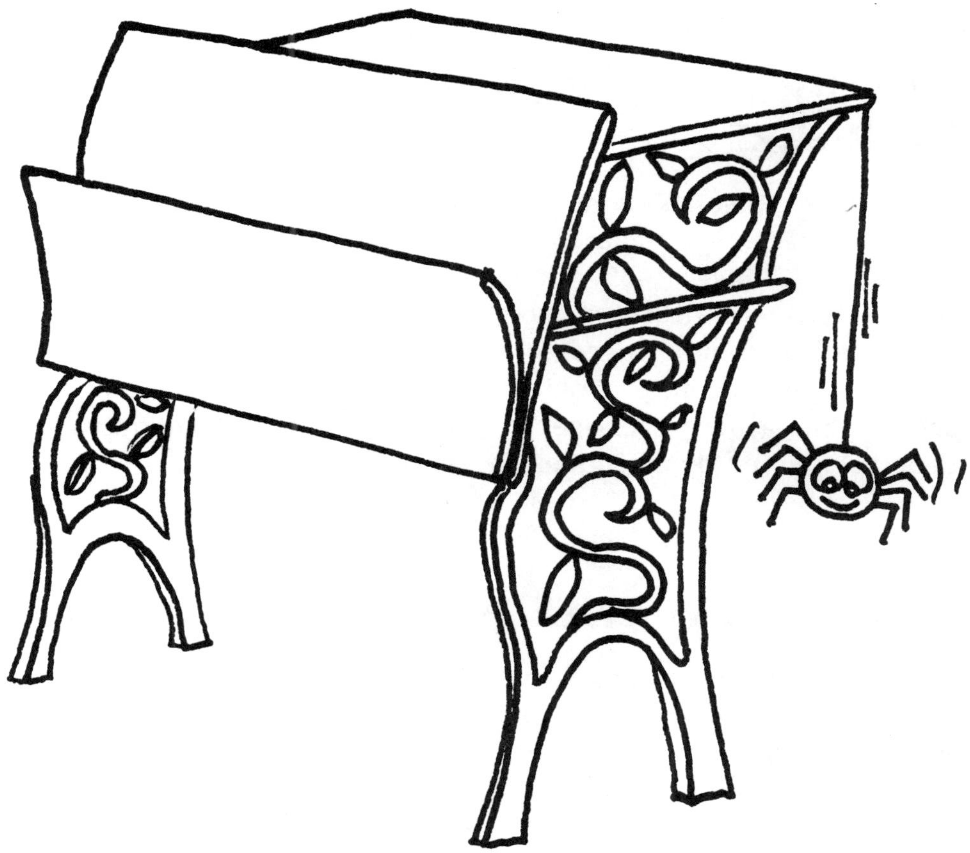

Chapitre I
Historique de la lecture

Vous trouverez dans ce chapitre un aperçu des systèmes d'écriture utilisés par l'homme depuis des millénaires. Vous ferez ensuite la connaissance des principaux chercheurs qui ont été à l'origine des premières analyses scientifiques en lecture. Vous serez à même de constater l'évolution capricieuse de l'intérêt que les chercheurs ont porté à la lecture du début du siècle jusqu'à aujourd'hui.

Dans la présentation de l'évolution de l'enseignement de la lecture, vous retrouverez probablement la méthode de lecture avec laquelle vous avez appris à lire en première année et pourrez ainsi juger de l'ampleur des changements survenus dans les dernières années.

ÉVOLUTION DES SYSTÈMES D'ÉCRITURE

Plusieurs auteurs se sont penchés sur l'analyse des textes anciens afin de dégager les étapes marquantes de l'évolution de l'écriture (Abrioux, 1975 ; Berger, 1891 ; Cohen, 1958 ; Gelb, 1973 ; Havelock, 1981). Même si les interprétations diffèrent légèrement d'un auteur à l'autre, il est toutefois possible de dégager, de toutes ces analyses, trois stades ou trois systèmes d'écriture importants qui ont marqué l'évolution de la langue écrite à travers les âges. Il s'agit des systèmes pictographique, idéographique et alphabétique.

Le système pictographique

Partout à travers le monde, aux époques les plus reculées, l'homme a laissé des traces de ses expériences sous forme de dessins sur les rochers. Ces illustrations, appelées pictogrammes, représentent ordinairement l'homme et l'animal dans différentes situations d'interaction. Ces dessins, qui remontent à plus de 15 000 ans avant Jésus-Christ, constituent les premiers essais de communication écrite. On y décèle trois caractéristiques. Premièrement, la ressemblance entre le dessin et l'apparence visuelle de l'objet représenté est très marquée. « L'écriture est née de l'imitation de la forme d'êtres ou de choses réelles. À la base de toute écriture, il y a la représentation » (Gelb, 1973, p. 32). Deuxièmement, les détails qui ne sont pas nécessaires à la communication sont éliminés ; les pictogrammes sont donc schématisés par contraste avec les dessins artistiques dont le but est de plaire à l'œil. Et finalement, la représentation graphique est sensiblement indépendante de la langue orale : il n'y a pas de correspondance directe entre les dessins et les mots de la langue car le dessin représente plutôt une scène qu'une phrase. Cette indépendance par rapport à la langue orale permet à quelqu'un qui ne connaît pas la langue de l'auteur des dessins d'interpréter ou de *lire* ces derniers s'il connaît les circonstances qui ont présidé à leur exécution.

On peut voir un bel exemple de l'écriture pictographique dans ce dessin trouvé au Nouveau-Mexique à l'entrée d'un sentier très abrupt.

Figure 1 : Exemple de pictogramme ancien.
Emprunté à GELB, I.J. *Pour une théorie de l'écriture.* Paris : Flammarion, 1973.

L'image signifie *Entrée interdite* et avertit les cavaliers que le sentier est dangereux : une chèvre des montagnes pourrait y grimper mais un cheval culbuterait. On retrouve dans ce pictogramme les trois caractéristiques nommées précédemment : 1) le cavalier et les animaux illustrés sont près de la réalité, ils sont *ressemblants* ; 2) le dessin est schématique et 3) finalement, même si l'on peut saisir le sens du dessin, on ne peut établir de relation directe avec la langue utilisée.

De nos jours, le système pictographique est encore utilisé à l'occasion, notamment sur certains panneaux de signalisation routière. Dans l'exemple ci-dessous, le panneau informe les chauffeurs de la présence d'ouvriers sur la route.

Figure 2 : Illustration d'emploi moderne du pictogramme.

Ici encore, on retrouve la ressemblance avec l'apparence visuelle du référent, la schématisation du dessin et l'indépendance envers la langue orale.

Si le système pictographique a l'avantage d'être universel, il présente en revanche le désavantage de mal se prêter à l'illustration des abstractions. C'est pourquoi il n'est pas surprenant que l'homme ait senti le besoin d'un outil de communication écrite plus efficace.

Le système idéographique

Lentement, le système pictographique a évolué vers le système idéographique ou logographique. Le terme idéographique tire son origine du mot grec *ideos*, qui signifie *idée*, et le terme logographique du mot grec *logos*, qui signifie *mot*. Le passage du système pictographique au système idéographique constitue une étape décisive dans l'évolution de l'écriture. De fait, c'est à partir de ce moment que l'on parlera vraiment d'écriture car les symboles sont maintenant utilisés pour représenter des éléments de la langue. L'homme vient ainsi de découvrir que les mots peuvent être représentés par des marques. Par exemple, pour écrire *cinq moutons*, il n'est plus nécessaire de dessiner cinq fois le même mouton, il suffit d'écrire deux symboles, l'un représentant le nombre cinq et l'autre le concept de mouton.

L'écriture idéographique la plus ancienne, celle des Égyptiens, remonte à 4 000 ans avant Jésus-Christ. Ce système comprend environ 500 symboles (hiéroglyphes) qui traduisent des mots représentant des objets, des actions, des abstractions (Foss, 1978). Contrairement au système pictographique, il n'y a pas, dans le système idéographique, de lien entre l'apparence visuelle du référent et le symbole utilisé. Le lecteur doit donc apprendre la signification de chacun des symboles pour être en mesure de lire le message.

Les idéogrammes se sont développés de deux façons différentes : on retrouve d'abord une catégorie d'idéogrammes qui représentent des mots par association de signification. Par exemple, l'image du soleil sera utilisée pour signifier *brillant* ou *jour*. Ensuite, on voit apparaître des signes qui ne représentent pas des objets, ce sont de simples formes géométriques abstraites. Plusieurs de ces formes géométriques sont, en fait, dues à une évolution du système pictographique. En effet, graduellement on se lassa de dessiner les détails trop longs à exécuter et les formes se simplifièrent insensiblement. « Que les dessins géométriques soient la schématisation de formes représentatives antérieures, cela peut être établi de façon concluante par l'examen de l'évolution de toute écriture parvenue à son moment historique. » (Gelb, 1973, p. 34).

Un exemple typique de l'évolution des idéogrammes nous vient des Indiens du Nord canadien (figure 3). L'image qui suit montre trois moments dans l'évolution subie par deux pictogrammes : les trois premiers représentant un castor, ceux de la partie inférieure désignent un oiseau. Ces deux pictogrammes se sont progressivement modifiés de façon à ne plus être, finalement, que des symboles très éloignés de l'apparence de l'animal. La vitesse d'exécution est sans conteste le facteur qui contribua le plus à cette évolution.

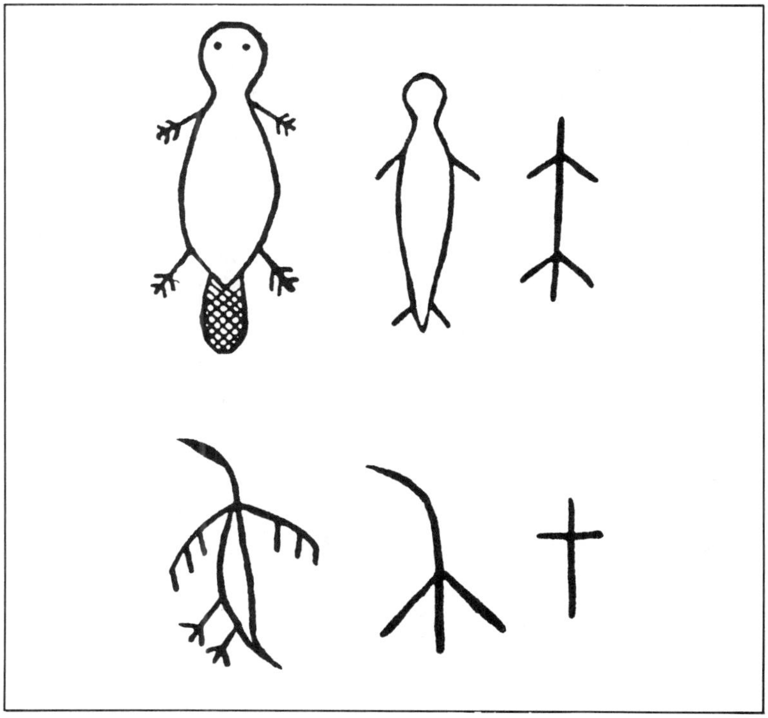

Figure 3 : Illustration de l'évolution du système idéographique.
Emprunté à MORICE, A.G. *Croquis anthropologique.* Winnipeg, 1934, p. 200.

Le système d'écriture idéographique égyptien s'est développé de façon à représenter non seulement des mots mais également des syllabes, c'est pourquoi on parlera ensuite de système syllabique. Il existe encore aujourd'hui des langues écrites qui ont échappé à cette évolution et qui conservent les caractéristiques des systèmes idéographiques et syllabiques. L'écriture chinoise est un bel exemple d'écriture idéographique, alors que l'écriture japonaise illustre bien le système syllabique (figure 4).

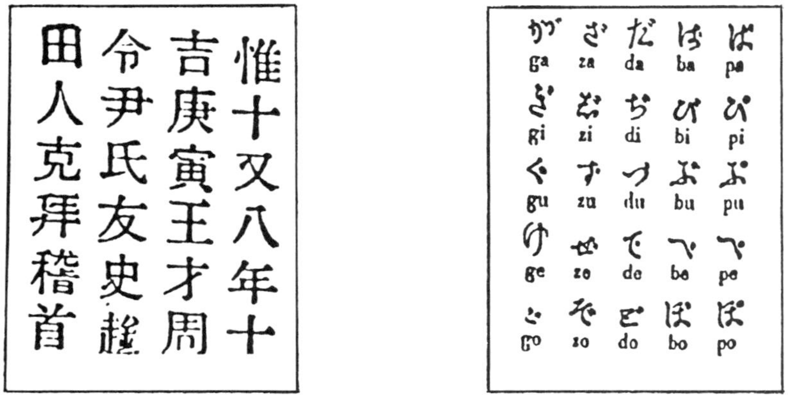

Écriture chinoise **Écriture japonaise**

Figure 4 : Exemples d'écritures chinoise et japonaise.

La langue française écrite contient quelques idéogrammes, comme les chiffres et les signes de multiplication, de division (1, 2, 3, X, :), etc. On retrouve également des idéogrammes dans les panneaux de circulation routière comme, par exemple, le triangle inversé indiquant la priorité de passage.

Le système alphabétique

Ce n'est que vers 1 500 ans avant Jésus-Christ qu'est apparu un système d'écriture formé de symboles correspondant, non plus à des mots ou des syllabes, mais à des consonnes. Ce sont les Grecs qui ont introduit les représentations graphiques des voyelles et ont ainsi produit un système alphabétique très près de celui que nous connaissons actuellement (figure 5).

N°	Imprimerie		Appellation
1	Α, α	Α, α	*alpha*
2	Β, β, ϐ	Β, β, ϐ	*bêta*
3	Γ, γ	Γ, γ	*gamma*
4	Δ, δ	Δ, δ	*delta*
5	Ε, ε	Ε, ε	*epsilon*
6	Ζ, ζ	Ζ, ζ	*dzêta*
7	Η, η	Η, η	*êta*
8	Θ, θ	Θ, ϑ	*thêta*
9	Ι, ι	Ι, ι	*iota*
10	Κ, κ	Κ, ϰ	*kappa*
11	Λ, λ	Λ, λ	*lambda*
12	Μ, μ	Μ, μ	*mu*

N°	Imprimerie		Appellation
13	Ν, ν	Ν, ν	*nu*
14	Ξ, ξ	Ξ, ξ	*ksi*
15	Ο, ο	Ο, ο	*omicron*
16	Π, π	Π, π	*pi*
17	Ρ, ρ	Ρ, ρ	*rô*
18	Σ, σ, ς	Σ, σ, ς	*sigma*
19	Τ, τ	Τ, τ	*tau*
20	Υ, υ	Υ, υ	*upsilon*
21	Φ, φ	Φ, ϕ	*phi*
22	Χ, χ	Χ, χ	*khi*
23	Ψ, ψ	Ψ, ψ	*psi*
24	Ω, ω	Ω, ω	*oméga*

Figure 5 : L'alphabet grec, premier système alphabétique complet.

Étant donné que, dans ce système, les symboles représentent les phonèmes de la langue, celui qui connaît la correspondance entre les symboles graphiques et les phonèmes est en mesure de déduire, de façon approximative, la prononciation du mot dans le langage oral. Depuis l'apparition du système alphabétique grec, il n'y a à peu près pas eu de changement dans la façon de traduire par écrit la pensée humaine.

Pour résumer l'évolution des systèmes d'écriture à travers les âges, voici un tableau qui représente le même concept, ici le concept de poisson, traduit de trois façons différentes.

Système pictographique	
Système idéographique	魚
Système alphabétique	Poisson

Figure 6 : Illustration du développement des systèmes d'écriture.

Dans la première illustration, le poisson dessiné peut être facilement reconnu par tous (écriture pictographique) ; dans la deuxième, seules les personnes initiées à l'écriture chinoise peuvent identifier le symbole (système idéographique) et finalement, dans la dernière, ceux qui connaissent les relations des graphèmes avec les phonèmes sont susceptibles de reconstituer la prononciation du mot présenté (écriture alphabétique).

HISTORIQUE DE LA RECHERCHE EN LECTURE

Pendant 2 000 ans, la conception du processus de lecture est restée à peu près inchangée. À la toute fin du XIXe siècle, cependant, s'est élaborée, de manière intuitive, une nouvelle vision de la lecture. Alors que cette dernière avait toujours été considérée comme l'oralisation de signes écrits, on commença à la percevoir comme un phénomène de compréhension. Deux facteurs, entre autres, ont provoqué l'apparition de cette nouvelle façon de voir la lecture (Weaver et Resnick, 1979). On a d'abord constaté les piètres résultats de l'enseignement de la lecture en ce qui touche la compréhension : en effet, lors de la première guerre mondiale, plus de 25% des recrues ne réussissaient pas à lire le questionnaire de classement. Mais le facteur le plus important fut certainement la contribution de la psychologie expérimentale qui a jeté les bases des modèles explicatifs de la lecture. Nous verrons maintenant, de manière plus précise, le rôle joué par les chercheurs de cette école dans la conceptualisation de la lecture.

L'âge d'or des recherches en lecture

Le premier laboratoire de psychologie expérimentale est créé par Wundt à Leipzig, en Allemagne, vers la fin des années 1870. Les intérêts de ce laboratoire s'orientent vers l'analyse des sensations, de la perception et du temps de réaction. C'est d'ailleurs par le biais de l'étude du temps de réaction que l'on en vient à s'intéresser à la lecture. En effet, on mesure le temps que prennent des sujets pour répondre à des lettres ou des mots exposés brièvement afin de déterminer la rapidité de certains processus mentaux (Venezky, 1977).

Cattell (1886 : voir Venezky, 1977), qui est probablement le chercheur le plus connu de ce laboratoire, s'intéresse surtout aux différences individuelles, mais ses expériences, qui portent sur la reconnaissance de lettres et de mots, vont former la trame de fond des recherches en lecture des 30 années suivantes. Dans l'une de ses principales recherches, Cattell découvre que les sujets mettent deux fois plus de temps pour lire des suites de lettres sans signification que pour lire des lettres qui forment des mots. Dans un autre article (1897 : voir Venezky, 1977), Cattell démontre qu'un lecteur habile, lors d'une brève exposition, ne peut lire que trois à quatre lettres non reliées par le sens mais peut, par contre, reconnaître deux mots entiers, ce qui représente une dizaine de lettres. Ces expériences contredisent la conception de l'époque voulant que les lettres soient perçues isolément dans les mots.

À la même époque, Javal (1905), un ophtalmologiste français, étudie les mouvements des yeux pendant la lecture. Il réalise que l'œil du lecteur se déplace par mouvements saccadés et que chaque saccade couvre une dizaine de lettres. Il démontre également que la perception ne se fait pas pendant les déplacements mais pendant les interruptions du mouvement, lorsque l'œil est fixe.

Parallèlement, Quantz (1898) publie la première recherche sur l'empan œil-voix en lecture. Il constate qu'en lecture orale, l'œil du lecteur est toujours en avance de quelques mots sur sa lecture. L'intervalle entre l'œil et la voix est plus grand chez le lecteur accompli que chez le lecteur peu habile.

L'intérêt pour la lecture, qui a pris naissance en Europe, se déplace graduellement vers les États-Unis où Huey (1908) publie le premier traité complet sur la lecture ; il y aborde autant les données provenant de recherches que l'aspect historique et les implications pédagogiques. Dans son livre, Huey s'oppose à la lecture de sons et de mots isolés pour le lecteur débutant. Il prône plutôt une approche fondée sur le langage de l'enfant et centrée sur la compréhension. Il préconise la lecture silencieuse plutôt que la lecture orale. Dans l'introduction de la réédition de 1968, Kolers note que « vraiment très peu d'information empirique a été ajoutée à ce que Huey savait déjà, bien que plusieurs des phénomènes qu'il décrit soient maintenant mesurés de façon plus précise ».

Bref, on peut considérer la période de 1880 à 1910 comme l'âge d'or de la recherche en lecture. Les chercheurs de cette époque ont conçu avec des moyens rudimentaires les projets les plus fructueux et les plus créateurs de toute l'histoire de la recherche en lecture.

L'abandon des recherches en lecture

Peu après la publication du traité de Huey (1908), l'intérêt de la psychologie expérimentale pour la lecture disparaît presque complètement. Huey lui-même, qui, peu de temps auparavant, affirmait que la compréhension du processus de la lecture permettrait de saisir l'essentiel des processus cognitifs humains, délaisse ce domaine pour se consacrer à l'étude de la déficience mentale. Deux facteurs sont à l'origine de ce revirement. D'abord la percée du behaviorisme rejette dans l'ombre les recherches qui ne s'appuient pas sur des comportements observables. Comme la plupart des phénomènes intéressants en lecture ne s'observent pas directement, les recherches dans ce domaine perdent de leur popularité. Deuxièmement, les préoccupations nouvelles pour la mesure canalisent les énergies dans ce que l'on appellera plus tard *la manie de la mesure*. C'est, en effet, à cette époque que Binet (1921) publie son test d'intelligence et que Thorndike (1923) propose son échelle d'évaluation de l'écriture.

À partir de ce moment, les psychologues intéressés par la lecture se tournent vers l'éducation et leurs préoccupations s'orientent vers l'enseignement, plus particulièrement vers le diagnostic et l'évaluation. Ce ne sera que vers 1950 que se manifestera un renouveau d'intérêt pour la lecture. Il n'est donc pas surprenant que les recherches du début du siècle nous paraissent si actuelles. Venezky (1977) résume bien l'évolution des recherches en lecture lorsqu'il affirme que la principale contribution des dernières années a été de redécouvrir les travaux du début du siècle.

Le renouveau d'intérêt pour la lecture

Nous venons de voir que l'engouement des psychologues pour la lecture disparaît vers 1920, après des premières recherches pourtant prometteuses, pour ne réapparaître que vers 1950, soit en même temps que se développe l'intérêt pour les processus cognitifs. Le nombre croissant de publications scientifiques consacrées à la lecture témoigne de l'intérêt accru pour cette question, comme le démontre le tableau suivant, établi par Johns (1982), et faisant état des publications relatives à la lecture depuis le début du siècle.

Tableau 1 : Répartition des publications consacrées à la lecture de 1880 à 1980.

Décade	Nombre d'études	Fréquence cumulative
1880–1890	2	2
1891–1900	12	14
1901–1910	20	34
1911–1920	200	234
1921–1930	764	998
1931–1940	1 072	2 070
1941–1950	893	2 963
1951–1960	1 034	3 997
1961–1970	2 758	6 755
1971–1980	6 001	12 756

Traduit de JOHNS, J. Research in reading : A century of inquiry. *In* S. WEINTRAUB et *al.* (Eds) : *Summary of investigations relating to reading.* July 1, 1980 to June 30, 1981. Newark : I R A, 1982.

Comme on peut le constater dans le tableau 1, on a assisté, au cours des cent dernières années, à une augmentation du nombre de recherches publiées durant chaque décennie, sauf pendant la deuxième guerre mondiale. L'augmentation la plus spectaculaire s'est produite entre 1971–1980. La production de cette période est à peu près égale à celle de toutes les décennies antérieures. De plus, si l'on analyse la production détaillée des dix dernières années, on voit que l'augmentation la plus sensible se situe après 1978, comme en témoigne le tableau suivant.

Tableau 2: Répartition des publications consacrées à la lecture de 1971 à 1980.

Année	Nombre d'études
1971	307
1972	302
1973	369
1974	431
1975	558
1976	599
1977	638
1978	554
1979	1 078
1980	1 165

Élaboré à partir des données de JOHNS, J. Research in reading : A century of inquiry. *In* S. WEINTRAUB et *al.* (Eds) : *Summary of investigations relating to reading.* July 1, 1980 to June 30, 1981. Newark : I R A, 1982.

Ainsi l'intérêt pour la lecture semble-t-il plus manifeste que jamais. Mais quels sont donc les thèmes qui monopolisent l'attention des chercheurs depuis quelques années ? Quels aspects de la question sont donc traités dans ces nombreuses publications ? C'est le sujet que nous aborderons maintenant.

Les courants de recherche actuels

Chaque époque privilégie certains thèmes de recherche, mais il est difficile de discerner si un courant de recherche répond à une mode éphémère ou s'il conduira à des résultats intéressants. Seule l'analyse historique nous permet de juger de l'ampleur et de l'influence réelles d'un courant de recherche. Quoi qu'il en soit, il est important d'identifier les thèmes de recherche qui reçoivent les faveurs de l'ensemble des chercheurs aujourd'hui, car les travaux en cours pourraient influencer l'enseignement de demain. Nous décrirons donc sommairement les principaux champs de recherche dont on a entrepris l'exploration dans la présente décennie et qui sont susceptibles de retenir l'intérêt des chercheurs dans les prochaines années (Chall, 1977; Hunsberger, 1982). Nous classifierons les recherches à partir de sept thèmes, soit le lecteur adulte, le lecteur précoce, l'alphabétisation, la métalinguistique, les rapports entre l'écriture et la lecture, l'apport de la technologie, l'analyse du discours et les modèles théoriques de compréhension.

A) Le lecteur adulte

Dans les dernières années, l'intérêt des chercheurs s'est détourné du lecteur débutant pour se tourner vers le lecteur adulte. Plusieurs raisons peuvent être invoquées pour expliquer ce changement d'intérêt. Premièrement, on a émis l'hypothèse que, pour aider les lecteurs en difficulté, il fallait d'abord mettre à jour les processus qu'implique la lecture; le lecteur accompli étant considéré comme un individu mûr sur le plan cognitif, on a cru logique de miser sur les explications que ce dernier peut apporter sur son propre processus de lecture. Deuxièmement, on a constaté que les habiletés de lecture nécessaires au secondaire et au collégial étaient très différentes des habiletés nécessaires au primaire et qu'on savait en définitive très peu de choses sur ces habiletés plus complexes. Finalement, l'intérêt de la psychologie cognitive pour les processus de compréhension n'est pas étranger au fait que le lecteur adulte constitue le sujet principal des recherches en lecture.

B) Le lecteur précoce

Si le lecteur débutant ne figure plus au centre des intérêts des chercheurs actuels, il demeure toutefois une catégorie de lecteurs débutants qui font exception à la règle; il s'agit des lecteurs précoces, c'est-à-dire des enfants qui ont appris à lire avant l'entrée à l'école, sans enseignement systématique. L'intérêt pour le lecteur précoce est intimement relié à la conception selon laquelle l'acquisition de la lecture devrait être aussi facile que celle du langage. Les implications pratiques de ce courant se font sentir dans l'orientation actuelle de l'enseignement vers une pratique plus fonctionnelle et plus significative de la lecture auprès des lecteurs débutants.

De plus, toutes les idées relativement à l'âge idéal pour le début de l'apprentissage de la lecture sont remises en question. Alors qu'il y a 10 ou 15 ans, on considérait que l'enfant n'était pas prêt à apprendre à lire avant l'âge de six ans, aujourd'hui, on soutient qu'il n'existe pas de véritables raisons qui empêcheraient les enfants d'aborder l'écrit beaucoup plus tôt. Les recherches qui touchent la question de l'écrit chez l'enfant âgé de 2 à 5 ans n'ont jamais été aussi nombreuses.

C) L'ALPHABÉTISATION

Pour la plupart des gens, le terme *alphabétisation* est associé à un groupe de personnes plutôt âgées qui n'ont pas eu la possibilité de s'instruire. On s'imagine que, étant donné la généralisation de l'instruction obligatoire, les analphabètes devraient diminuer en nombre jusqu'à disparaître éventuellement. Au Québec, on compte actuellement un demi-million d'analphabètes et l'on fait face à un phénomène nouveau : les classes d'alphabétisation se remplissent d'élèves qui ont terminé leurs études secondaires, mais qui se trouvent tout à fait démunis devant l'écrit. Ce sont des analphabètes fonctionnels, qui ne peuvent répondre aux exigences de la société actuelle. De plus, cette nouvelle clientèle se distingue par un sentiment d'échec marqué, ce qui n'était pas toujours le cas avec les analphabètes qui n'avaient pas reçu d'enseignement. Il faut donc développer de nouvelles stratégies d'intervention pour ces jeunes adultes analphabètes.

D) LA MÉTALINGUISTIQUE

Depuis quelques années, le préfixe de *méta* a été ajouté à plusieurs mots, de sorte que l'on parle aujourd'hui de métacognition, de métalangage, de métalinguistique. Ce préfixe vient du grec et signifie *au-delà de* ; les *méta-sciences* réfèrent à l'analyse du processus plutôt qu'au processus lui-même. Ainsi la métalinguistique s'intéresse-t-elle aux connaissances que l'enfant possède, non **de** la langue, mais **sur** la langue.

E) Les rapports entre l'écriture et la lecture

Jusqu'à ces dernières années, l'écriture n'avait pas joui des faveurs des chercheurs, à l'exception de quelques études sur la comparaison des types d'écriture. Aujourd'hui, on se penche sur des questions fondamentales comme le lien entre le développement de la lecture et celui de l'écriture, l'analyse des habiletés que présuppose l'élaboration de textes ou l'enseignement des stratégies de rédaction.

F) L'apport de la technologie

Il y a quelques années, certains avaient prédit que la lecture deviendrait un procédé anachronique à cause de l'importance grandissante des moyens audio-visuels. Ces prédictions ne se sont pas réalisées parce que l'écrit a subi sa propre révolution technologique. Que l'on pense, par exemple, à l'invasion des photocopies ou à l'apparition des micro-ordinateurs qui permettent à l'usager d'accéder à des informations sur écran.

Loin d'être en régression, l'écrit est plus présent que jamais et sous des formes de plus en plus diversifiées. Cependant, même si le livre demeure encore, pour le moment, l'outil de base dans les classes, il n'en demeure pas moins que la nouvelle génération d'écoliers aura à utiliser différents supports comme, par exemple, l'écran cathodique de l'ordinateur. Il ne faut pas nier cette réalité mais plutôt s'y préparer.

G) L'analyse du discours et les modèles théoriques de compréhension

Ce qui caractérise le plus l'essor des dix dernières années dans la recherche en lecture, c'est probablement le désir de mieux cerner les phénomènes de compréhension. Deux voies sont abordées simultanément pour percer à jour le *mystère* de la compréhension : les modèles d'analyse de textes et les modèles de processus cognitifs. Ces deux voies, bien que différentes, visent le même objectif : l'analyse de textes ou de discours cherche à clarifier les variables des textes qui exercent une influence sur la compréhension, les modèles de processus cognitifs tentent d'expliquer comment le lecteur procède pour saisir la pensée d'un auteur.

En résumé, la recherche en lecture qui, après avoir connu des moments d'expansion au début du siècle pour tomber ensuite dans l'oubli, vient de reprendre un rythme et une intensité qui permettent d'espérer que l'on assistera sous peu à des découvertes majeures touchant le processus de la lecture.

HISTORIQUE DE L'ENSEIGNEMENT DE LA LECTURE

La deuxième partie de cet historique sera consacrée à l'évolution de l'enseignement de la lecture de la préhistoire jusqu'à nos jours, avec un accent particulier sur l'enseignement de la lecture au Québec. Mais au préalable, il importe de brosser un tableau des méthodes d'enseignement de la lecture afin de préciser dès le départ le vocabulaire qui sera utilisé tout au long de l'analyse historique.

Les méthodes d'enseignement de la lecture

Jusqu'à ces dernières années, le débat sur l'enseignement de la lecture s'est polarisé autour de deux types de méthodes d'enseignement : les premières, qui mettent l'accent sur le code, particulièrement sur l'aspect auditif, sont appelées méthodes synthétiques ; les secondes, qui insistent sur l'aspect visuel et la signification, sont appelées méthodes analytiques ou globales. La terminologie fait référence autant à l'aspect méthodologique qu'au processus psychologique en cause.

Nous définirons ces deux types de méthodes en faisant ressortir principalement les éléments qui les opposent.

A) Les méthodes synthétiques

Le principe de base du modèle de la pensée synthétique est de partir d'éléments simples pour aller vers des éléments de plus en plus complexes. Les éléments simples comme la lettre, le son et la syllabe se combinent ensuite pour former le mot, la phrase ou le récit.

Éléments simples →	**Éléments complexes**
lettre, son, syllabe →	mot, phrase, récit

Quand on parle d'éléments simples, on se réfère, ici, à l'analyse de la langue. Du point de vue de l'enfant, il s'agit d'éléments complexes. En effet, l'enfant de six ans est plus familier avec les mots et les phrases qu'avec les lettres et les phonèmes.

Dans les méthodes synthétiques, l'acquisition des automatismes se réalise par association et la répétition joue un rôle important. Afin d'éviter les possibilités de confusions visuelles ou auditives, on présente à l'enfant une seule association lettre-son à la fois, en prenant soin de commencer par des correspondances régulières. Le modèle est donc centré sur le signe, et l'activité de l'enfant est axée sur la mémoire. On peut représenter graphiquement la démarche des méthodes synthétiques sous la forme d'un triangle, la première unité à acquérir étant la lettre, la dernière unité étant la phrase.

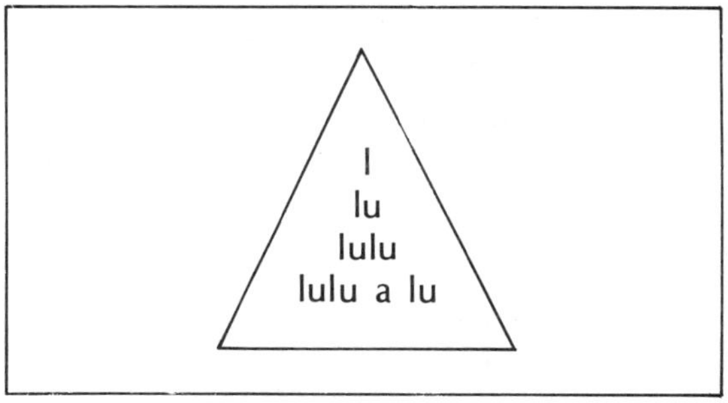

Figure 7 : Représentation du modèle synthétique dans l'enseignement de la lecture.

L'enfant passe ainsi progressivement, à l'intérieur de son apprentissage, de la lettre à la syllabe, puis au mot et enfin à la phrase. Pour effectuer le passage de la lettre à la syllabe, l'enfant doit faire la synthèse des éléments de base ; ainsi pour lire *ma* il doit unir le *m* et le *a*. C'est de cette activité de **synthèse** que provient l'appellation *méthodes synthétiques*. Selon que l'unité choisie sera la lettre, le phonème ou la syllabe, on parlera des méthodes alphabétique, phonétique ou syllabique.

1. La méthode alphabétique. La méthode alphabétique pure consiste à enseigner d'abord le nom des lettres, puis les syllabes de 2, 3, 4 ou 5 lettres pour en arriver aux mots et aux phrases.

2. La méthode phonétique. En vertu de cette méthode, au lieu de faire exécuter la synthèse à partir des lettres, le travail se fait à partir des phonèmes. Ici encore, la démarche part d'éléments simples, les phonèmes, pour en arriver à des éléments plus complexes, la syllabe ou le mot.

3. La méthode syllabique. L'unité de base de cette méthode est la syllabe. L'enfant ne lira que les mots composés de syllabes connues.

En résumé, on peut dire que la conception sous-jacente aux méthodes synthétiques est que tout enfant qui veut apprendre à lire doit d'abord passer par la phase d'acquisition du mécanisme des relations lettres-sons et, inversement, que tout enfant qui maîtrise ce mécanisme sait lire.

B) Les méthodes analytiques

Le principe de base du modèle analytique veut que l'on parte d'éléments complexes pour aller à des éléments de plus en plus simples. L'élément complexe est soit le récit, soit la phrase, ou le mot, et il est fragmenté pour conduire à l'étude de la syllabe, du son et de la lettre. Les éléments sont dits complexes du point de vue de la langue, mais ce sont les éléments les mieux connus de l'enfant.

Éléments complexes ——————→ **Éléments simples**
récit, phrase, mot ——————→ syllabe, lettre

L'approche analytique est plus préoccupée par la signification que ne l'est l'approche synthétique. Son point de départ est le concret qui mène à l'abstrait, la signification prévaut sur le signe. Graphiquement, ce modèle peut se visualiser comme un triangle renversé, la première unité étant la phrase, la dernière unité, la lettre.

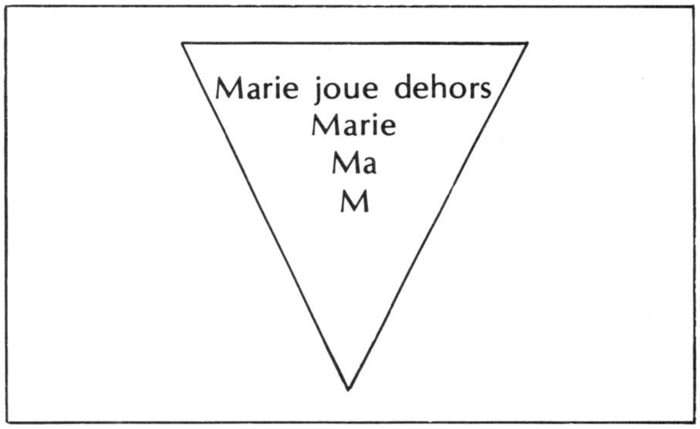

Figure 8: Représentation du modèle analytique dans l'enseignement de la lecture.

L'enfant apprend globalement des mots ou des phrases et, en dégageant les ressemblances et les différences entre les mots, il découvre les unités inférieures (syllabes, lettres). La démarche intellectuelle demandée à l'enfant est l'**analyse** de la phrase et du mot pour découvrir des relations entre le code oral et le code écrit, d'où l'appellation *méthodes analytiques*. Comme l'accent est mis davantage sur la signification, les méthodes qui découlent de cette approche sont également appelées méthodes «idéographiques».

La figure 9 présente les principales différences entre les méthodes synthétiques et les méthodes analytiques. Cependant, à l'heure actuelle, il n'existe plus de méthodes fondées sur les modèles synthétique ou analytique purs. D'une part, les méthodes dont le point de départ est synthétique mettent de plus en plus d'accent sur la signification : les

MÉTHODES SYNTHÉTIQUES	**MÉTHODES ANALYTIQUES**
POINT DE DÉPART : **LE SIGNE**	**POINT DE DÉPART : LE SENS**
Principes : 1. Va du simple au complexe, part d'éléments pour en arriver au tout. 2. L'acquisition des automatismes se réalise par : – Association ; – Répétition. 3. Activité axée davantage sur la mémoire.	**Principes :** 1. Part du tout, d'un ensemble pour ensuite le décomposer en éléments de plus en plus petits. 2. S'appuie sur le syncrétisme et la perception. 3. Activité axée sur le significatif
On distingue les méthodes	On distingue les méthodes dont le point de départ peut être :

Alphabétique Étapes	**Phonétique** Étapes	**Syllabique** Étapes	**Le récit** Étapes	**La phrase** Étapes	**Le mot** Étapes
1. Acquisition du **nom** de la lettre	1. Acquisition du son de la lettre : • voyelles ; • consonnes.	1. Reconnaissance des syllabes	1. Apprentissage global du récit	1. Apprentissage global de la phrase	1. Apprentissage global du mot
2. Combinaison de 2 ou 3 lettres : syllabes	2. Syllabes	2. Mots	2. Séparation du récit en phrases	2. mots	2. syllabes
3. Combinaison des syllabes : mots	3. Mots	3. Phrases	3. Séparation de la phrase en mots	3. syllabes	3. lettres
4. Combinaison de mots : phrases	4. Phrases		4. Séparation des mots en syllabes	4. lettres	
			5. Séparation des syllabes en lettres		

Figure 9 : Principales distinctions entre les méthodes synthétiques et analytiques.

mots et les phrases sont introduits plus tôt et l'on s'efforce d'en trouver qui soient plus intéressants pour l'enfant. D'autre part, les méthodes qui s'appuient sur l'analyse font intervenir un élément de systématisation dans la découverte des correspondances graphème-phonème ou lettres-sons.

On ne pouvait terminer cette présentation des méthodes d'enseignement sans apporter les précisions suivantes : même si les méthodes analytiques et synthétiques s'opposent par certains aspects, et même si les méthodes analytiques offrent certains avantages en ce qui regarde la motivation, il n'en demeure pas moins qu'elles ne tiennent compte ni les unes ni les autres de deux considérations fondamentales : 1) la compétence linguistique de l'enfant, c'est-à-dire sa connaissance de la langue, et 2) la compétence cognitive de l'enfant, c'est-à-dire ses connaissances et ses expériences. Une nouvelle conception de la lecture qui intègre toutes les compétences du lecteur se répand de plus en plus : elle offre une solution de rechange à l'alternative des méthodes synthétiques ou analytiques. C'est de cette conception de la lecture dont il sera question dans le deuxième chapitre de ce livre.

L'enseignement de la lecture de la préhistoire jusqu'à la fin du XIXe siècle

Au moment de leur apparition, il y a plusieurs milliers d'années, la lecture et l'écriture étaient réservées à un nombre limité de personnes qui se transmettaient cette connaissance sur une base individuelle.

Cependant, dans la Grèce antique, au VIe siècle avant Jésus-Christ, on voit déjà apparaître les traces d'un enseignement de la lecture beaucoup plus généralisé. Athènes est en fait, à cette époque, une société très lettrée. En effet, lorsque l'on veut parler d'un homme complètement ignorant, on dit de lui : « Il ne sait pas lire, il ne sait pas nager. » (Smethurst, 1975). La loi athénienne exige clairement que les pères enseignent ou fassent enseigner à leurs fils « les lettres, la lyre, la gymnastique ». Il n'est pas fait mention dans cette loi de l'éducation des filles, mais il est probable que les filles recevaient une éducation comparable à celle des garçons car Athènes comptait plusieurs femmes très cultivées. Avec l'apparition des écoles, on confie les garçons à ces institutions, alors que l'on continue l'enseignement des filles à la maison. Aristote suggère que l'on envoie les enfants à l'école à 7 ans mais que l'on commence à leur enseigner à lire à la maison à 5 ans.

Dans la Rome antique, on retrouve ces mêmes préoccupations quant à l'âge auquel les enfants devraient apprendre à lire. Quintilien, contrairement à ses contemporains qui suggèrent l'âge de 7 ans, conseille de commencer plus tôt l'apprentissage de la lecture, pourvu que le travail soit aisé et agréable pour l'enfant. Il est étonnant de constater que l'on arrive exactement aux mêmes conclusions aujourd'hui. Quant à la façon de procéder pour l'enseignement, Quintilien recommande de commencer par enseigner l'alphabet aux enfants ; il souligne même que cet apprentissage se fera plus facilement si on laisse jouer les enfants avec des lettres d'ivoire. Ainsi, les lettres de plastique que l'on offre aujourd'hui aux enfants ne sont pas des inventions nouvelles.

On peut voir à travers ces quelques observations que l'apprentissage de la lecture est fortement orienté vers l'apprentissage de l'alphabet. Pendant plusieurs siècles, d'ailleurs, cette façon d'aborder la lecture restera pratiquement la seule utilisée. On familiarise d'abord l'enfant avec chacune des lettres puis on lui enseigne à unir deux lettres pour former une syllabe, puis trois et quatre lettres. Ces syllabes servent ensuite à former des mots. Ce n'est qu'au terme de cette démarche que l'enfant arrivera à lire plusieurs mots pour former une phrase.

La lecture orale demeure très longtemps la forme courante et habituelle de la lecture. Il ne semble pas que la lecture silencieuse ait été une activité répandue dans les écoles, ou ailleurs, avant le milieu du XIXe siècle (Pugh, 1978). Un auteur a même émis l'hypothèse qu'une des raisons pour lesquelles la lecture silencieuse a fait son apparition au XIXe siècle, serait que les bibliothèques publiques créées à cette époque auraient été des endroits trop bruyants si on avait entendu les bourdonnements et murmures qui accompagnaient la lecture dans les monastères médiévaux (Claxtor, 1945 : voir Pugh, 1978). D'autres raisons, évidemment, expliquent le développement de la lecture silencieuse, l'une d'entre elles étant que l'instruction s'est répandue graduellement au XIXe siècle, ce qui a entraîné une augmentation du nombre de lecteurs et, par conséquent, une diminution du nombre d'auditeurs potentiels.

L'enseignement de la lecture au cours du XXe siècle

Au XXe siècle, on s'est fixé comme objectif, non seulement que plus de gens apprendraient à lire, mais que les lecteurs devraient répondre à des critères ou des standards de lecture plus élevés. Auparavant, savoir lire signifiait que l'on était capable de reproduire oralement des textes bien connus comme la Bible (Weaver et Resnick, 1979). Les critères de réussite en lecture se résumaient à rendre un texte avec l'intonation appropriée. Rien ne laisse croire que l'école se donnait comme objectif d'enseigner la compréhension : cette tâche était laissée à la responsabilité du lecteur.

C'est au début du XXe siècle que se produisent les premiers changements de perspective dans l'enseignement de la lecture. L'évolution des pratiques pédagogiques n'est cependant pas la même dans tous les pays. L'objectif premier de cette partie de l'historique est de tracer l'évolution de l'enseignement de la lecture au Québec. Mais pour comprendre ce qui se passe au Québec, il faut situer cette évolution dans une perspective plus globale; c'est pourquoi nous aborderons également l'enseignement de la lecture aux États-Unis et en France.

A) Aux États-Unis

Le virage amorcé au début du siècle en faveur de la compréhension, et aux dépens de l'oralisation, se concrétise aux États-Unis par un enseignement plus global de la lecture. Alors que, traditionnellement, on enseignait les lettres, puis les syllabes et les mots, on présente maintenant à l'enfant des mots fréquents dans des contextes différents. Les mots sont choisis en raison de leur fréquence, et non pour la régularité des correspondances lettres-sons qu'ils contiennent. L'approche privilégiée par la plupart des enseignants est sans conteste une approche globale que l'on nomme habituellement l'approche *look-say*.

Mais le changement, s'il est en apparence radical, ne modifie que superficiellement les pratiques d'enseignement. En effet, on ne fait plus répéter des lettres et des syllabes, bien sûr, mais on les remplace par des mots que les enfants répètent en chœur ou à tour de rôle. Bien que l'on se soit tourné vers la lecture globale pour améliorer la compréhension, on fait peu, en pratique, pour que les enfants comprennent vraiment le sens de leur lecture (Schreiner et Tanner, 1976). Il suffit de constater la pauvreté des textes offerts aux enfants pour s'interroger sur l'importance réelle que l'on accorde à la compréhension. Étant donné que les textes sont composés d'une même série de mots que l'on présente dans des phrases différentes, on en arrive à des textes comme ceux qui suivent, textes dont on peut difficilement dire qu'ils reposent sur la compréhension.

Page 1 : Paul.
Page 2 : Regarde, regarde !
Page 3 : Oh, oh, oh !
Page 4 : Regarde, regarde. Oh, regarde !
Page 5 : Jeanne.
Page 6 : Regardez Jeanne. Oh, regardez Jeanne !
Page 7 : Jeanne, Jeanne. Oh, regarde, regarde !
Page 8 : Oh, oh, oh ! Regardez, regardez.
Drôle de Jeanne. Drôle, drôle de Jeanne.
Page 9 : Bébé Lise.
Page 10 : Regarde, Paul. Regarde, Jeanne.
Regardez, regardez. Regardez bébé Lise.
Oh, regardez, regardez.
Page 11 : Paul, Paul. Oh, regarde ! Regarde Lise.
Regarde bébé Lise.
Page 12 : Regarde, Jeanne, regarde. Regarde bébé Lise.
Oh, oh, oh ! Drôle de Lise.

Figure 10 : Illustration d'une méthode « look-say ».
Emprunté à GRAY, W. et *al.* : *Viens voir* (traduction québécoise). Toronto : Gage, 1948.

En 1955, Flesh publie un livre qui sera vite connu du public, *Why Johnny can't read ?*, livre dans lequel il dénonce les nombreux problèmes rencontrés par les enfants qui apprennent à lire de façon globale. Peu après, Chall (1967) publie une étude, *Learning to read : the great debate,* qui deviendra en quelques mois un best-seller en éducation. Il s'agit d'une synthèse des recherches sur la comparaison des différentes méthodes d'enseignement de la lecture de 1910 à 1965. Chall propose de classifier les méthodes de lecture en deux catégories : 1) les méthodes centrées sur le code et 2) les méthodes centrées sur la signification, c'est-à-dire les méthodes globales. Elle conclut que les méthodes qui mettent l'accent sur le code produisent de meilleurs résultats, du moins à la fin de la troisième année. Avec beaucoup de réserve, elle recommande d'orienter les programmes de lecture vers la maîtrise du code au début de l'apprentissage. Il faut se rappeler qu'à cette époque, aux États-Unis, la plupart des programmes étaient fondés sur des méthodes globales.

L'influence de ce livre se fait rapidement sentir chez les chercheurs, les concepteurs de manuels et les enseignants. En effet, une analyse des programmes de lecture publiés aux États-Unis après 1967 révèle qu'effectivement l'accent est mis beaucoup plus sur le code dans les nouveaux manuels (Popp, 1975). L'influence de l'étude de Chall a été également assez marquée dans les émissions de télévision du genre de Sesame Street : plusieurs millions de petits américains y ont en effet appris le nom et le son des lettres et comment combiner ces sons pour former des mots. Dix ans après la publication de son livre, Chall (1976) reste encore du même avis en ce qui concerne la supériorité des méthodes qui préconisent la maîtrise du code au début de l'apprentissage de la lecture. Cependant, les tenants des programmes dirigés vers la compréhension ne sont pas disparus. Le courant psycholinguistique, avec Goodman (1967) et Smith (1975), propose une nouvelle façon de concevoir les approches basées sur la compréhension. Ces auteurs rejettent l'approche synthétique car, à leur avis, lire n'est pas assembler des sons ; ils rejettent également les méthodes centrées sur l'apprentissage global du mot isolé parce que lire ne consiste pas non plus à nommer des mots les uns après les autres. Ils considèrent la lecture comme un processus actif s'appuyant sur les connaissances que le lecteur possède sur sa langue et sur le monde.

B) En France

En France, au début du siècle, on ne constate pas de changement radical dans l'enseignement de la lecture, contrairement à ce qui s'est produit aux États-Unis. Si, au Moyen Âge, les premières tentatives dans l'enseignement de la lecture privilégient la lettre, qui doit mener au texte — avec une *préférence pour l'utilisation du latin parce que toutes les lettres se prononcent* —, au XXe siècle encore, l'enseignement de la lecture repose sur les principes du modèle de la pensée synthétique, qui va de l'élément le plus simple au plus complexe, comme en témoignent les méthodes les plus couramment utilisées. Cependant, il ne faudrait pas croire que la France n'a pas connu de courants pédagogiques prônant la signification en lecture. En effet, dès 1768, l'abbé de Randonniélus s'élevait contre l'utilisation de l'approche synthétique qui, selon lui, ne convient pas à la pensée de l'enfant. À la même époque, Nicolas Adam (1787 : voir Bellenger, 1978) propose une façon d'enseigner la lecture qui part d'éléments significatifs, connus de l'enfant. Sa démarche propose la présentation d'un mot connu à l'oral, l'écriture de ce mot sur un *chiffon de papier*, la conservation des mots acquis dans une boîte, la référence à ces mots pour la construction de phrases. Il préconise de présenter les mots significatifs de façon graduelle, sous forme de jeu, en s'assurant que les mots présentés ne désignent que des objets connus.

Au début du siècle, un autre mouvement en faveur de la globalisation semble s'amorcer. La notion de syncrétisme (Claparède, 1953 ; Piaget, 1923 ; Wallon, 1947) vient appuyer le départ global en lecture. Decroly (1936), de son côté, fait ressortir l'importance de la lecture idéovisuelle qui s'appuie sur les expériences de l'enfant ; pour lui, le déchiffrage doit être précédé d'exercices de reconnaissance globale. Dans le même courant d'idées, Freinet (1961) propose une lecture globale à partir de textes produits par les enfants. Pourtant, aucun de ces courants ne parvient à s'imposer et l'enseignement de la lecture continue à se faire, dans la plupart des classes, avec un accent marqué pour la maîtrise du code. Aujourd'hui encore, des auteurs français comme Foucambert (1976), Benichou (1982) dénoncent l'enseignement traditionnel de la lecture mais sans recueillir l'adhésion de tous les enseignants.

C) Au Québec

L'évolution de l'enseignement de la lecture au Québec est plus tributaire de l'influence européenne que de l'influence américaine. En effet, au début du siècle, le débat ne se situe pas entre l'approche globale et l'approche synthétique comme aux États-Unis, mais plutôt entre les variantes de l'approche synthétique comme en France. Pour reconstituer l'historique de l'enseignement de la lecture au Québec, nous avons retenu les principaux guides pédagogiques publiés depuis 1821, les manuels utilisés dans les classes ainsi que les programmes de l'Instruction publique et du ministère de l'Éducation. Trois courants se dégagent nettement : 1) un courant centré sur les méthodes synthétiques, présent au début du siècle et qui se poursuivra jusqu'à la fin des années 1970 ; 2) un deuxième courant centré sur les méthodes analytiques, qui fait une lente apparition vers les années 1950 ; 3) et finalement, le courant du début des années 1980 qui s'identifie assez fortement à l'approche psycholinguistique en lecture.

1. Le courant centré sur les méthodes synthétiques

Bien ancrée dans les conceptions et les pratiques pédagogiques au tout début de la colonisation du Québec, l'approche synthétique bénéficiera fort longtemps d'une popularité continue. Il est possible de retracer l'historique des conseils et propositions formulés par les pédagogues à l'endroit des enseignants en dépouillant les guides pédagogiques d'auteurs représentatifs de ce courant. C'est dans cette optique que nous présentons les données contenues dans les travaux de Perreault (1822 : voir Jolois, 1969). Langevin (1869), Ross (1924) ainsi que dans le premier programme officiel de l'Instruction publique (1948).

Joseph-François Perreault (1822)

Joseph-François Perreault, l'un des pionniers de l'école populaire au Québec, présentait en 1822 l'essentiel de sa méthode et de sa pensée pédagogique dans un ouvrage intitulé *Cours d'éducation élémentaire à l'usage de l'école gratuite établie dans la cité de Québec en 1821* (voir : Jolois, 1969). S'inspirant de l'enseignement mutuel de Lancaster, Perreault répartissait ses écoliers en six classes déterminées selon le degré d'avancement en lecture. La première classe apprenait l'alphabet et, en même temps, l'apprentissage de l'écriture se faisait en traçant les lettres dans du sable blanc avec les doigts ou un poinçon de bois. Les autres enfants écrivaient sur des ardoises et les objectifs de chaque classe étaient la maîtrise d'éléments simples, par exemple les mots d'une syllabe en deuxième année, les mots de deux ou trois syllabes en troisième année, etc. Un seul maître suffisait à diriger l'ensemble des classes, mais il était aidé par des écoliers plus avancés qui faisaient répéter les plus jeunes.

Perreault utilisait un matériel original — des lettres, des chiffres, des syllabes, des mots et des phrases imprimés sur du carton très fort ou gravés sur des plaques de fer-blanc et évitant ainsi de faire acheter un matériel coûteux aux enfants.

Jean Langevin (1869)

Publié beaucoup plus tard, en 1869, le *Cours de pédagogie ou principes d'éducation* de l'abbé Jean Langevin se présente comme le fruit d'un quart de siècle d'expérience touchant presque la totalité de l'activité pédagogique. Ce guide couvre tout l'enseignement au primaire, de l'éducation morale jusqu'à l'éducation physique. Pour ce qui est de la lecture, ce manuel fait une présentation détaillée des deux méthodes de lecture utilisées à cette époque : l'épellation ancienne et l'épellation nouvelle.

Dans l'ancienne méthode, toutes les lettres sont prononcées selon leur nom (bé, cé, dé), les voyelles pourvues d'un accent sont prononcées en donnant le nom de l'accent (ex : é = e accent aigu, é). L'élève assemble successivement chacune des syllabes, puis le mot entier. Ainsi pour lire le mot **bateau**, l'enfant lit **bé-a, ba ; té-e-a-u, to : bateau**. Langevin suggère fortement aux enseignants de laisser de côté cette ancienne méthode pour utiliser plutôt la nouvelle méthode, appelée aussi méthode phonique.

« Dans cette méthode, 1° on ne nomme point les accents, mais on prononce immédiatement les voyelles avec leur son modifié par ces accents ; 2° les diphtongues et les voyelles combinées, nasales ou non, se prononcent tout de suite, sans qu'on nomme les lettres ; 3° toutes les consonnes se prononcent comme si elles étaient suivies d'un e muet ; be, ce ou ke, de, fe, ge ou que, je, ke, le, me, ne, pe, que, re, se, te, ve, xe, ze ; 4° les lettres muettes ne se prononcent point du tout. On épellera donc **bateau : be-a, ba ; te-o, to : bateau ; jardin : je-a-re, jar ; de-in, din : jardin**. Cette méthode est plus rationnelle puisqu'elle donne le son le plus faible possible aux consonnes, qui n'en ont pas par elles-mêmes. Elle se rapproche aussi beaucoup plus du son définitif que doivent avoir les syllabes. Ainsi, **be-a** ressemble plus à **ba**, que **bé-a** ; **je-a-re** à **jar**, que **ji-a-erre**, etc. » (Langevin, 1869, p. 65)

Magnan (1899) se fait le défenseur de cette nouvelle méthode qui, selon lui, est utilisée dans tous les pays de langue française, sauf au Québec. Il dira même « On le voit, la nouvelle méthode fait disparaître tout ce qui rend dans nos écoles le premier apprentissage de la lecture pénible et fastidieux. » (Magnan, 1899, p. 261)

François-Xavier Ross (1924)

Dans son guide intitulé *Pédagogie, théorie et pratique,* Ross s'oppose, il va sans dire, à l'ancienne méthode d'épellation, mais il s'en prend également à la nouvelle méthode (phonique) en soulevant le problème du « e » muet que l'on émet à la fin des consonnes dans cette méthode. « Cette défectuosité fait encourir au procédé le reproche à peu près semblable à celui que l'on fait à l'ancienne épellation : s'il est illogique de dire bé-a, ba, il n'est guère plus logique de dire be-a, ba. » (1924, p. 173) La solution proposée à ce problème est la méthode phonétique qui garde à la consonne sa valeur la plus pure possible. « Cette valeur de la consonne devient sensible à l'enfant par la position des organes vocaux et l'explosion que la consonne provoque lorsqu'elle est unie à une voyelle, comme p dans pa ou la rumeur que produit la consonne articulée comme fff..., sss..., vvv... » (1924, p. 174)

Programme de l'Instruction publique (1948)

Tout en soulignant l'importance de la compréhension en lecture, le premier programme officiel issu d'un organisme gouvernemental (1948) insiste beaucoup sur les mécanismes de décodage. En vertu de ce programme, le premier but de l'enseignement de la lecture, « c'est de faire acquérir à l'enfant, et le plus rapidement possible, la technique de la lecture, c'est-à-dire de lui apprendre à associer correctement les signes et les sons, à articuler avec fermeté, à prononcer nettement et à corriger les défauts qu'il a pu contracter dans son milieu familial ou social. » (p. 217) Ce programme énonce clairement sa position face au choix des méthodes. «Le présent programme, y lit-on, est rédigé en fonction de la méthode phonétique» (p. 218). On suggère aux maîtres d'enseigner d'abord quelques voyelles, puis d'entreprendre l'étude des syllabes directes à l'aide de consonnes simples, d'introduire ensuite les voyelles composées de deux lettres pour enfin passer à la syllabe même.

Il apparaît donc évident, d'après le relevé des publications, que les pédagogues proposent dès le début du siècle une approche plus phonétique qu'alphabétique. Mais jusqu'à quel point ces propositions sont-elles acceptées par les enseignants? En réalité, il semble que les enseignants soient restés attachés assez longtemps à l'approche alphabétique. Une des raisons qui peut expliquer ce décalage entre les propositions des pédagogues et l'enseignement en classe, est que la plupart des enseignants ne connaissaient pas l'existence des guides pédagogiques accompagnant les méthodes. Ainsi, la méthode Forest-Ouimet, une des plus connues dans la première moitié du siècle, est utilisée par les enseignants comme méthode alphabétique alors que les auteurs la présentent comme une méthode phonétique. Les auteurs disent clairement «Le nom des lettres sert pour l'épellation, mais ce sont les bruits qui interviennent pour la lecture» (Forest, 1959, p. 617). L'approche phonétique ne sera en fait popularisée qu'avec l'apparition de la méthode du Sablier qui suggère, entre autres, l'épellation phonétique, c'est-à-dire l'épellation à partir du son des lettres. Précisons que la méthode du Sablier n'est pas une méthode purement phonétique, mais qu'elle suggère des procédés de synthèse des phonèmes.

Afin d'illustrer la persistance du courant centré sur l'approche synthétique, nous avons rassemblé quelques illustrations des leçons de lecture tirées de manuels publiés de 1872 à 1977. On peut voir à travers ces illustrations que les différences sont en fait très minimes dans l'éventail de ces manuels qui couvrent pourtant plus d'un siècle d'enseignement de la lecture.

PREMIER LIVRE DE LECTURE

PREMIERE PARTIE

PREMIÈRE LEÇON.

ÉTUDE DES SYLLABES DIRECTES. (1)

Voyelles :	a	é	i
Consonnes :	b	d	p

Préparation Syllabique.

b	ba	bé	bi
d	da	dé	di
p	pa	pé	pi

EXERCICE.

pa-pa, bé-bé, bi-bi,
pi-pé, da-da, pi-pa.

FRÈRES DES ÉCOLES CHRÉTIENNES, *Syllabaire.* Montréal, 1872.

PREMIÈRE PARTIE

1E LEÇON.

a o u i
p b t d

pa	ba	ta	da
po	bo	to	do
pu	bu	tu	du
pi	bi	ti	di

pa-pa bo-bo ti-ti
da-da do-do bi-bi

SŒUR DE LA CONGRÉGATION NOTRE-DAME, *Syllabaire gradué ou le 1er livre des enfants.* Montréal, 1890.

PREMIÈRE PARTIE

LIRE, ÉCRIRE, COMPTER.

SEPTEMBRE — PREMIÈRE SEMAINE

Articulations	Sons				
PRONONCEZ : me, le, be, de, re,	a	e	é	è	i
m	ma	me	mé	mè	mi
l	la	le	lé	lè	li
b	ba	be	bé	bè	bi
d	da	de	dé	dè	di
r	ra	re	ré	rè	ri

mè-re	ma-ri	da-me	la-me
li-me	ra-me	ri-re	bé-bé
mi-di	da-da	li-re	ri-de
le bébé	le dada	la dame	ma mère
la lame	la lime	la rame	le rire

le dada de bébé.

le rire de la mère.

PHRASES

ma mère lira. le bébé rira.

MAGNAN, C.J. et AHERN, G. *Mon premier livre : lire, écrire, compter*. Québec, 1900.

DEUXIÈME LEÇON.

Voyelles : a é i — o u

Consonnes : b d p — v t j

PRÉPARATION SYLLABIQUE.

v	va	vé	vi	vo	vu
t	ta	té	ti	to	tu
j	ja	jé	ji	jo	ju
-	bo	do	du	po	pu

Premier Exercice.

bo-bo,	do-do,	ta-ta,	ti-ti
pa-vé,	ta-pé,	da-té,	do-té
ju-bé,	vo-té,	bu-té,	vi-dé

Deuxième Exercice.

é-vi-té,	dé-pa-vé,	o-bé-i
é-va-dé,	dé-vi-dé,	dé-pu-té

FRÈRES DES ÉCOLES CHRÉTIENNES, *Syllabaire*. Montréal, 1911.

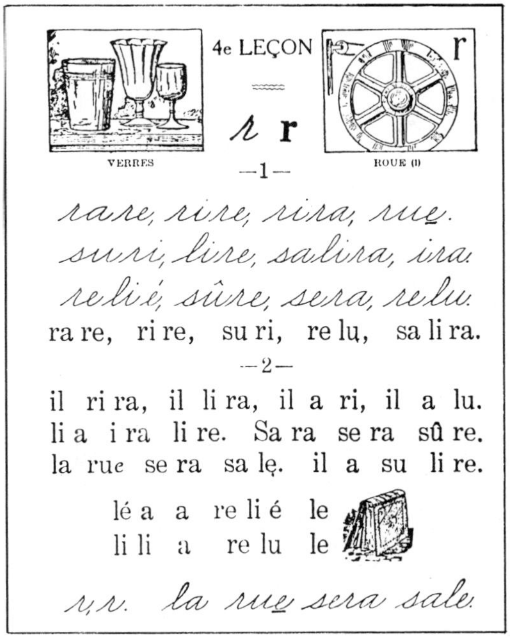
4e LEÇON

VERRES

ROUE (1)

r r

—1—

rare, rire, rira, rue.
suri, lire, salira, ira.
relié, sûre, sera, relu.
ra re, ri re, su ri, re lu, sa li ra.

—2—

il ri ra, il li ra, il a ri, il a lu.
li a i ra li re. Sa ra se ra sû re.
la rue se ra sa le. il a su li re.

lé a a re li é le
li li a re lu le

r, r. la rue sera sale.

FRÈRES DES ÉCOLES CHRÉTIENNES, *La lecture par la méthode phonique*. Montréal, 1922.

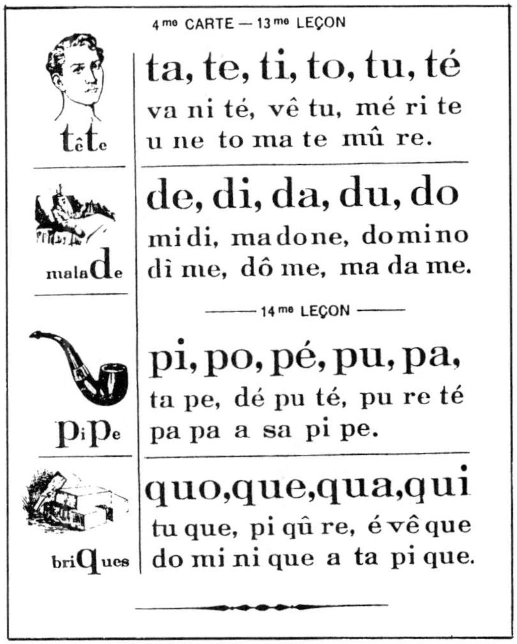
4me CARTE — 13me LEÇON

tête

ta, te, ti, to, tu, té
va ni té, vê tu, mé ri te
u ne to ma te mû re.

malade

de, di, da, du, do
mi di, ma do ne, do mi no
dî me, dô me, ma da me.

14me LEÇON

pipe

pi, po, pé, pu, pa,
ta pe, dé pu té, pu re té
pa pa a sa pi pe.

briques

quo, que, qua, qui
tu que, pi qû re, é vê que
do mi ni que a ta pi que.

FRÈRES MARISTES, *Cours de lecture*. Montréal, 1923.

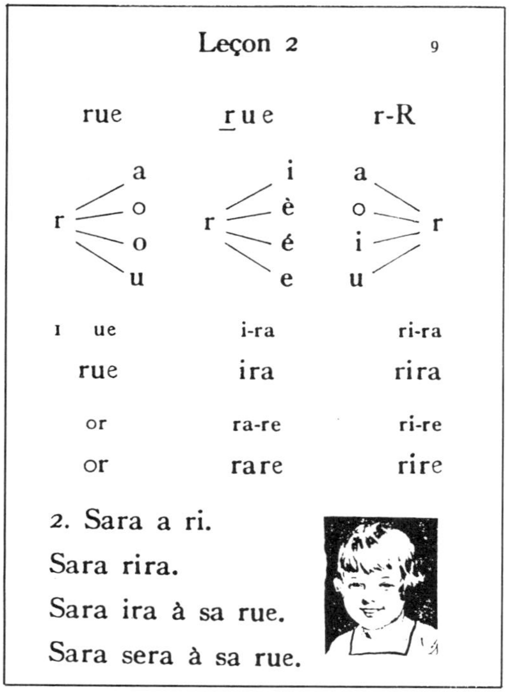

Leçon 2 9

rue r u e r-R

r a o o u | r i è é e | a o i u r

1 ue i-ra ri-ra

rue ira rira

or ra-re ri-re

or rare rire

2. Sara a ri.

Sara rira.

Sara ira à sa rue.

Sara sera à sa rue.

SŒURS DE LA CHARITÉ, *Lecture progressive par la méthode nouvelle*. Montréal, 1934.

4ème LEÇON

d - d

d‿i d‿u | d‿o d‿a | d‿e d‿é d‿è

di du | do da | de dé dè

di du do da de dé dè

da-da | do-do | du-o

dada | dodo | duo

dada dodo duo

di di do

di du

FOREST, M., OUIMET, M., *Mon premier livre de lecture*. Montréal, 1935.

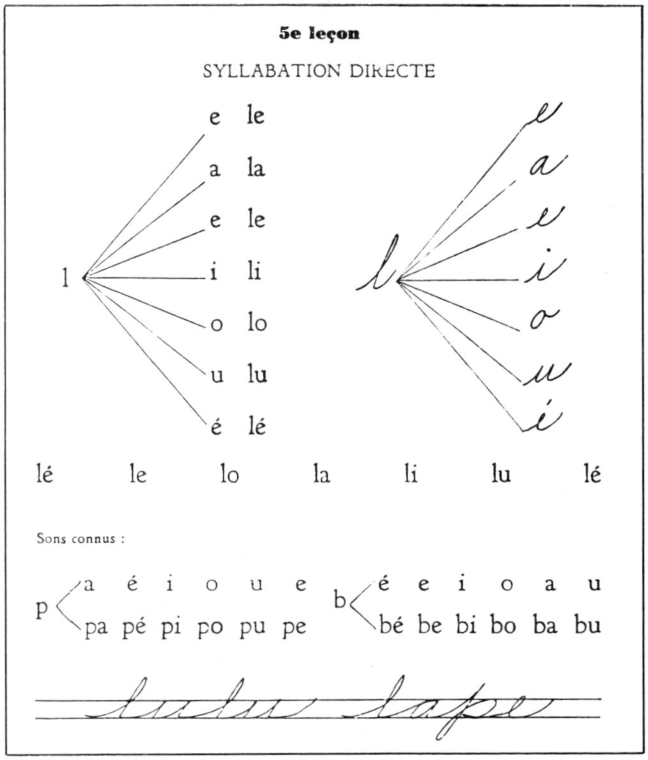

SOEURS DE LA CONGRÉGATION NOTRE-DAME, *Mon premier livre de lecture.* Montréal, 1940.

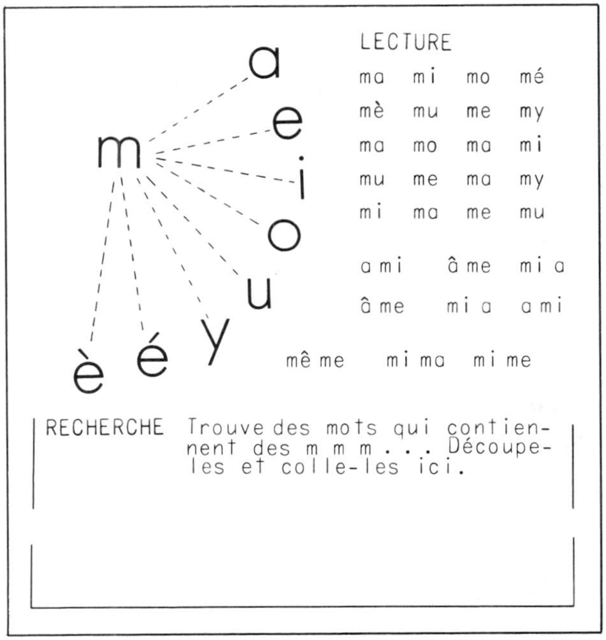

L'école sur mesure. La Prairie ; Les entreprises culturelles, 1977.

bobino et bébé rémi

bo bi no bé bé

1 - rémi est le é é de madame du é.

2 - é é rémi est malade.

3 - il avalera une petite pilule.

4 - bobino est le bébé de madame doré.

5 - bobino a dîné d'une banane mûre et il a bu de la limonade.

- Trouvons [illegible] noms d'**aliments**, utilisons les [illegible] phrases
- Racontons ce qui se passe à la maison lorsque [illegible] un de la famille est malade
  Cherchons des noms d'aliments qui [illegible] à un bébé et utilisons ces noms dans des phrases

bébé	baba	bobo	bu
béni	balade	bobine	buté
obéira	banane	bolide	butine

BUSSIÈRES, S. *Je veux lire.* Montréal; Pédagogia, 1967.

2. Le courant centré sur les méthodes analytiques

Il semble que les méthodes analytiques ou globales aient fait leur apparition au Québec dans les années d'après-guerre. On peut lire, en effet, dans le guide du maître de la collection Cathédrale, une adaptation d'une méthode américaine : «En usage dans la province de Québec depuis une dizaine d'années, la méthode globale a rendu de grands services d'abord dans les classes d'arriérés, ensuite dans les écoles maternelles et même depuis quelques années dans plusieurs classes du cours primaire régulier» (1948, p. 3).

Vinette (1950), dans son guide pédagogique intitulé *Méthodologie spéciale*, fait également référence, en plus de l'approche synthétique, à l'approche analytique comme façon d'aborder l'enseignement de la lecture. Il donne comme exemple la méthode de lecture globale de sœur Sainte-Marie-Honoré. On peut voir clairement dans les écrits de Vinette que ce dernier privilégie les méthodes globales. La principale raison qu'il invoque pour justifier sa préférence pour les méthodes analytiques et son rejet des méthodes synthétiques repose sur la motivation intrinsèque propre aux méthodes globales. « Il est moins intéressant, en soi, dit-il, d'apprendre à lire "a" ou "g" que d'apprendre à lire son propre nom ou de petites phrases formant une historiette. » (p. 172)

Peu après la publication de Vinette, on voit apparaître une autre méthode globale, celle de sœur Renelle du Saint-Sacrement (Sherbrooke) qui propose de faire débuter la lecture par une phase de globalisation suivie d'une phase de décomposition en petites unités. Appelée d'abord méthode globale active, cette méthode est mieux connue sous le nom de méthode dynamique.

En fait, ces méthodes globales ne sont pas inconnues des enseignants du Québec, mais elles ne sont utilisées que dans certaines commissions scolaires, le plus souvent dans les commissions scolaires situées à la périphérie des grands centres.

Les deux illustrations qui suivent sont tirées des méthodes globales les plus connues dans la période 1940–1980.

GRAY, W., BARUCH, D., RIDER MONTGOMERY, E., *Viens travailler, viens jouer*. Toronto : Gage, 1948 (Adapté par les religieuses de la Congrégation Notre-Dame).

Papa, René et maman

René joue avec son ballon.
Papa joue avec René.
Papa rit avec René.
René rit avec maman.

SŒUR DE LA CHARITÉ, *La grande nouvelle*. Sherbrooke, 1953.

3. Les orientations actuelles

Avec le début des années 1980, l'enseignement de la lecture au Québec se démarque nettement des orientations antérieures. Cette modification assez radicale de la conception et de l'enseignement de la lecture est due à la publication d'un programme de français par le ministère de l'Éducation (1979). La conception de la lecture qui sous-tend ce programme s'apparente aux méthodes analytiques ou globales comme procédé, mais s'en distingue par une vision différente de l'acte de lire en mettant l'accent sur les fonctions de la communication plutôt que sur les dimensions formelles de la langue écrite.

Nous avons rassemblé plus bas les premières pages de plusieurs méthodes de lecture qui correspondent aux exigences de ce programme : cette série de publications présente un contraste assez frappant avec la série des manuels illustrée dans les pages précédentes.

Le chat sale

Annie ouvre la porte au chat.

Annie flatte le chat.

« Ah ! tu es sale. »

Annie met de l'eau dans le lavabo.

Elle met du savon dans l'eau.

« Regarde la belle mousse ! »

Annie met le chat dans l'eau.

Le chat a peur.

Il se sauve.

Le chat se sauve plein de mousse.

ACHIM, P., LESSARD, J.C. *À mots découverts*. Montréal : Mondia, 1981.

Les miens

Je vis avec mon père et ma mère.
Maman cueille des roses et elle achète
les vêtements. Papa travaille dans son garage.
Il construit la niche du chien.

Mes parents prennent soin de moi tous les jours.
Ils travaillent et ils m'aiment beaucoup.

LEMIRE, G. et *al.* Je vis en Français. La Prairie : Les Entreprises culturelles, 1981.

CIESIELSKI, R., REINWEIN, J. *Les apprentis I.* Montréal : Éditions Études vivantes, 1981.

PRÉFONTAINE, R., DELOLME, A. *Mes premières lectures.* Boucherville : Le Sablier, 1980.

TURCOTTE-DELISLE, M. *Les malurons.* Montréal : CEC, 1981.

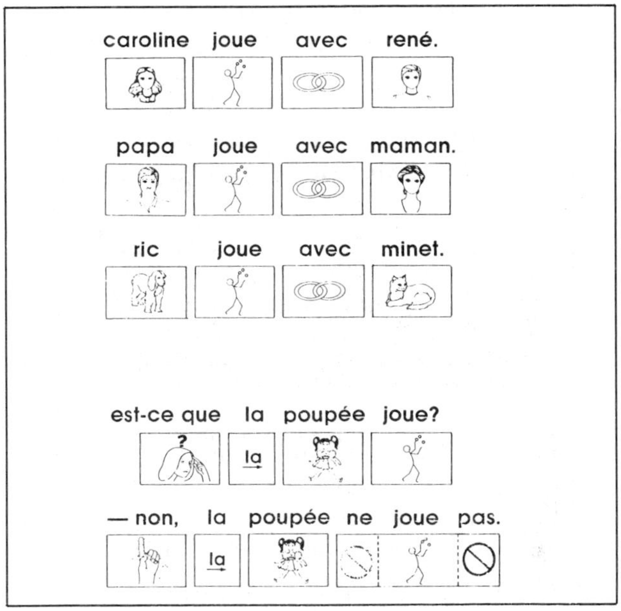

TREMBLAY-VAILLANCOURT, T., ROY-LEBLANC, S. *Les mots en fête.* Collection Et si on lisait... Montréal : Les Éditions françaises, 1978.

Nous terminerons cette partie en rappelant l'évolution des directives formulées dans les programmes officiels d'enseignement de la lecture, au Québec. Ces directives sont tirées des documents du Département de l'instruction publique et du ministère de l'Éducation.

1917 : **Registre d'inscription et d'appel pour les écoles catholiques et françaises du Québec.**

- La lecture commence par la lettre.
- Quant l'enfant connaît quelques lettres, lui apprendre de petits mots.
- Consacrer plus de temps à la lecture chez les *commençants.*
- Importance de la lecture à haute voix.
- Soigner la prononciation, l'intonation, la ponctuation, les liaisons.
- L'enseignant doit lire pour l'exemple.

1948–1969 : **Programme d'études des Écoles Élémentaires du Québec** (pp. 338–408) :

- Premier texte où l'on présente la nature, les buts, l'importance de la lecture.
- Une répartition détaillée de la matière.
- Des notions de phonétique.
- Une orientation précise sur la méthode à utiliser « Le présent programme est rédigé en fonction de la méthode phonétique ». Il faut une autorisation pour utiliser une autre méthode.

1969–1979 : **Programme-cadre**

- La langue présentée comme un outil de communication.
- Fait ressortir l'importance des 4 savoirs : parler, écouter, lire et écrire.
- Accorde plus d'importance à la communication orale.
- Les programmes sont institutionnalisés à l'intérieur des 4 savoirs.
- Utilise beaucoup d'exercices de pré-requis.
- L'approche privilégiée est synthétique.
- Insistance sur la compréhension.

1979 : **Programmes d'études primaires : FRANÇAIS**

- La langue est un outil de communication.
- Importance égale au langage oral et écrit.
- Fait ressortir davantage les fonctions du langage oral et écrit.
- Demande de familiariser l'enfant avec les diverses formes de discours.
- Privilégie un départ en lecture par l'approche analytique.

Comme on peut le constater, ces quatre tableaux rappelant les directives officielles relativement à l'apprentissage de la langue orale et écrite reflètent assez fidèlement l'évolution des courants d'enseignement de la lecture décrits précédemment.

Dans ce premier chapitre, après un survol des systèmes d'écriture, nous avons tenté de poser les principaux jalons de l'évolution de la recherche en lecture ; nous avons signalé le nom des chercheurs les plus significatifs pour dégager par la suite les thèmes exploités dans la recherche contemporaine. Dans un deuxième temps, nous avons voulu retracer l'évolution de l'enseignement de la lecture aux États-Unis, en France et particulièrement au Québec. On a pu constater, ainsi, l'apparition d'un nouveau courant susceptible de marquer un tournant dans l'histoire de l'enseignement de la lecture au Québec.

Chapitre II Modèles et processus de lecture

Vous verrez dans ce chapitre ce que l'on entend par modèle en lecture et comment la conception que se fait l'enseignant de la lecture influence le rendement des enfants. Vous trouverez également une classification des modèles qui reflète la pensée des chercheurs d'avant les années 70, et celle qui apparaît maintenant à travers les modèles dits **Bottom-up** et **Top-down**.

Vous constaterez que la lecture est un processus plus cognitif que visuel et pourrez vous familiariser avec les éléments indicatifs d'un modèle psycholinguistique de façon à évaluer les rôles respectifs des facteurs visuels et cognitifs en cause dans l'acte de lire.

MODÈLES DE LECTURE

Un modèle est un moyen efficace pour dégager des liens entre certains faits, pour expliquer des interrelations entre des phénomènes donnés (Ouellet, 1981). Tout modèle scientifique remplit trois fonctions. La première fonction est de résumer les connaissances accumulées dans un domaine et de formuler des lois : la deuxième fonction est d'offrir un cadre de référence utile à l'interprétation de nouvelles données, de faits observés ; finalement, la troisième fonction consiste à permettre au chercheur de formuler des hypothèses, de prévoir des faits, des comportements, des événements. Pour reprendre l'expression de Smith (1975), les fonctions d'un modèle sont liées au passé, au présent et à l'avenir. Bref, un modèle permet de comprendre un phénomène, d'interpréter de nouveaux faits et de prévoir d'autres phénomènes.

Pourquoi un modèle de lecture ?

Il a été démontré à maintes reprises que les vues personnelles d'un enseignant relativement à la lecture transparaissent dans ses méthodes d'enseignement (Barr, 1975 ; Harste, 1977). Déjà en 1937, Gray avait reconnu l'importance d'un modèle lorsqu'il disait : « Un enseignement efficace de la lecture (...) présuppose une compréhension claire de la nature de la lecture et des processus fondamentaux impliqués » (voir : Bean et Leuer, 1981). En effet, la définition implicite de la lecture chez un enseignant influence plus ou moins directement sa manière de travailler auprès des enfants, sa façon de les initier au langage écrit. L'enfant se fait une conception de la lecture d'après ce que le maître exige de lui. La définition que l'enfant donne à la lecture le guide dans les stratégies qu'il utilise et conditionne par le fait même sa réussite.

Le graphique suivant (figure 11), inspiré de l'analyse de Weaver (1980), montre clairement l'influence de la conception de la lecture de l'enseignant sur la réussite des enfants.

Ainsi l'enseignant transmet-il sa conception de la lecture à travers les activités qu'il propose à l'enfant. Par exemple, si l'enseignant emploie la plus grande partie du temps consacré à la lecture à faire associer des lettres et des sons, l'enfant en déduira que lire, c'est fusionner des sons.

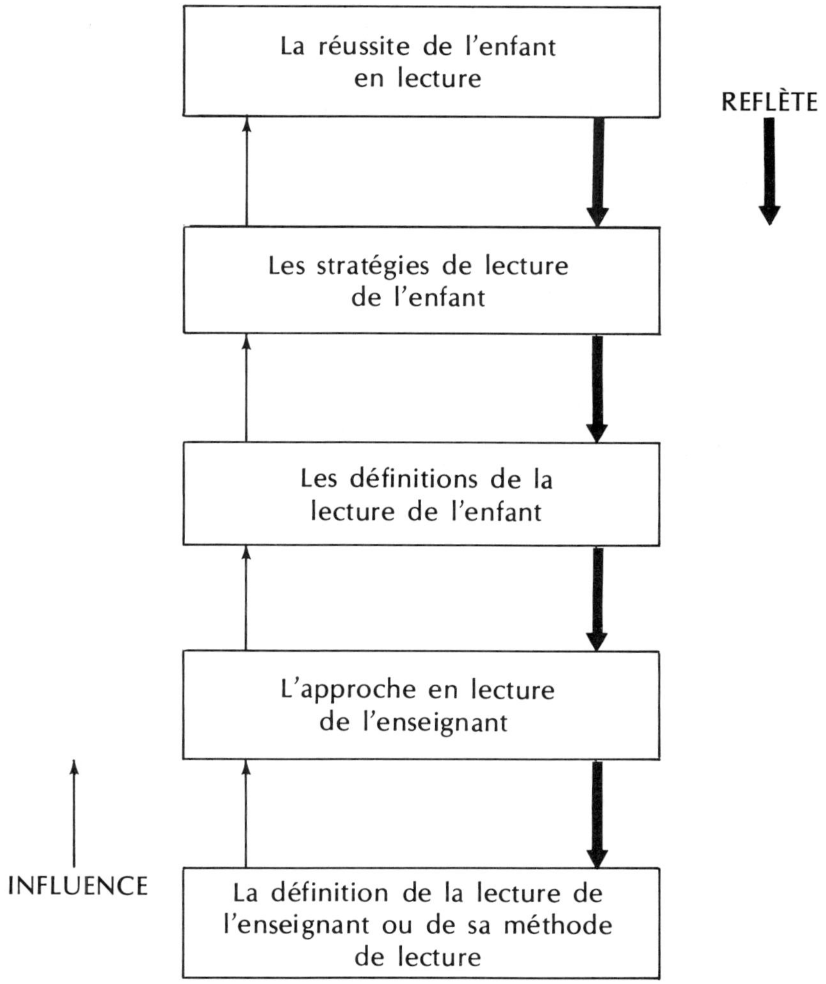

Figure 11 : Élaboré à partir de WEAVER, C., *Psycholinguistics and readings : from process to practice*. Boston : Little and Brown, 1980.

Par contre, si les activités proposées en classe sont fonctionnelles et significatives, l'enfant en retiendra que lire est synonyme de chercher du sens.

Plusieurs recherches nous ont fourni des données concrètes sur la conception que les enfants se font de la lecture. Une de ces recherches, celle de Ngandu (1979), compare les définitions données par des enfants considérés comme de bons lecteurs à celle donnée par des lecteurs sous la moyenne. L'auteur regroupe en trois catégories les réponses recueillies auprès de 418 enfants de la première à la sixième année.

Définition 1 : La lecture est vue comme une activité générale, c'est-à-dire comme une partie de la journée (ex. : la lecture, c'est ce que l'on fait le matin en arrivant).

Définition 2 : La lecture est vue comme un processus d'identification de mots. (ex. : Je lis quand je mets les lettres ensemble pour faire un mot).

Définition 3 : La lecture est vue comme une recherche de signification (ex. : Lire, c'est apprendre).

Les résultats de cette recherche montrent que les écoliers de la fin du primaire considèrent la lecture plutôt comme un processus de compréhension, contrairement aux enfants du début du primaire. En effet, à peine 10% des enfants de 1re année regardent la lecture comme une activité de compréhension alors que ce pourcentage passe à 40% en 6e année (Figure 12).

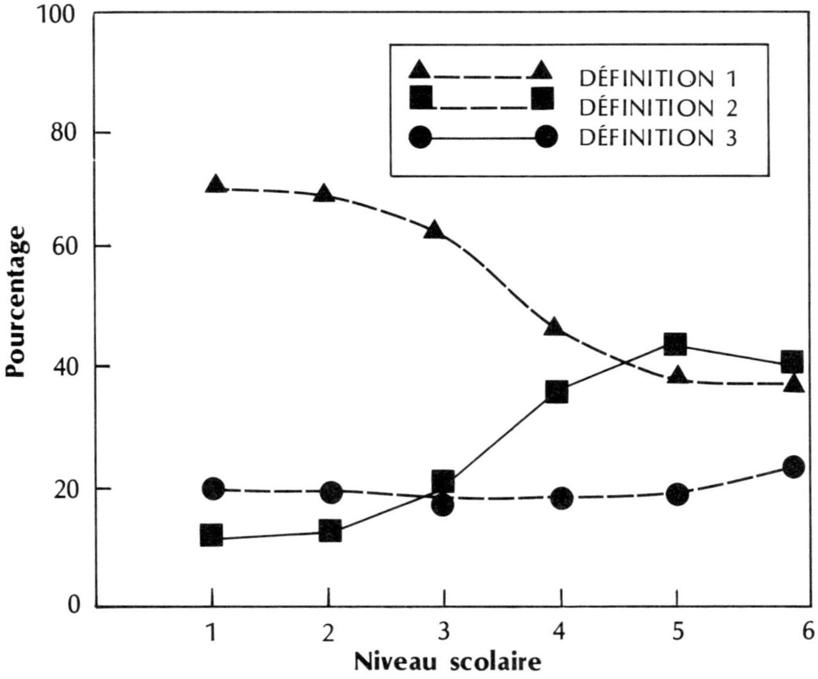

Figure 12 : Répartition des définitions de la lecture selon le niveau scolaire.
Traduit de : NGANDU, K. Elementary students' definitions of reading. *Reading Horizons*, 1979, 19(4), 272–276.

De plus, les enfants dont le résultat en lecture est supérieur à la moyenne ont plus souvent tendance à regarder la lecture comme un processus de signification que ne le font les lecteurs plus faibles. Ainsi, en cinquième année, 60% des bons lecteurs associent la lecture à une activité de compréhension alors que, chez les lecteurs plus faibles, seulement 20% des enfants donnent une définition de la lecture incluant la recherche de sens (figure 13).

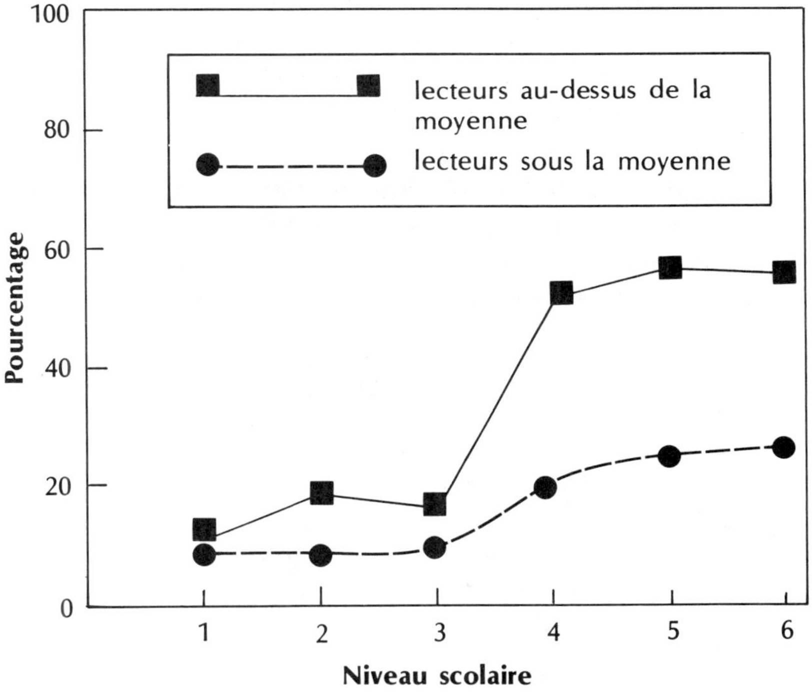

Figure 13 : Pourcentage de lecteurs définissant la lecture comme une activité de compréhension selon le niveau scolaire et le rendement en lecture.
Traduit de : NGANDU, K. Elementary students' definition of reading. *Reading Horizons,* 1979, 19(4), 272–276.

L'auteur interprète les résultats en faisant ressortir que, dans les premières années de scolarité, l'accent est souvent mis sur l'identification de mots, ce qui se reflète dans les définitions de la lecture des enfants. De plus, les enfants en difficulté sont ordinairement orientés vers des activités qui insistent sur l'identification des mots et cela transparaît également dans leur définition de la lecture.

Une autre recherche, celle de Starkey et Starkey (1981), aboutit à des résultats similaires. Dans cette enquête, menée auprès de 357 enfants de 3e année, on demande aux enfants « Pourquoi travailles-tu dans ton cahier d'exercice ? » Tous les enfants qui ont un résultat au-dessus de la moyenne répondent qu'ils lisent pour apprendre, alors que seulement 10 enfants, sur les 147 dont le résultat en lecture est inférieur à la moyenne, fournissent une telle réponse ; tous les autres lecteurs faibles répondent qu'ils travaillent dans leur cahier pour s'occuper ou parce que le professeur surveille un autre groupe.

Canney et Winograd (1979 : voir Pitts, 1983), après avoir compilé les résultats d'entrevues faites avec des enfants de 2^{0}, 4^{0} et 6^{0} année sur la nature de la lecture, en arrivent aussi à la conclusion que les lecteurs qui comprennent bien ont tendance à définir la lecture comme une recherche de sens tandis que les lecteurs moins habiles centrent davantage leur définition sur le décodage.

Donc, si l'on étudie la façon dont l'enfant aborde la lecture, on peut dégager la définition que ce dernier donne à la lecture et, partant, reconstituer celle de l'enseignant lui-même. Par ailleurs, l'approche privilégiée par le maître est directement tributaire de cette définition et influence directement la manière dont l'enfant saisit le processus de lecture.

Mais qu'arrive-t-il si l'enseignant n'a pas une conception claire du processus de lecture ? Dans ce cas, il utilisera un manuel ; ce qu'il transmettra aux enfants, ce ne sera pas sa propre conception de la lecture, mais celle du manuel. Par contre, si un enseignant comprend bien le processus de lecture, il peut imprégner de sa conception à peu près n'importe quel matériel didactique et proposer aux enfants des activités appuyées sur la réflexion plutôt que sur la force de l'habitude.

Votre propre conception du processus de lecture

Comme nous venons de le voir, la conception de la lecture propre à l'enseignant influence le choix des stratégies qu'il présentera à l'enfant.

Il serait intéressant que vous puissiez dès maintenant cerner ou clarifier votre propre approche de la lecture. Pour ce faire, répondez au questionnaire suivant le plus honnêtement possible. Toutefois, comme il est probable que votre conception se modifie petit à petit au contact des opinions exprimées dans ce manuel, vous serez sans doute tenté de répondre de nouveau à ce questionnaire une fois la lecture du livre terminée.

Ce questionnaire est une adaptation de celui de Bean et Leuer (1981) ; on vous demande d'accorder des cotes de 1 à 5 pour chacune des propositions présentées.

COTE 1 en accord total avec l'énoncé
COTE 2 plutôt d'accord
COTE 3 en accord (ou désaccord) partiel
COTE 4 plutôt en désaccord
COTE 5 en désaccord total

Lorsque vous aurez répondu aux questions, comparez vos réponses avec celles qui ont été fournies à ce même questionnaire par Y. Goodman, une représentante bien connue du courant psycholinguistique en lecture.

PROFIL D'ORIENTATION THÉORIQUE

1. Lorsqu'un enfant ne réussit pas à lire un mot, on doit lire ce mot pour lui ... 1 2 3 4 5
2. Un enfant doit être capable de verbaliser les règles de phonétique pour lire des mots nouveaux 1 2 3 4 5
3. Si chaque mot est lu de façon précise, l'histoire devrait être entièrement comprise 1 2 3 4 5
4. Un enfant ne peut lire avant d'avoir reçu un enseignement formel en lecture 1 2 3 4 5
5. Les inversions sont un problème important dans l'apprentissage de la lecture. 1 2 3 4 5
6. La fluidité et l'expression sont des composantes essentielles d'une bonne compréhension en lecture 1 2 3 4 5
7. C'est une bonne pratique de corriger un enfant aussitôt qu'il fait une erreur en lisant à haute voix 1 2 3 4 5
8. Il est important, dans l'enseignement de la lecture, de présenter les mots dans le contexte de la phrase 1 2 3 4 5
9. Plus un enfant fait d'erreurs, moins il est habile à lire 1 2 3 4 5
10. Lorsqu'un enfant ne connaît pas un mot, on doit lui montrer à décoder le mot 1 2 3 4 5

11.	C'est une bonne pratique de permettre à un enfant de rendre dans son propre dialecte ce qui est écrit lorsqu'il lit oralement	1	2	3	4	5
12.	C'est une bonne idée que de présenter visuellement les mots nouveaux avant qu'ils soient rencontrés dans la lecture	1	2	3	4	5
13.	Le fait de mal prononcer un mot nous indique clairement que l'enfant ne connaît pas la signification de ce mot	1	2	3	4	5
14.	Le décodage est un moyen efficace d'enseigner la lecture	1	2	3	4	5
15.	Le fait de répéter des mots, des lignes ou des phrases est un signe que le lecteur est inefficace	1	2	3	4	5
16.	Certains problèmes en lecture sont causés par le fait que le lecteur laisse tomber la finale des mots (lecture orale)	1	2	3	4	5
17.	Le langage personnel de l'enfant affecte la façon dont on doit s'attendre à ce qu'il lise (oralement)	1	2	3	4	5
18.	La pratique du vocabulaire visuel est un bon exercice pour l'enseignement de la lecture	1	2	3	4	5
19.	On doit encourager l'enfant à deviner lorsqu'il rencontre des mots peu familiers	1	2	3	4	5
20.	Pour améliorer la lecture, il faut améliorer les habiletés d'identification des mots	1	2	3	4	5
21.	Se fonder sur le langage de l'enfant est un moyen efficace de faciliter l'enseignement de la lecture	1	2	3	4	5
22.	Si un enfant dit *navire* au lieu de *bateau*, il faut le corriger	1	2	3	4	5
23.	L'habileté à lire une liste de mots est un indicateur de l'habileté en lecture	1	2	3	4	5

Pour répondre à ce questionnaire, Y. Goodman a donné l'orientation de la réponse plutôt qu'un nombre précis. Ainsi, pour chacune des questions, elle a indiqué si la réponse tendait vers l'accord (1 2 3 4 5) ou vers le désaccord (1 2 3 4 5). Plus précisément, les réponses aux questions 8-11-17-21 tendent vers l'accord, et toutes les autres vers le désaccord.

Classification des modèles de lecture selon Williams

Durant les années 60 et 70, des auteurs aux convictions diverses ont présenté une pléiade de modèles de lecture. Williams (1973), qui fait une recension de ces modèles théoriques, classe ces derniers en quatre catégories. Ce sont les modèles taxonomiques, psychométriques, psychologiques et linguistiques. Voici brièvement comment ces modèles se définissent, quel est leur apport en ce qui touche la lecture et quels auteurs les ont davantage représentés.

A) Les modèles taxonomiques

Un modèle taxonomique a pour objet principal la classification d'éléments à partir de certaines règles ; c'est avant tout un outil descriptif. Les travaux de William Gray (1960) représentent bien le modèle taxonomique où la lecture se divise en certaines catégories d'habiletés, comme la perception des mots, la compréhension, la réaction à l'idée de l'auteur, l'assimilation de ce qui est lu.

L'approche taxonomique est souvent qualifiée d'approche « fauteuil » car le chercheur qui l'utilise ne part pas d'expériences mais s'inspire de ses propres réflexions sur les différentes habiletés en lecture.

B) Les modèles psychométriques

Le principe de base de la psychométrie est la mesure. Le modèle de Holmes (1954), perfectionné par Singer (1970), s'appuie sur diverses données de la psychométrie. En bref, dans cette approche, les chercheurs utilisent une variété de tests qui mesurent des habiletés que l'on croit importantes en lecture. Ils tentent ensuite de voir quelles habiletés contribuent le plus à la lecture. Ici encore, comme c'était le cas dans les modèles taxonomiques, l'analyse n'est que descriptive, même si une étape supplémentaire est ajoutée par le biais de la mesure.

C) Les modèles psychologiques

L'analyse faite en fonction du modèle psychologique s'appuie sur des principes qui régissent le développement et l'apprentissage de l'individu. Ce type d'analyse de la lecture renvoie à l'approche behavioriste et cognitive d'une part et, d'autre part, à des modèles fondés sur la théorie du traitement de l'information.

1. Approche behavioriste

La première génération de psychologues à s'être intéressés à la lecture s'appuyait sur les principes du conditionnement opérant et de l'apprentissage mécanique verbal. Skinner (1957), Gagné (1970), Staats (1968) ont été de ceux-là, ils décrivent la lecture comme une réponse verbale sous le contrôle de stimuli écrits.

De Gagné (1970), retenons qu'il suggère pour les débuts de la lecture une hiérarchie d'apprentissage orientée vers le décodage, c'est-à-dire vers la maîtrise des règles de prononciation pour les mots dont les correspondances des lettres aux sons sont régulières. La première habileté de la hiérarchie sera donc de reproduire le son de chacune des lettres et, dans une étape subséquente, le son des combinaisons consonne-voyelle, c'est-à-dire des syllabes. La prononciation orale des syllabes constitue dans ce modèle une activité préalable à la prononciation des mots entiers.

Staats (1968), pour sa part, décrit la lecture comme une habileté complexe, qui s'appuie hiérarchiquement sur l'acquisition d'autres habiletés, dont le langage. L'acquisition de la lecture comprendrait cinq répertoires : le répertoire de discrimination des lettres, le répertoire d'unités de lecture, celui du décodage, celui des mots entiers et enfin le cinquième, celui des locutions. Ces répertoires sont hiérarchiques, puisque chaque répertoire se fonde sur le précédent et conditionne l'acquisition du répertoire suivant.

De ces travaux, il faut retenir également l'importance attachée à l'utilisation du renforcement qui accroît les chances d'obtenir la réponse de lecture (Staats et *al.*, 1964).

2. Approche cognitive

Les modèles dits cognitifs s'intéressent davantage à ce qui se passe dans la structure cognitive de l'individu, c'est-à-dire aux processus mentaux en cause dans l'apprentissage de la lecture. Dans ces modèles, la lecture est considérée comme une activité de compréhension.

Le groupe de Cornell, qui réunit notamment Eleonor Gibson et Harry Levin, se décrit comme étant d'orientation cognitive. Des travaux de Gibson (1970), il faut retenir l'importante contribution apportée à l'étude de la perception et l'introduction de la notion de *traits distinctifs* appliquée aux lettres.

Parmi les modèles cognitifs, il s'en trouve également qui reposent sur les principes de la psychologie développementale. Les travaux d'Elkind (1967), d'inspiration piagétienne, en sont une illustration. Cet auteur insiste avant tout sur les aspects perceptuels que l'on retrouve dans la lecture. Pour lui, comme pour Piaget, il y a des stades de développement bien différenciés et les processus d'apprentissage manifestés par un enfant dépendent de son niveau de développement.

3. Traitement de l'information

Une théorie du traitement de l'information essaie de démontrer comment l'intelligence humaine ou artificielle reçoit l'information et comment elle la traite.

Venezky et Calfee (1970) de même que Smith (1971) appliquent ce modèle à la lecture. Ils estiment que le lecteur sélectionne l'information, émet des hypothèses qu'il rejette ou confirme ensuite.

D) Les modèles linguistiques

Les modèles linguistiques considèrent la lecture comme un processus de langage. Dans cet ordre d'idées, on peut déjà signaler deux générations de linguistes préoccupés par la lecture. Les premiers sont plus intéressés par la structure de la langue et les seconds par les processus psychologiques actifs dans le langage.

Parmi les premiers linguistes à s'être penchés sur la lecture, signalons Bloomfield (1933) qui croyait que les irrégularités rencontrées dans les correspondances graphèmes-phonèmes ne devaient pas être présentées au lecteur débutant. Fries (1963) et Lefevre (1964) ont également travaillé dans ce sens.

Mais la grammaire transformationnelle, qui considère l'enfant comme un être actif qui construit son langage, nous a obligés à revoir plusieurs conceptions bien établies. Parmi les travaux de linguistes ou psycholinguistes de cette deuxième génération, il convient de mentionner ceux de Ruddel (1970), de Goodman (1970) qui portent sur la lecture.

Selon ces modèles, le lecteur utilise simultanément trois types d'indices en lecture : 1) les indices grapho-phonétiques, 2) les indices syntaxiques et 3) les indices sémantiques. Ces modèles accordent plus d'importance à la compréhension qu'à la perception. Le tableau synoptique qui suit donne une vue d'ensemble de cette classification :

MODÈLES \ AUTEURS	BLOOMFIELD	CALFEE	FRIES	GAGNÉ	GIBSON	GOODMAN	GRAY	HOLMES	LEFÈVRE	SINGER	SKINNER	SMITH	STAATS	VENEZKY
Taxonomique							X							
Psychométrique								X		X				
Psychologique :														
Behavioriste				X							X		X	
Cognitif					X									
Traitement de l'information		X												X
Linguistique :														
Linguistique I	X		X						X					
Linguistique II														
(Psycholinguistique)						X						X		

Figure 14 : Synopsis de la classification des modèles théoriques de la lecture.

Autre classification des modèles

La classification présentée dans les pages précédentes donne une image statique de l'évolution de la conceptualisation relative aux modèles de lecture. Pour faire ressortir davantage la divergence des courants de pensée dans l'explication du processus de lecture, nous analyserons maintenant une classification récente qui polarise nettement les positions.

Depuis quelques années, on trouve de plus en plus dans la littérature une classification des modèles de lecture en termes de *Top-down* et *Bottom-up*. Cette classification est en elle-même révélatrice d'un changement d'orientation dans la conception du processus de lecture.

En effet, pendant plus de la moitié du siècle, le débat en lecture s'est situé à un plan méthodologique (Otto, 1982). Tous les chercheurs partaient du postulat que la lecture consistait essentiellement en l'identification de lettres et de mots, c'est-à-dire que le départ du processus se situait au niveau du stimulus visuel. Comme on s'entendait sur les processus, on ne cherchait en fait que la meilleure façon d'enseigner la lecture... Fallait-il présenter des correspondances lettres-sons régulières ? Quelle était la meilleure séquence pour la présentation des phonèmes ? Était-il préférabe de faire découvrir les relations lettres-sons à travers des séries de mots entiers plutôt que de les présenter de façon isolée ?

Mais aujourd'hui, le débat est beaucoup plus théorique que méthodologique, il questionne la définition même du processus de lecture. Ce débat remet en cause le postulat des modèles voulant que le lecteur commence par identifier les mots pour ensuite construire le sens. À l'opposé, une autre conception, représentée par les modèles *Top-down*, stipule que la lecture commence par l'idée générale que se fait le lecteur avant même de lire le texte : le lecteur se sert de cette information pour créer le sens du texte.

Ces deux modèles sont diamétralement opposés et certains auteurs ne s'avouent satisfaits ni de l'une ni de l'autre de ces positions ; ils suggèrent des modèles qui se situent à mi-chemin entre les modèles *Top-down* et *Bottom-up*, il s'agit des modèles interactifs.

En bref, il existe actuellement trois positions en ce qui a trait à la définition de la lecture et plus particulièrement au rôle du décodage dans la lecture :

1) Lire consiste à traduire les symboles écrits de façon orale (décodage). Une fois cette habileté acquise, la compréhension se produit d'elle-même (modèles *Bottom-up*).
2) Le décodage n'est pas essentiel à la lecture, il peut même être nuisible. L'écrit doit être appris dans le contexte de son utilisation fonctionnelle (modèles *Top-down*).
3) Le décodage n'est pas central dans le développement de la lecture mais il occupe une place importante (modèles interactifs).

Nous définirons maintenant un peu plus en détail chacun de ces modèles.

A) Les modèles Bottom-up

Dans ce modèle, la lecture est conçue comme un comportement clairement observable. Le lecteur est censé lire ce qu'il y a sur la page, toute déviation est considérée comme une erreur qu'il convient de corriger. Selon cette conception de la lecture, la reconnaissance des lettres, des syllabes et des mots précéderait la compréhension : les mots seraient lus isolément et l'interprétation du sens de la phrase se produirait par juxtaposition du sens des mots, comme des briques sont juxtaposées pour construire une maison.

Ce modèle propose l'existence d'un stade de décodage phonétique, c'est-à-dire que les mots seraient d'abord transformés en sons, puis interprétés comme s'il s'agissait de langage oral : ce décodage existerait même chez le lecteur habile, mais se ferait de façon automatique. Le lecteur habile serait donc caractérisé par l'automatisme du processus, particulièrement au niveau de l'analyse du mot (Gough, 1972; Staats, 1975).

Les modèles *Bottom-up* sont souvent associés au concept de *traitement dirigé par le texte* parce que, dans ces modèles, le lecteur est entièrement dépendant du texte.

Pour ce qui a trait à l'enseignement, ces modèles suggèrent d'initier d'abord les enfants aux éléments du code (lettres, syllabes), la compréhension étant vue comme une deuxième étape. Il est facile de faire référence ici aux méthodes alphabétiques, phonétiques et syllabiques.

B) Les modèles Top-down

En vertu de cette conception, ce n'est pas l'information visuelle qui dirige le processus de lecture mais plutôt les processus linguistiques du lecteur. La compréhension est au cœur du processus et fait partie de ce dernier avant que les yeux ne regardent la page. Le lecteur possède un bagage organisé de connaissances sur ce qui est signifiant et grammaticalement possible ; il possède également des informations sur les stimuli visuels. À l'extrême, la compréhension précéderait la reconnaissance des mots : le lecteur émet des hypothèses sur le texte à partir de ses connaissances préalables et de certains indices syntaxiques ; le processus d'identification de lettres et de syllabes ne serait utilisé qu'au besoin. Le lecteur est donc considéré ici comme un élément actif : il a déjà une idée du texte avant d'entreprendre sa lecture, il essaie ensuite de vérifier ses hypothèses.

Le lecteur habile est celui qui exploite activement l'information contextuelle pour *prédire* le texte qui suit, allégeant ainsi le processus d'information visuelle (Goodman, 1976; Smith, 1971). Le lecteur, dans cette perspective, crée le texte autant qu'il l'analyse. Cette conception de la lecture est souvent considérée comme synonyme du *traitement dirigé par le lecteur* parce qu'ici le lecteur utilise ses expériences pour réagir au texte et le comprendre.

Les approches inspirées de ces modèles présenteront au lecteur débutant des unités complètes, comme la phrase, et mettront l'accent sur la compréhension et les hypothèses. Le recours au code ne sera qu'occasionnel et ne sera surtout pas au point de départ de l'enseignement.

C) Les modèles interactifs

Les modèles interactifs se présentent comme une position intermédiaire (Rumelhart, 1975; Stanovich, 1980) : ils décrivent la lecture comme un processus de synthèse de l'information fournie simultanément à différents niveaux d'analyse (orthographique, syntaxique, sémantique). Ces divers niveaux d'analyse opèrent, non seulement en parallèle, mais également en interaction. Selon ce modèle, le lecteur adopterait différentes stratégies de lecture selon la situation : le processus *Bottom-up* dominerait lorsque l'information contextuelle est faible, par exemple pour lire des mots isolés, alors que le processus *Top-down* serait plus utilisé pour la lecture en contexte (Bowey, 1982; Juel, 1980; Ehri et Wilce, 1980). Bref, le lecteur utiliserait différentes stratégies selon la disponibilité relative de l'information contextuelle ou visuelle.

En résumé, on a pu voir, dans la présentation des modèles, que les conceptions de la lecture peuvent différer d'un auteur à l'autre au point d'être diamétralement opposées. Bien qu'encore très peu développée, la position des modèles interactionnistes nous semble fort pertinente dans l'explication du processus de lecture. Ces modèles, où l'on ne conteste pas l'utilité du décodage, mettent l'accent sur les processus de compréhension et, de ce fait, empruntent largement aux modèles *Top-down*. Il nous est apparu nécessaire de mettre en évidence, dans ce manuel, les processus *Top-down* qui sont souvent laissés de côté dans l'enseignement de la lecture. La prochaine partie du chapitre présentera une analyse de la lecture qui tient compte des différents processus en cause dans l'acte de lire.

PROCESSUS DE LECTURE

Il existe une multitude de définitions de la lecture mais, la plupart du temps, ces définitions nous laissent insatisfaits. Pourquoi ? Parce que, comme le précise Smith (1979), le mot *lecture* n'est pas différent des autres mots de la langue, il possède différents sens. Comme la définition d'un mot dépend du contexte, il est irréaliste d'essayer de trouver une définition unique qui « éclairera tout le mystère de la lecture ». (p. 102) On pourrait même, continue-t-il, poser la question *Est-ce que la lecture implique nécessairement la compréhension* ? La réponse serait que, parfois, la lecture implique la compréhension et, parfois, non. En effet, on tient ordinairement pour acquis que lire un livre, c'est le comprendre : on ne dira pas à quelqu'un *Lis ce livre et comprends-le*. Mais si quelqu'un nous dit *J'ai lu ce livre mais je n'y ai pas compris grand-chose*, on ne lui répondra pas qu'il doit lire le livre, mais le relire, ce qui implique que l'on considère qu'il l'a déjà lu. Ainsi la lecture sous-entend-elle parfois la compréhension, parfois non, mais cette distinction est au niveau du langage et non du processus lui-même.

Par conséquent, au lieu de nous attarder à définir la lecture, nous essaierons plutôt de préciser la nature même du processus de lecture.

La description présentée dans ce chapitre s'inspire des modèles psycholinguistiques. La psycholinguistique, comme son nom l'indique, est la combinaison de la psychologie et de la linguistique, la première s'occupe du processus d'apprentissage et la deuxième du langage ; ainsi, on peut dire que la psycholinguistique s'intéresse au processus d'apprentissage du langage. De plus, cette discipline considère la lecture comme une activité de langage, facteur tout à fait fondamental dans une définition de la lecture.

Dans cette présentation du processus de lecture, nous identifierons dans un premier temps le rôle de la perception en lecture et nous resituerons l'apport de l'information visuelle en précisant les limites de cette dernière. Dans un deuxième temps, nous mettrons l'accent sur les processus cognitifs qui viennent compléter les processus visuels et qui sont au cœur même de la définition de l'acte de lire.

L'aspect perceptif en lecture

Pour la plupart des adultes, la lecture est avant tout une activité visuelle. Les premières recherches en lecture ont d'ailleurs porté sur les caractéristiques de la perception dans différentes situations de lecture. Cependant, un des principaux apports des récents modèles de lecture a été de resituer le rôle de la perception dans l'acte de lire en lui assignant un rôle beaucoup moins prépondérant que ne le faisaient les modèles traditionnels. Même si la perception n'est pas l'activité essentielle de la lecture, il n'en demeure pas moins qu'il est important d'en connaître les mécanismes afin d'en tirer profit dans une activité de lecture. C'est dans cette optique que nous aborderons les deux principaux aspects de la perception en lecture, soit la perception des mots et les mouvements des yeux.

A) La perception des mots

Que perçoit le lecteur durant une fixation ? Combien de lettres ou de mots lit-il ? Avec quelle précision ? Pour répondre à ces questions, acceptez de vous soumettre à une petite expérience (Foss, 1978). Dans un moment, pas tout de suite, regardez le X encerclé dans la figure au bas de la page. Ne regardez aucune autre partie de la ligne. Quand vous regarderez la figure (pas tout de suite), allez directement au X dans le milieu de la ligne. En fixant le X, essayez d'obtenir le plus d'information possible à la gauche du X sans changer votre point de fixation. Essayez la même chose avec l'information située à la droit du X. Ne bougez pas vos yeux. Très bien. Allez-y !

Avez-vous réalisé comment l'acuité de la perception diminue abruptement lorsque l'on s'éloigne du point de fixation ? En fait, il est difficile de lire plus de 10 lettres à partir du point de fixation.

bcinome ed tmso zvae svuo lsu ? Ⓧ Combien de mots avez-vous lus ?

Vous avez probablement réussi à lire 10 lettres à la droite du X mais combien avez-vous perçu de lettres isolées ? Certainement beaucoup moins. La perception serait donc dépendante de certaines conditions ? C'est ce que nous tenterons de cerner dans les prochaines pages.

1. Les caractéristiques de la perception

La perception n'est pas un phénomène qui dépend uniquement des stimuli visuels. Si l'œil reçoit les ondes d'énergie lumineuses, c'est le cerveau qui construit la signification à partir des impulsions neurologiques. Nous reviendrons sur cette notion dans la partie réservée au processus cognitif. Pour le moment, nous tenterons plutôt de cerner les constantes qui agissent dans la perception de mots.

On peut en fait dégager deux caractéristiques de la perception en lecture : la perception est globale et instantanée. Elle est instantanée parce qu'elle se fait en une fraction de seconde et elle est globale parce qu'il suffit de l'image d'un mot pour le reconnaître.

Pour réaliser concrètement comment ces deux caractéristiques agissent dans une situation de lecture, faites l'expérience suivante : munissez-vous au préalable d'une montre avec trotteuse et calculez le temps que vous prendrez pour lire la colonne de lettres, puis celle des mots de quatre lettres, enfin celle des mots de 10 lettres ? Lisez le plus rapidement possible sans vous attarder sur les mots.

b	pain	histoire
e	robe	pingouin
g	rêve	toujours
i	tout	limonade
l	papa	camisole
c	auto	batterie
p	dent	cartable
r	tête	chocolat
v	noir	arrosoir
m	cube	cannelle
a	roue	bracelet
t	pipe	margarine
f	lion	gourmand
k	joie	escargot
u	tube	dentelle
q	café	fondation
o	jupe	publicité
j	bras	gélatine
d	boxe	vitamine
n	chat	boulette
h	lait	chenille
s	taxi	araignée
w	rame	tirelire
x	chou	boutique
y	bébé	macaroni
z	bête	cheville
sec.	sec.	sec.

Il serait assez surprenant que vous ayiez mis 10 fois plus le temps pour lire les mots de 10 lettres que les lettres isolées. En fait, si l'on vous présentait ces mêmes mots de façon très rapide, c'est-à-dire pendant une exposition de ¼ de seconde, vous percevriez aussi facilement les mots de 10 lettres que les mots de quatre lettres ou les lettres isolées.

2. Les facteurs qui exercent une influence sur la perception

Comme nous venons de le voir, la perception en lecture est globale en ce sens qu'il n'est pas nécessaire de lire toutes les lettres pour reconnaître un mot. Toutefois certains facteurs font qu'un mot est reconnu avec plus ou moins de facilité ; de plus, certaines parties ou certains éléments du mot sont plus importants que d'autres dans la perception globale des mots.

a) Les parties supérieure et inférieure des lettres

Le lecteur retire plus d'information visuelle de la partie supérieure des mots à cause de la présence des lettres ascendantes. Comparez vous-même le degré de difficulté des deux phrases suivantes :

> Il est plus facile de percevoir la partie supérieure des mots à cause de la présence des lettres pourvues de hampes ascendantes et de celle des accents, apostrophes et guillemets.

> La partie inférieure des mots contient moins d'information visuelle et elle est, en ce sens, moins utile au lecteur.

Comme vous avez pu le constater, il est plus facile de percevoir la partie supérieure des mots à cause de la présence des lettres pourvues de hampes ascendantes et de celle des accents, apostrophes et guillemets. La partie inférieure des mots contient moins d'information visuelle et elle est, en ce sens, moins utile au lecteur.

b) La place de la lettre dans le mot

Plusieurs recherches ont démontré que le lecteur n'accorde pas la même attention aux lettres selon leur position dans le mot. La première lettre est l'indice le plus souvent utilisé, vient ensuite celui de la dernière lettre. Les lettres du milieu sont plus rarement utilisées pour reconnaître un mot. Essayez l'exercice suivant pour découvrir vous-même quelle est la position qui influence le plus votre perception des mots. Lisez ces trois listes de mots pour en vérifier le degré de difficulté.

A	B	C
obnjour	fenêter	habtiude
apntalon	yougoutr	derirère
rtiangle	œillte	hisotire
uhmain	planchre	jounral
rbouette	monsieru	chpaeau
ohrloge	vacancse	voliier
ifllette	bonhomem	marhcand
roeille	déjeunre	panroama
omuchoir	fourneua	scoprion
oculeur	machien	voygaeur

Il est fort probable que vous ayiez mis plus de temps pour lire la première colonne de mots que pour lire les deux autres, étant donné que l'œil retire habituellement l'information en grande partie à partir des premières lettres des mots.

Si ce premier exercice n'a pas été révélateur, essayez l'activité suivante qui consiste à combler les espaces laissés dans les mots. Dans le premier texte, la première lettre a été systématiquement supprimée, dans le deuxième, c'est la dernière lettre qui a été enlevée, alors que dans le troisième texte, les lettres du milieu ont été remplacées par des tirets.

_n _etit _uage _ose _oguait à _'aventure _ans _e _iel. _l y _vait _edans _ille _t _ne _outtes _'eau, _ouillettement _ssises.

_a _ille _t _nième _outte, _ui _e _ommait _erlette, _e _eva _n _aîllant.

« _n _'ennuie _ci ! _'ai _nvie _'aller _aire _n _etit _our _ur _a _erre. »

« _e _ais _as _a ! _rièrent _es _utres. _'est _e _a _olie !

«Nou_ vivion_ tranquillemen_ dan_ notr_ villag_, lorsqu'u_ bea_ mati_, l_ cousi_ breto_ d'Obéli_ qu_ nou_ n'avion_ pa_ v_ depui_ longtemp_ es_ arriv_ che_ nou_. I_ étai_ accompagn_ d'u_ peti_ garço_ au_ cheveu_ e_ bataill_ e_ au_ yeu_ trè_ bleu_, qu_ s'appelai_ Fierabra_. L_ cousi_ a demand_ à Obéli_ e_ à Astéri_ s_ tou_ deu_ voulaien_ bie_ garde_ Fierabra_, l_ temp_ qu'i_ aill_ régle_ quelque_ affaire_ à Lutèc_.

En l'_n 12_4, la v_lle de Ha__ln f_t vi___me d'_n ter___le fl__u : l_s r_ts et l_s so__is se mult____èrent tell___nt, qu'_l y en av__t pa___ut, et per___ne ne réus___sait à l_s exte___ner.

Lor___'un jo_r, un étr___er, q_e per___ne n'a__it ja__is vu aupa___ant, f_t s_n appa___ion et pr__it de déba___sser la vi__e du fl__u en un se_l jo_r, to_t le mo__e re___ra de soul___ment. C_t ho__e ét__t vê_u d'_n ha__t ba___lé et il dem___ait u_e ind___ité relat___ment él__ée. Ma_s co__e to_t le mu__de av_it pe_r d_s an___ux, et d_s mal___es do_t i_s ét___nt por___rs, l_s éd__es mun___paux acce___rent l_s cond___ons de l'ét___ger sa_s dis___er.

Vous avez sûrement constaté que la première lettre est un indice plus important que les autres lettres et que les dernières lettres ont plus de poids que celles du milieu. En fait, si les débuts de mots sont tellement importants, c'est qu'ils sont moins prévisibles que les autres parties du mot. D'un autre côté, les terminaisons de mots contiennent souvent des informations grammaticales qui font que la fin des mots est plus utile que les lettres du milieu du mot.

c) Les consonnes et les voyelles

Les consonnes et les voyelles ne jouent pas le même rôle dans la perception des mots. Rappelons-nous que la transcription des voyelles est apparue plus tard que celle des consonnes dans l'évolution des systèmes d'écriture.

Essayez de lire les deux textes suivants : dans le premier texte, les consonnes ont été enlevées alors que dans le deuxième texte, ce sont les voyelles qui ont été supprimées.

« _a_ou » _'é_ai_ _a_ u_ _i_ _oui_ _au_e _o_ _e _e_ au_ _e_, _oi_ _ _ e_ _ _a_ _, i_ é_ai_ _ou_ _ou_e... e_ _iè_e_e_ _ _au_e ! ! ! _e _ _a_ _a_ie_ _u _ _a_ _ _o_ _ a_ai_ _o_ _u_ _é _e _o_ _eu_ _e _a _a_ _ui_e... l_ _ _e_ _è_e_ _ _ue « _a_ou » a_ai_ u_e_a_a_ie _e _oie. O_ _ui a_ai_ _o_ _é _eau_ou_ _e _é_i_a_e_ _ _. _ie_ à _ai_e i_ _e_ _ai_ au_ _i _au_e.

_n j_ _r q_ _ l_ Schtr_ _mpf g_ _rm_nd _t l_ Schtr_ _mpf _ l_n_tt_s s_ pr_m_n_ _ _nt d_ns l_ f_r_t _ l_ r_ch_rch_ d_ n_ _x, _ls d_c_ _vr_nt _n c_r_ _ _x p_q_ _t _nv_l_pp_ d'_n l_ng_ bl_nc. _ls s'_v_nc_r_nt, tr_s _ntr_g_ _s, m_ _s l_ p_q_ _t c_mm_nç_ _ r_m_ _r.

_l_rs _ls r_c_l_r_nt b_ _n v_ _ _t_, c_r _ls _v_ _ _nt _n p_ _ p_ _r... M_ _s _ls _t_ _ _nt t_ _s d_ _x tr_s c_r_ _ _x d_ s_v_ _r c_ q_ _ c_nt_n_ _t l_ p_q_ _t. _ _ss_ s'_ppr_ch_r_nt-_ls t_ _t d_ _c_m_nt, s_ns f_ _r_ d_ br_ _t, _t _ls l'_ _vr_r_nt.

Vous avez été à même de constater que le premier texte a été plus difficile à lire et que, par conséquent, les consonnes ont un poids plus considérable que les voyelles dans la perception des mots. Ajoutons également qu'il y a plus de consonnes que de voyelles dans la langue française, ce qui explique aussi leur prépondérance dans l'identification des mots.

B) Les mouvements des yeux

Comment se comporte d'après vous l'œil qui regarde une page de texte imprimé ? Essayez de répondre au questionnaire de la page suivante avant de lire les informations relatives aux mouvements des yeux.

1. Les données de base

Les psychologues ont été depuis longtemps fascinés par les mouvements des yeux en lecture et espéraient y découvrir le secret du processus de lecture. Les comportements des yeux durant la lecture sont bien connus depuis le début du siècle grâce aux travaux de Javal qui, en 1905, affirmait déjà :

> « Il a été démontré que, loin d'être continu, le mouvement horizontal des yeux pendant la lecture se fait par saccades. Le lecteur divise la ligne en un certain nombre de sections d'environ dix lettres, qui sont

Questionnaire sur les mouvements des yeux

1. Lorsque vous lisez, votre œil
   - se déplace d'un mouvement continu
   - se déplace d'un mouvement continu mais s'arrête parfois sur un mot difficile
   - se déplace par bonds
2. Pendant une fixation d'un quart de seconde, le lecteur habile lit en moyenne
   - un mot
   - deux mots
   - trois à quatre mots
3. Lorsque l'œil se déplace d'un groupe de mots à un autre, le temps de déplacement est de l'ordre de :
   - une seconde
   - un quart de seconde
   - moins d'un quart de seconde
4. Les différences entre les mouvements des yeux des bons et des mauvais lecteurs se situent dans
   - le temps de fixation
   - la vitesse de déplacement
   - le nombre de mots lus dans une fixation
   - le nombre de retours en arrière

vues grâce à des temps de repos rythmés ; le passage d'une section à la suivante se fait par saccade très vive, pendant laquelle la vision ne s'exerce pas». (p. 127)

En fait, ce que nous savons sur les mouvements des yeux en lecture correspond à un principe de base en perception qui veut que l'œil qui suit une cible se déplace de façon continue, mais que l'œil qui ne suit pas de cible se déplace de façon saccadée. Pour vérifier vous-même ce principe, essayez le petit exercice qui suit.

Placez-vous face à une autre personne. Promenez un crayon devant ses yeux d'un mouvement régulier, allant de l'extrême droite à l'extrême gauche. Observez comment les yeux de cette personne se déplacent de façon régulière. Maintenant, demandez-lui de refaire le même mouvement avec les yeux mais sans la présence du crayon. Remarquez comment, cette fois, les mouvements des yeux sont saccadés.

Comme, en lecture, l'œil ne suit pas de cible (le texte n'est pas une cible), les mouvements des yeux se font par à-coups, comme dans tout processus de perception. L'œil se déplace donc par saccades, mais entre deux saccades, il est relativement stable et fixe un point.

La terminologie relative aux mouvements des yeux comprend quatre mots-clés : fixation, saccades, régression et retour à la ligne. Nous allons maintenant les définir.

Fixation : Période pendant laquelle l'œil *lit* réellement, c'est-à-dire pendant laquelle le lecteur peut extraire de l'information du texte. Les fixations durent en moyenne de 200–250 msec et prennent plus de 70% du temps total de lecture. (Morisson et Inhoff, 1980)

Saccades : Déplacements exécutés de gauche à droite entre deux fixations qui servent à apporter de nouvelles informations dans la région fovéale. Pendant ces déplacements, la vision n'est pas assez claire pour que l'on puisse lire. L'impression de continuité est donnée par le cerveau non par l'œil. En moyenne, les saccades sont de l'ordre de 10 à 20 msec et couvrent 8-9 caractères. (Rayner, 1981)

Régression : Saccades qui ont pour objectifs de revenir en arrière, vers de l'information déjà vue : elles occupent 10 à 20% des saccades. (Rayner, 1981)

Retour à la ligne : Les saccades qui interviennent entre la fin d'une ligne et la fixation initiale d'une nouvelle ligne.

Pour illustrer ces notions, consultez la figure 15 qui présente différents graphiques des mouvements des yeux.

2. Quelques particularités des mouvements des yeux

Peut-on comparer les mouvements des yeux des bons lecteurs et ceux des lecteurs en difficulté ? Les mouvements des yeux sont-ils les mêmes en lecture orale qu'en lecture silencieuse ? Peut-on entraîner les mouvements des yeux ? Quelles sont les limites du système oculaire ? C'est à ces questions que nous tâcherons de répondre dans les prochains paragraphes.

• Habileté en lecture

Les recherches sur les mouvements des yeux montrent que les bons lecteurs font moins de fixations par ligne ; c'est donc dire qu'ils perçoivent plus de mots dans une seule fixation. Ces lecteurs font

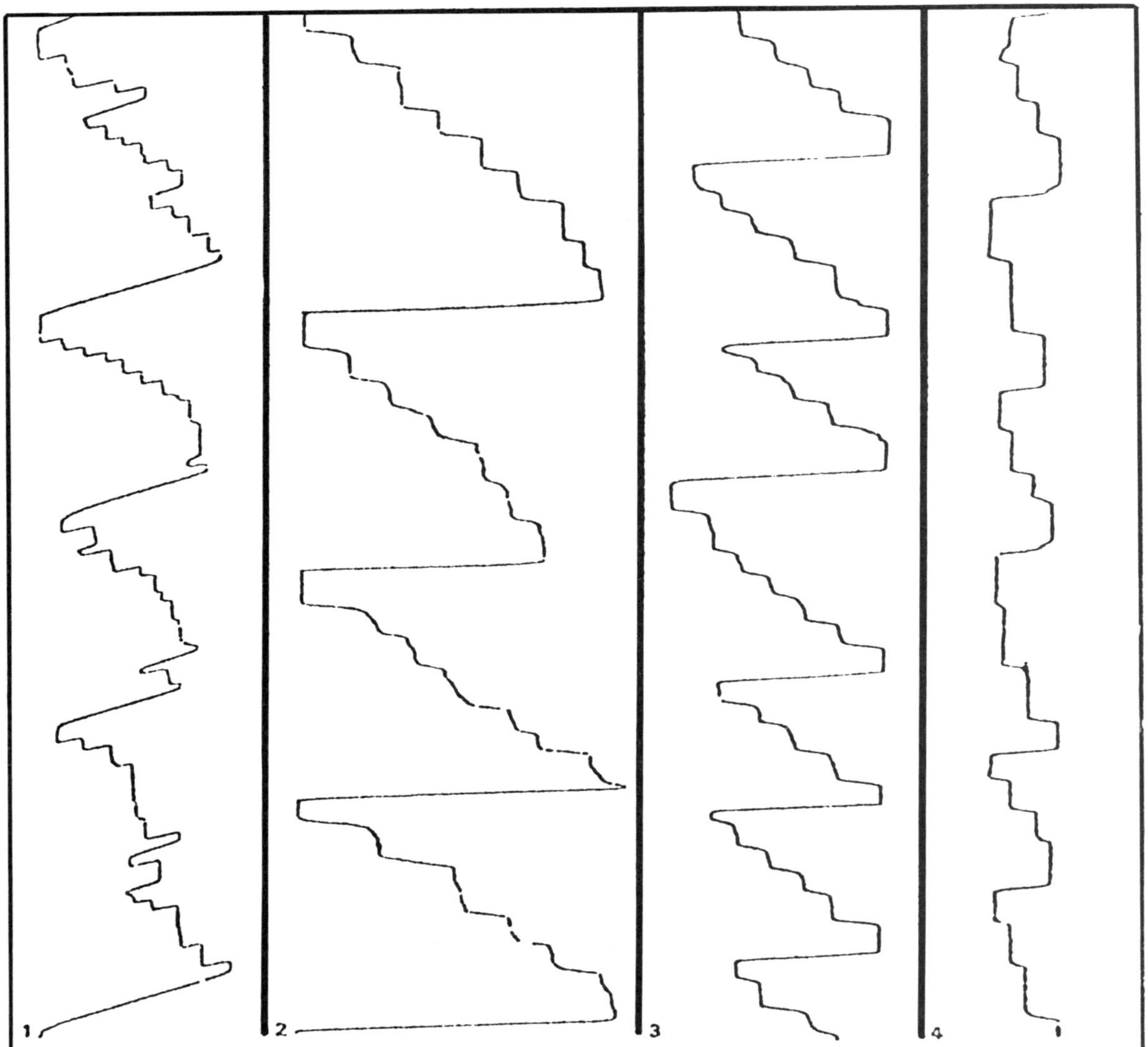

Graphiques de lecture

Les traits horizontaux de grande amplitude, orientés de gauche à droite, traduisent les mouvements de l'oeil passant d'une ligne à une autre.
Les traits horizontaux de moindre amplitude correspondent à chacun des points de fixation.
1. Graphique des mouvements des yeux d'un lecteur lent ayant tendance à la dyslexie ; ce défaut oblige à des retours en arrière visibles sur le tracé.
2. Graphique d'un lecteur lent mais régulier.
3. Graphique d'un lecteur assez rapide, le nombre de points de fixation moyen par ligne est inférieur à ceux des graphiques 1 et 2.
4. Graphique d'un lecteur rapide, le nombre de points de fixation entre chaque ligne est encore plus réduit.

Figure 15 : Tiré de Richaudeau, F., Gauquelin, F., *Méthode de lecture rapide,* Paris ; Retz — C.E.P.L., 1977, p. 31. Reproduit avec la permission de l'éditeur.

également moins de régressions. Quant à la durée des fixations, elle ne semble pas être un facteur qui permette de distinguer les bons lecteurs des lecteurs en difficulté, bien que Tinker (1965 : voir Foss, 1978) soutienne que, chez les bons lecteurs, le temps de fixation tende à être plus court. Enfin, les lecteurs débutants font plus de fixation par ligne et plus de régressions que les lecteurs plus avancés. C'est ordinairement vers la 4e année que les mouvements des yeux se stabilisent chez les enfants.

- Entraînement

On a cru à une certaine époque que si quelqu'un apprenait à faire moins de fixations et de régressions, il améliorerait la qualité de sa lecture. Les cours de lecture rapide sont justement fondés sur l'hypothèse qui veut qu'un lecteur qui améliore les mouvements de ses yeux, gagnera en vitesse et en compréhension. Cependant, il a été démontré à maintes reprises que les résultats positifs obtenus par les cours de lecture rapide sont dus à la motivation et à la pratique générale plutôt qu'à l'utilisation d'une technique de modification des mouvements des yeux.

En fait, si un lecteur est peu habile, ce n'est pas parce que ses mouvements des yeux sont défectueux, c'est plutôt l'inverse qui se produit. En effet, c'est parce qu'un lecteur est peu habile (par exemple, il ne reconnaît pas suffisamment de mots ou de groupes de mots globalement, il ne sait pas utiliser les hypothèses) que les mouvements de ses yeux sont limités. Bref, les problèmes qui entourent les mouvements des yeux sont plutôt un symptôme qu'une cause des difficultés en lecture.

- Les mouvements des yeux en lecture orale

Les données sur les mouvements des yeux dont nous venons de parler s'appliquent à la lecture silencieuse. En lecture orale, les mouvements des yeux sont plus pauvres parce que le lecteur doit ralentir la course de ses yeux et qu'il doit plus souvent revenir en arrière ; en fait, les mouvements des yeux en lecture orale ressemblent à ceux que l'on observe chez les lecteurs débutants.

Notons également qu'en lecture orale, il y a toujours un décalage entre les mots que le lecteur vient de prononcer et ceux qu'il vient de regarder : en général, cet écart est de quatre mots. L'œil du lecteur perçoit à l'avance les mots qu'il lira ensuite oralement.

- Les limites physiologiques

Si l'organisme humain ne peut dépasser certaines limites physiologiques, il y a toutefois des différences très marquées entre ce que notre système sensoriel et oculaire nous permet d'accomplir et le comportement effectif de la plupart des lecteurs. Par exemple,

1) une fixation 1/100 de seconde suffit pour percevoir une lettre ou un mot alors que la plupart des lecteurs utilisent ¼ de seconde pour chaque fixation ;
2) on peut identifier 4 ou 5 mots dans une fixation de ¼ de seconde alors que le lecteur moyen ne lit qu'un ou deux mots par fixation ;
3) on pourrait, théoriquement, lire de 960 à 1200 mots/min., tandis que la majorité des lecteurs lisent 240/300 mots/minute.

Bref, la plupart des lecteurs adultes pourraient améliorer leur vitesse de lecture même si leur objectif n'est pas d'atteindre le plafond des capacités physiologiques de l'organisme.

3. Les effets de la typographie

Les premières recherches sur les mouvements des yeux ont porté en bonne partie sur les variables reliées à la typographie. Tinker (1954), le principal chercheur dans ce domaine, a soumis plus de 30,000 sujets à différents tests pour déterminer jusqu'à quel point les mouvements des yeux étaient modifiés par différents paramètres typographiques, comme le type de caractère, la grosseur des lettres, la longueur des lignes, etc. Nous nous attarderons ici, en particulier, à l'influence de la grosseur des caractères sur le mouvement des yeux.

L'ENSEMBLE DES RECHERCHES MONTRE QUE LES LETTRES MAJUSCULES SONT VUES À UNE PLUS GRANDE DISTANCE (SEUIL DE PERCEPTION) QUE LES LETTRES MINUSCULES MAIS QU'ELLES SONT MOINS *LISIBLES* DANS UNE SITUATION DE LECTURE. DEVANT UN TEXTE ÉCRIT EN MAJUSCULES, LA VITESSE DE LECTURE DIMINUE DE 11.8% CAR LE LECTEUR FAIT PLUS DE FIXATIONS. DE PLUS, LES TEXTES ÉCRITS EN MAJUSCULES NE FOURNISSENT PAS AU LECTEUR L'INDICE DE LA FORME DU MOT QUI EST PRÉSENT DANS LES LETTRES MINUSCULES À CAUSE DES TRAITS ASCENDANTS ET DESCENDANTS DES LETTRES.

On retrouve la même tendance lorsque l'on utilise des lettres minuscules mais en gros caractères. La vitesse en lecture diminue de 6.4% lorsque l'on présente un texte avec un caractère de 12 lettres au pouce au lieu de 16 lettres.

De la même façon, un caractère très petit (20 lettres au pouce) diminue la vitesse en lecture de 5.8%. Le nombre de fixations augmente même si l'espace utilisé pour le texte est plus restreint. (Morisson et Inhoff, 1981)

4. Quelques appareils pour mesurer les mouvements des yeux

À la faveur de l'essor technologique des dernières années, la mesure des mouvements des yeux a atteint un niveau de raffinement très élevé. Comparons l'appareil utilisé par Javal (1905) avec ceux qui se retrouvent actuellement dans les laboratoires de recherche.

a) L'Appareil de Javal

Javal décrit lui-même son appareil comme : « Une pointe mousse, posée sur la paupière supérieure du sujet en expérience, actionnant un microphone dont le son transmis par un tube de caoutchouc, parvenait à l'oreille de l'observateur. Chaque saccade se traduisait par un bruit bref, tandis que le grand mouvement fait pour passer de la fin d'une ligne au commencement de la suivante produisait un bruit prolongé. » (p. 127)

Ainsi, les premiers chercheurs « entendaient » les mouvements des yeux au lieu de les observer.

b) Les Appareils modernes

Le schéma suivant représente un système informatisé d'enregistrement des mouvements oculaires qui permet au lecteur de bouger la tête librement. Une caméra enregistre les mouvements des yeux tandis qu'une autre enregistre le texte à lire. Ces images sont transmises à un moniteur sur lequel les deux images se superposent de façon à ce que l'on puisse voir instantanément à quel endroit le lecteur fixe le texte. Toutes les données entrent dans l'ordinateur où elles peuvent être analysées.

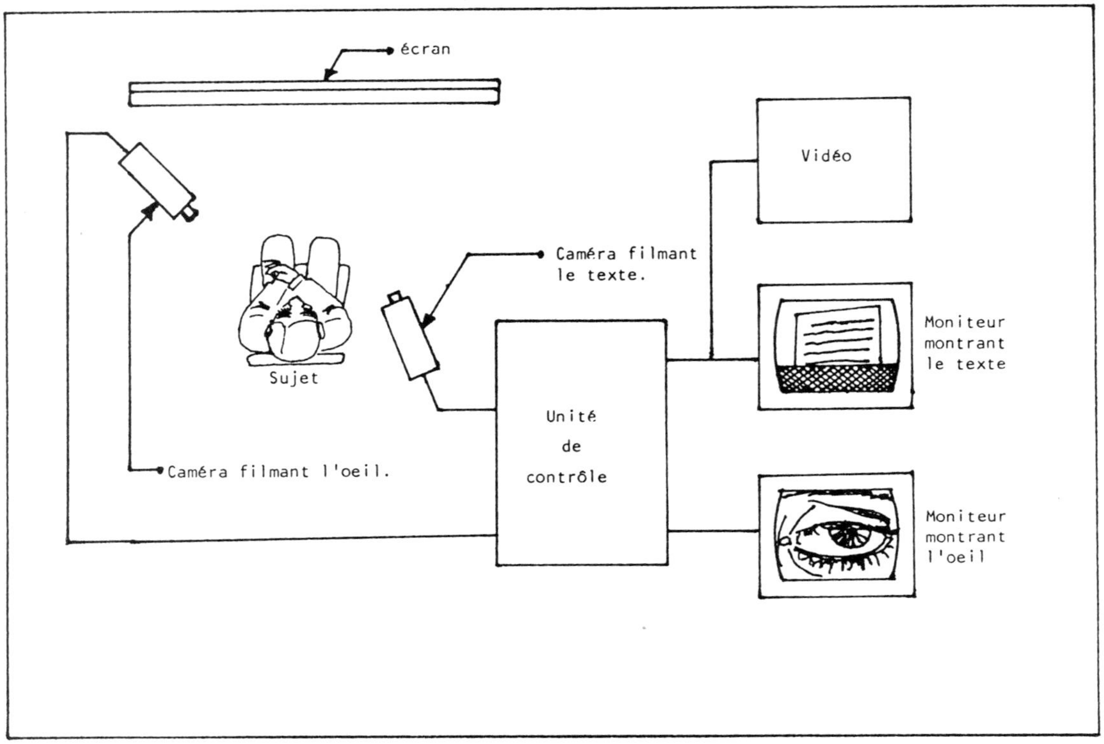

Figure 16 : Illustration d'un appareil servant à mesurer les mouvements des yeux.

5. Les nouvelles interprétations

Lorsque l'on parle des mouvements des yeux, on rapporte habituellement des moyennes : on dira, par exemple, que la durée d'une fixation est de ¼ sec. On a eu longtemps tendance à croire que tous les lecteurs se comportaient exactement de la même façon, mais les chercheurs mettent aujourd'hui de plus en plus en évidence le fait que le comportement des yeux durant la lecture montre une grande variabilité chez le même lecteur ou entre différents lecteurs. Les fixations chez le même lecteur peuvent s'étendre de 100 à 500 msec, le nombre de caractères perçus dans une fixation peut varier de 1 à 20, et le pourcentage de régression de 0 à 40% (Rayner, 1981) ; Ce phénomène est bien illustré par la figure 17 qui présente l'éventail des durées de fixation et des longueurs de saccades rencontrées chez un groupe de lecteurs adultes.

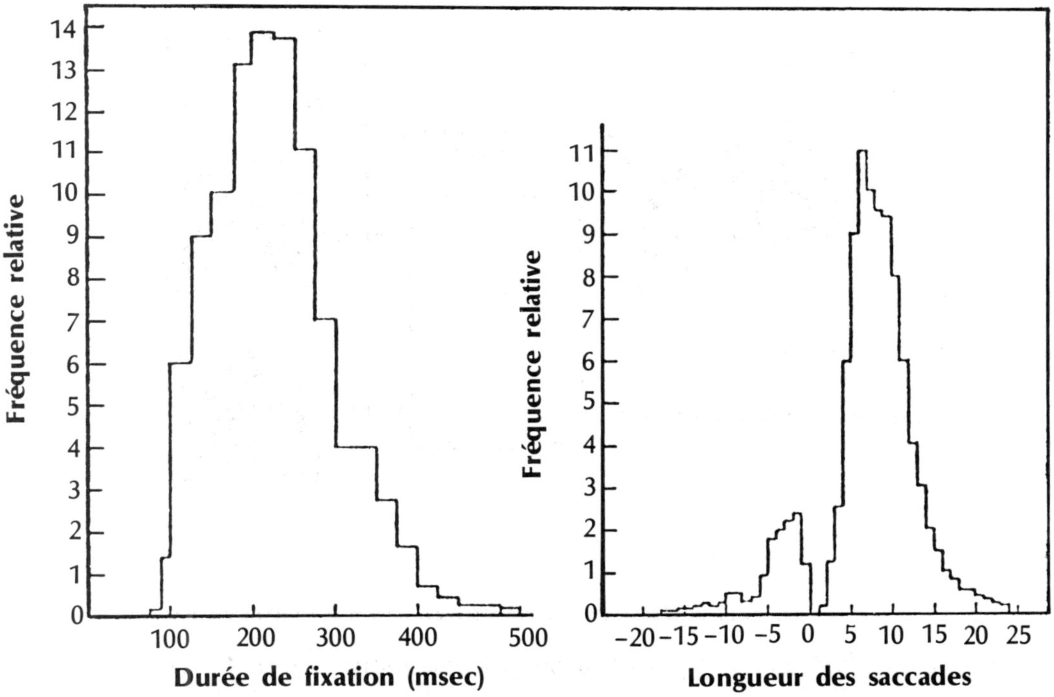

Figure 17 : Distribution de fréquence des durées de fixation (gauche) et longueur de saccade pour 8 étudiants de niveau collégial.
Traduit de MORRISSON, R. et INHOFF, A.W. Visual factors and eye movements in reading. *Visible Language*, 1981, 15(2), p. 131.

Si la préoccupation des chercheurs pour les variations dans les mouvements des yeux est relativement nouvelle, il est quand même intéressant de signaler que Javal avait déjà pressenti cette nuance d'interprétation lorsqu'il disait : « Nous avions commis une faute de raisonnement en faisant des moyennes pour établir la longueur des sections. » (1905, p. 133). Javal explique son point de vue en utilisant l'exemple d'un individu qui se promène dans le lit à sec d'une rivière.

Pour marcher d'une pierre à l'autre, cette personne fera parfois des pas beaucoup plus longs ou plus courts que ceux qu'elle fait d'habitude. Mesurer la longueur moyenne de ses pas ne donnera pas un juste aperçu de sa façon de marcher dans le lit de la rivière.

Il y a de plus en plus d'évidence que la variabilité dans les différentes mesures des mouvements des yeux n'est pas due à des fluctuations aléatoires du système oculomoteur. Les récentes recherches sur les mouvements des yeux ont mis l'accent sur le changement systématique des comportements oculomoteurs en relation avec le texte et les caractéristiques du lecteur.

En ce qui a trait aux caractéristiques du texte, McConkie (1979) démontre que les yeux ne font pas que se déplacer sur la feuille de façon rythmique, mais que la distance de chaque déplacement de l'œil est déterminée au moins en partie par les particularités du texte à ce point précis : la longueur des mots, en particulier, détermine l'endroit vers lequel l'œil se dirigera (plus les mots sont longs, plus les saccades sont longues). McConkie a mis certains faits en évidence qui montrent que la durée de fixation est elle aussi conditionnée par le texte. Ainsi, les fixations sont plus longues pour les parties de textes contenant plus d'information.

Quant aux caractéristiques du lecteur, Stern (1978) les met en évidence lorsqu'il compare, dans une expérimentation, les mouvements des yeux des bons lecteurs et des lecteurs plus faibles de niveau collégial durant deux tâches différentes : lire pour trouver l'idée générale d'un texte, lire pour relever des détails. Les bons lecteurs augmentent légèrement leur temps de fixation pour la lecture de détails alors que les lecteurs plus faibles font plus de fixations pour lire les détails.

Stern constate également des différences en ce qui touche les régressions chez les bons et les mauvais lecteurs. Chez les mauvais lecteurs, la fixation plus longue qui précède la régression se produit probablement quand le lecteur essaie de capter trop d'information en une seule fixation. Chez les bons lecteurs, les deux fixations précédant la régression sont plus courtes : le bon lecteur fait une régression quand le texte devient plus difficile puisque les deux dernières fixations contenaient moins d'information. Les régressions n'ont donc pas le même sens selon les lecteurs.

En résumé, l'aspect visuel dans le processus de lecture est certes fort complexe, mais il n'explique pas à lui seul, loin de là, tout le mécanisme de la compréhension en lecture. Pour ce faire, il faut se tourner vers des aspects plus cognitifs qui forment le cœur de l'acte de lire.

L'aspect cognitif en lecture

Si, comme l'affirme Smith, « l'art de devenir un bon lecteur consiste à apprendre à se fier de moins en moins à l'information des yeux » (1975, p. 50), la lecture implique des processus non visuels qui ont un rôle plus crucial à jouer que les processus visuels.

La théorie de la lecture qui a prévalu jusqu'à ces dernières années, et qui a encore cours chez bien des éducateurs, postule que l'identification précise des mots est un préalable essentiel à la compréhension. Cette position semble tout à fait logique, tout comme il semblait logique de croire, à l'époque de Colomb, que la terre avait la forme d'un disque et non d'une sphère. Cependant, aujourd'hui, les théories psycholinguistiques affirment justement que la lecture n'implique pas une identification précise des mots.

A) La lecture n'est pas synonyme d'identification précise

Mais comment peut-on dire que l'identification précise des mots n'est pas essentielle à la lecture ? D'abord, parce que la lecture précise de chaque mot n'est pas une garantie de la compréhension et ensuite parce qu'il est possible de comprendre un texte sans en lire tous les mots.

Pour bien saisir que la compréhension d'un texte ne résulte pas de l'accumulation de tous les mots du texte, compris isolément, essayez de trouver le sens du mot *par* dans les phrases suivantes :

Je vais **par** là
Je l'ai trouvé **par** hasard
Je le sais **par** cœur
Je multiplie la somme **par** trois
Je l'ai appris **par** mon ami

Il est évident que vous n'avez pas utilisé votre définition du mot *par* pour comprendre la phrase ; vous avez plutôt utilisé le sens de la phrase pour déterminer le sens de *par*.

Pour poursuivre dans le même sens, donnez maintenant la définition des mots : place, président, aide. Donnez la première définition qui vous vient à l'esprit. Lisez maintenant les phrases suivantes :

Il place sa chaise
Ils président l'assemblée
Il aide son ami

Aviez-vous prévu ces définitions ? Probablement pas ou en partie seulement. Comme les mots ont plus d'une signification, la lecture ne peut être réduite à une simple identification de mots individuels car, comme vous l'avez vu dans l'exemple précédent, le sens des mots est souvent donné par le contexte.

D'ailleurs, les premiers essais de traduction du langage par ordinateur ont bien montré que la compréhension d'un texte ne découle pas de la compréhension de chacun des mots. Dans ces premiers programmes, on tentait de faire correspondre chaque mot avec un mot de la langue dans laquelle on voulait traduire le texte. Par exemple, pour traduire la phrase : *The spirit is willing but the flesh is weak*, l'ordinateur cherche une traduction pour chaque mot. Il peut ainsi traduire :

The spirit	par	le fantôme
is willing	par	est puissant
the flesh	par	la viande
is weak	par	est délicate

Ce qui donnera *Le fantôme est puissant mais la viande est délicate* au lieu de *L'esprit est fort mais la chair est faible*.

B) La lecture précise est-elle parfois indispensable ?

Oui, probablement. Quand on pense à lecture précise, on pense à des directives, des modes d'emploi, des garanties, des contrats de toute sorte. Il est bien certain qu'un enfant qui fait une expérience de mélange des couleurs à partir d'un texte n'obtiendra pas les résultats attendus s'il utilise du blanc alors que la directive indique du bleu. De la même façon, la lecture minutieuse sera nécessaire lorsque l'on aura affaire à la posologie d'un médicament. Mais il arrive souvent qu'on lise avec précision tous les termes d'une directive sans arriver à comprendre comment on doit s'y prendre pour réaliser la tâche décrite. La lecture précise n'entraîne pas d'elle-même la compréhension.

Weaver (1980) rapporte une expérience personnelle qui illustre bien comment la précision n'est pas toujours garante de la compréhension. En tant que linguiste, C. Weaver a été un jour consultée à titre d'experte dans un procès impliquant une compagnie d'assurance spécialisée dans l'aviation. Un pilote était mort dans un accident et la compagnie refusait de payer le montant de la prime, alléguant que la police d'assurance ne couvrait que les **passagers**. La famille du pilote, qui réclamait la prime, soutenait que le terme **passager** incluait le pilote. Les deux parties avaient lu avec précision l'article du contrat d'assurance mais chacune l'avait compris à sa manière. La lecture précise n'a donc pas été suffisante, dans ce cas, pour garantir la compréhension. La différence d'interprétation peut sembler minime, à première vue (après tout, il ne s'agit que d'un seul mot en litige), mais, dans l'exemple qui nous intéresse, cette petite différence d'interprétation représentait 50 000 $.

C) Présentation d'un modèle psycholinguistique

L'explication de l'aspect cognitif de la lecture, si l'on prend appui sur un modèle psycholinguistique, permet de mettre en évidence le rapport qui existe entre les connaissances que le lecteur possède sur l'usage de la langue et les stratégies cognitives qui favorisent la compréhension de la pensée d'un auteur. Yetta Goodman et Caroline Burke (1980) proposent un modèle qui décrit le mouvement qui allie l'expérience linguistique du lecteur à des stratégies dites de prédiction, de confirmation et d'intégration qui permettent au lecteur de donner du sens à un texte écrit ; les processus illustrés dans le graphique suivant montrent le cheminement du lecteur dans sa volonté de découvrir ce que l'auteur a voulu dire.

Dans ce graphique, le point de départ figure le lecteur, et son bagage d'expérience, placé devant un texte qu'il devra interpréter et qui reflète le langage et la pensée d'un auteur. C'est le lecteur qui *active* les textes. Ainsi, dans un premier temps, il sélectionne des indices et fait

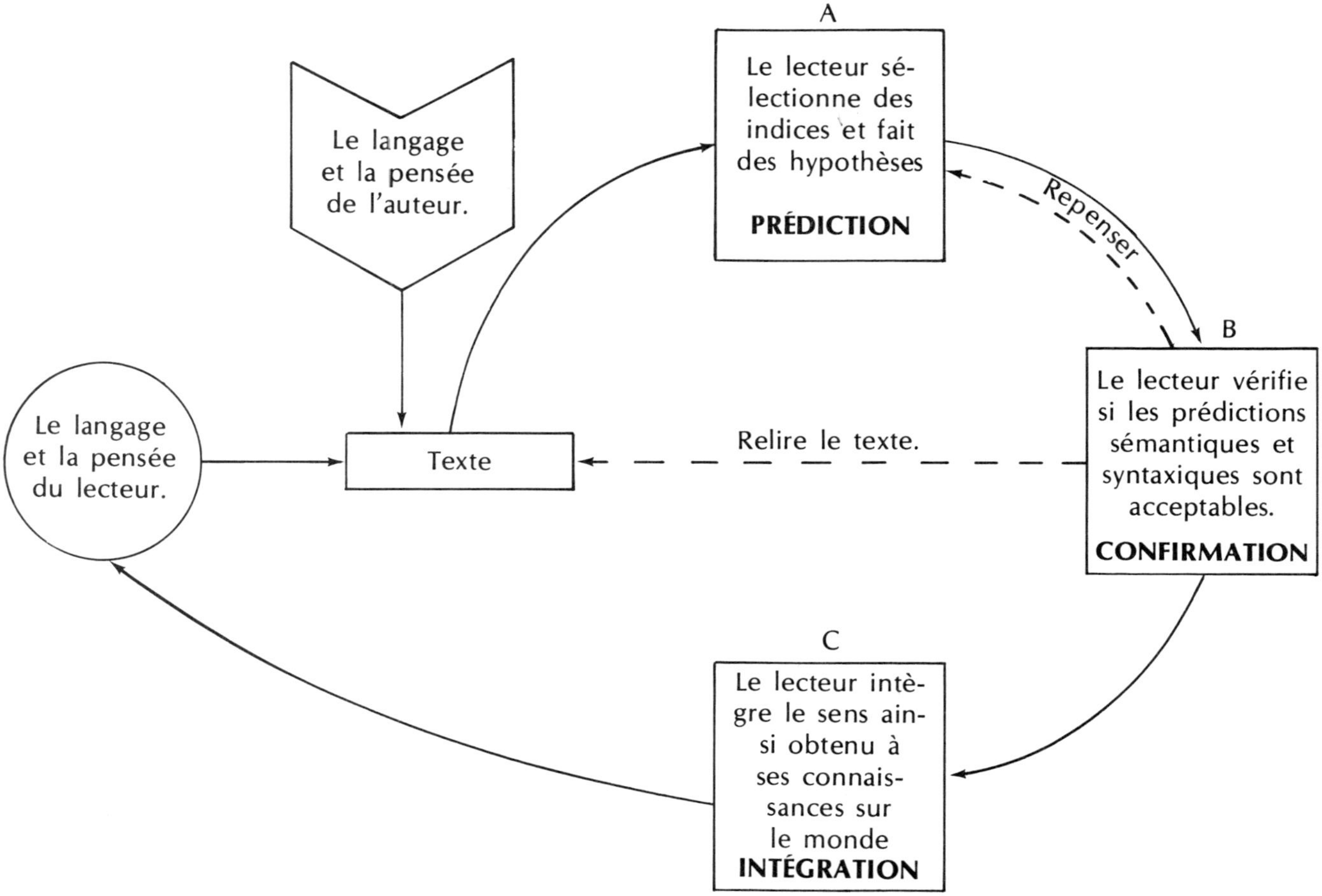

Figure 18 : Modèle des processus impliqués dans la lecture, élaboré à partir des données de Y. GOODMAN et C. BURKE (1980).

des prédictions relativement à une réponse possible (A) ; si les prédictions sémantiques et syntaxiques sont acceptables, il s'ensuit une confirmation de son hypothèse (B). Sinon, deux possibilités s'offrent au lecteur ; soit qu'il réévalue ses prédictions, soit qu'il retourne au point de départ pour relire son texte. Par contre, si le lecteur voit ses prédictions confirmées, il intègre alors ce sens confirmé à son savoir et, ce faisant, élargit ses connaissances et sa vision du monde (C)... et le processus continue : le lecteur, plus riche, déclenche un nouveau cycle de compréhension.

Nous étudierons maintenant de façon plus détaillée chacune des stratégies en cause dans ce processus de compréhension du texte.

1. Les stratégies de prédiction

Pour bien réaliser que la lecture n'est pas une suite de perceptions indépendantes, on peut comparer le degré de difficulté de lecture des textes composés des mêmes mots mais agencés différemment. Si la lecture ne relevait que de la perception de mots, des textes composés des mêmes mots seraient d'une difficulté comparable puisque le lecteur aurait toujours à percevoir les mêmes unités visuelles.

Vérifiez cette hypothèse en comparant l'aisance relative avec laquelle vous pouvez lire les trois textes suivants, tous trois composés exactement des mêmes mots.

Première version

Bambou, le petit noir du village soudanais, habite une case toute ronde sur le bord de la rivière, une rivière bordée de grands arbres, de roseaux et de lianes qui ont les pieds dans l'eau et la tête au soleil. Dans la rivière, il y a des crocodiles qui se laissent glisser au fil de l'eau, tandis que d'autres, en bâillant, se chauffent sur les pierres plates.

Deuxième version

Bambou, le petit village du crocodile soudanais, habite une petite rivière toute ronde sur le bord de la liane, une liane bordée de grandes rivières, de roseaux et d'arbres qui ont la tête dans l'eau et les pieds au soleil. Dans le crocodile, il y a une rivière qui se laisse bâiller au fil de l'eau, tandis que des pierres, en glissant, se chauffent sur les cases plates.

Troisième version

du case bord rivière de qui l'eau soleil. y se de en les petit une de de de dans Dans des au d'autres pierres soudanais les arbres les au qui tandis sur village la roseaux la Bambou se bâillant le habite toute sur ronde une grands et lianes ont et tête rivière crocodile laissent chauffent glisser l'eau plates noir.

La première version est un texte répondant aux lois de la grammaire française et possédant un contenu significatif. La deuxième version répond encore aux lois de la grammaire française mais le texte n'a aucun sens : les mots de même catégorie grammaticale ont simplement été interchangés. La troisième version est composée des mêmes mots que les deux premiers textes, mais ils sont placés de façon tout à fait aléatoire.

De ces trois versions, la première est la plus facile : le lecteur y trouve plus aisément un sens. La troisième est la plus difficile et la plus longue à lire. Tous les mots doivent être lus isolément : on ne peut jamais prévoir le mot suivant. La deuxième version se situe entre les deux autres : le lecteur n'est pas guidé par le sens, mais il retrouve des structures grammaticales familières qui facilitent sa lecture.

On peut déduire de cet exercice que la lecture n'est pas une pure addition de perceptions instantanées ; de fait, les processus cognitifs interviennent lorsque le lecteur émet des hypothèses dont la justesse déterminera l'aisance avec laquelle le texte sera lu. Le lecteur utilise donc ses capacités de prédiction pour lire un texte.

Mais que signifie au juste l'expression *utiliser notre capacité de prédiction pour comprendre un texte* ? Il est certain que nous ne savons pas *exactement* ce qui viendra ensuite dans le texte, mais nous avons toutefois une *idée* de ce qui s'en vient. Nos habiletés de prédiction facilitent la compréhension en diminuant le nombre de fausses pistes que nous pourrions choisir. Plus précisément, à travers un texte, le lecteur peut prédire les unités syntaxiques et les classes sémantiques.

a) Prédiction des unités syntaxiques

La syntaxe offre trois types d'indices importants pour lire un texte : les terminaisons de mots, les mots-fonctions et l'ordre des mots dans la phrase.

Les terminaisons des mots : Souvent la terminaison d'un mot est un indice de sa catégorie grammaticale. Par exemple, la plupart des mots terminés par *aient*, *ont* ou *iez* désignent des verbes, mais ce n'est pas une règle infaillible. En effet, si la terminaison *ont* peut se retrouver dans des verbes comme *feront, iront, aimeront*, on peut également la retrouver dans des mots comme *pont.* Ainsi, la terminaison d'un mot peut aider à en prédire la catégorie grammaticale mais l'interprétation qu'il convient de donner à la terminaison d'un mot peut aussi dépendre du contexte.

Les mots-fonctions : Ces mots sont des indices (non infaillibles) de ce que le lecteur doit s'attendre à rencontrer ensuite dans la phrase. Par ailleurs, les mots de fonction aident à signaler les relations entre les mots, mais on ne sait pas toujours s'il s'agit d'un mot de fonction, si l'on n'a pas tenu compte du contexte.

L'ordre des mots : L'ordre des mots est le meilleur indice fourni par la syntaxe pour indiquer les relations entre eux. En écoutant ou en lisant une phrase, nous savons quel genre de mot viendra ensuite. Ainsi, après *le petit,* on s'attend à un nom masculin. C'est grâce à la syntaxe, c'est-à-dire à l'ordre des mots dans la phrase, que le lecteur peut prédire la catégorie grammaticale à laquelle appartiennent les mots qu'il rencontre.

Pouvez-vous identifier la catégorie grammaticale des mots qui ont été enlevés de cette définition du moteur à réaction, empruntée à un dictionnaire ?

Moteur à réaction :

Moteur dans lequel l'action 1) ________________ est réalisée par l'éjection d'un flux 2) ________________ à grande vitesse, qui crée une certaine quantité de 3) ________________. Cette action s' 4) ________________ soit en aspirant de 5) ________________ 'air à l'avant du 6) ________________ et en le rejetant vers l'arrière à 7) ________________ vitesse plus élevée, soit en 8) ________________ au mobile une partie de sa masse.

Vous avez sûrement réussi à trouver les catégories grammaticales des mots manquants. Ainsi, vous avez probablement une liste de réponses qui ressemble à celle-ci :
1) adjectif 2) adjectif 3) nom 4) verbe 5) article 6) nom 7) article 8) verbe
Mais il est peu probable que vous ayiez prédit tous les termes exacts : 1) motrice 2) gazeux 3) mouvement 4) obtient 5) l' 6) mobile 7) une 8) empruntant.

Tous les enfants peuvent utiliser les règles de leur propre système de grammaire en arrivant à l'école. Un enfant de cinq ans peut compléter la phrase *Minet boit son* ________________. Il ne pourra pas dire qu'il s'agit d'un *nom,* mais il sait très bien quand utiliser un nom en français.

Lorsque l'on parle ici de syntaxe, on ne réfère pas aux règles imposées par les grammaires, mais à celles que les gens connaissent instinctivement (Goodman et Burke, 1981).

Vous direz automatiquement *Je vais au Sénégal, Je vais en Afrique*... Pourquoi avez-vous utilisé *en* devant Afrique et non devant Sénégal ? Il serait difficile de trouver une règle expliquant ce phénomène dans une grammaire.

Complétez les phrases suivantes :

Je vais ________________ Amérique
Je vais ________________ Québec
Je vais ________________ Italie
Je vais ________________ Mexique
Je vais ________________ Paris

C'est votre **connaissance intuitive de la langue** qui vous permet de savoir que l'on dit *Je vais au Mexique* et non *Je vais en Mexique*. Cette connaissance de la langue permet au lecteur d'émettre des hypothèses sur la phrase. Même si certains termes sont incompréhensibles, le lecteur pourra au moins prédire la catégorie grammaticale des mots à condition que la syntaxe soit respectée.

Lisez le texte suivant :

Béatrice talvait
avec ses miats pitits
dans le galliage
d'un grand béâtier
Du ranoix au pafure
elle était à la gomlare
de choilalas

Vous connaissez assez la langue française pour trouver dans le texte que vous venez de lire suffisamment d'indices pour formuler des prédications sur les catégories grammaticales des mots inventés. Mais pour comprendre le texte, il faut faire intervenir les indices sémantiques.

b) Prédiction des classes sémantiques

Lorsque nous entendons une phrase du type *Je suis allé à*..., nous attendons un nom de lieu. L'expression *Pierre aime*... sera suivie d'un nom ou d'un verbe. Si la syntaxe aide le lecteur à poser une hypothèse, sur le mot qui sera lu, c'est le contenu du texte qui vient préciser cette hypothèse. Ainsi, dans une phrase du type *Marie mange une* ________________, la connaissance de la syntaxe incite à prédire un nom féminin, mais c'est le sens de la phrase qui permet de prédire qu'il s'agit d'un aliment.

Les hypothèses seront d'autant plus précises que le lecteur possède des connaissances spécifiques sur le sujet traité. Certaines associations sont si courantes que les hypothèses surgiront de manière automatique, comme dans l'exercice suivant.

Exercice nº 1

1. Le lièvre et la ________________
2. Au clair de la ________________
3. Quand il neige sur mon ________________
4. La belle au bois ________________
5. La cigale et la ________________
6. Le petit chaperon ________________
7. Il était une ________________
8. Robin des ________________
9. Alice au pays des ________________

D'autres textes, par contre, exigent des connaissances précises.

1. Le drapeau de la Tanzanie est vert, jaune, bleu et ________________.
2. Le drapeau du Népal est bleu, rouge et ________________.
3. Le drapeau du Pakistan est blanc et ________________.
4. Le drapeau de la Syrie est blanc, rouge, noir et ________________.
5. Le drapeau du Gabon est vert, jaune et ________________.
6. Le drapeau du Québec est bleu et ________________.

Vous avez probablement répondu de façon automatique à la sixième question car vous possédiez toutes les connaissances spécifiques pour le faire. Cependant, il serait surprenant que vous ayiez complété les premières phrases avec précision.

2. Les stratégies de confirmation

Lorsque la prédiction est faite, le lecteur vérifie l'exactitude de ses hypothèses : il les confirme ou les rejette. Pour ce faire, le lecteur se pose deux questions : *Est-ce que ma phrase sonne français ?* et *Est-ce que ma phrase a du sens ?*. Si la réponse est oui, le lecteur poursuit sa lecture. Si la réponse est non, le lecteur peut :

1. revenir en arrière et utiliser d'autres indices ;
2. continuer sa lecture pour agrandir le contexte, afin de comprendre, éventuellement, ce qui faisait obstacle au début ;
3. arrêter parce que la lecture est trop difficile.

L'utilisation du contexte est si automatisée que le lecteur adulte ne se rend pas compte de ce processus.

3. Les stratégies d'intégration

Au fur et à mesure de sa lecture, le lecteur est amené à faire des choix quant au sort qu'il réserve à l'information obtenue du texte. Ces choix répondent à des critères relatifs à l'intention de lecture et à la conception du monde du lecteur.

Ainsi, par rapport à l'intention de lecture, le lecteur peut décider de rejeter ou de ne pas emmagasiner dans sa mémoire des informations qui ne sont pas pertinentes ou, au contraire, il peut décider de retenir une information qui s'ajuste parfaitement à son intention de lecture.

Quant à la conception du monde du lecteur, elle peut amener ce dernier à assimiler rapidement une information qui s'y intègre bien ou à rejeter une information avec laquelle elle est incompatible.

En bref, la lecture peut être comparée à la solution d'un problème. Le lecteur essaie de découvrir ce que l'auteur a voulu dire et, pour ce faire, il utilise ses connaissances sur la langue, sur le monde et sur le code. Parce qu'il y a des différences évidentes entre le langage, la pensée d'une auteur et celle du lecteur, la lecture ne peut jamais être un processus exact. Le lecteur ne peut jamais être certain qu'il a découvert le sens que l'auteur donne à un texte puisqu'il utilise ses propres pensées pour interpréter celles de l'auteur. Bref, le lecteur se livre à une interprétation active pendant qu'il lit afin de comprendre la pensée de l'auteur.

4. Lecture orale/lecture silencieuse

Le modèle de lecture de Y. Goodman et C. Burke (1980), que nous venons d'examiner, implique des stratégies de prédiction, de confirmation et d'intégration qui pourraient tout aussi bien s'appliquer à la lecture orale qu'à la lecture silencieuse, car le lecteur utilise ces trois types de stratégie dans l'une et l'autre de ces activités. Mais est-ce à dire que la lecture silencieuse et la lecture orale fonctionnent en tout point de la même manière ? La seule différence toucherait-elle le type de production ?

Les modèles psycholinguistiques nous incitent à croire qu'il existe des différences assez importantes en ce qui a trait à ces deux types de lecture. K. Goodman (1970), par exemple, propose une explication des processus sous-jacents à la lecture orale et à la lecture silencieuse chez le lecteur confirmé, c'est-à-dire le lecteur qui a développé des habiletés normales de lecture. Pour comprendre ce modèle, il faut d'abord faire la distinction entre les termes encodage, recodage et décodage.

- Encodage : passer du sens à un code ;
- Recodage : passer d'un code à un autre code ;
- Décodage : passer d'un code à la signification (comprendre).

Pour illustrer ces concepts, Goodman donne l'exemple d'un écrivain qui reçoit un projet de contrat d'un producteur de cinéma qui désire retenir les droits sur son dernier livre. L'écrivain qui n'est pas familier avec ce genre de texte ne comprend rien au contrat et téléphone à son avocat à qui il lit le texte du contrat. L'avocat interprète alors les termes du contrat pour le bénéfice de l'écrivain.

Dans cette situation, l'écrivain recode à l'oral le contrat présenté sous forme écrite. L'avocat, à partir de la lecture orale qui lui en est faite, décode le sens du contrat puis encode le sens sous une forme plus simple à l'intention de l'écrivain. Celui-ci peut alors décoder, c'est-à-dire comprendre le sens du contrat.

a) Lecture silencieuse

Lorsque le lecteur atteint un certain niveau d'habileté, la lecture silencieuse devient un processus fort différent de la lecture orale. Dans la lecture silencieuse, le lecteur devance le texte pour sélectionner des indices graphiques et prédire des structures de phrases, il ne ralentit ou ne revient en arrière que lorsque les indices sélectionnés ne confirment pas ce à quoi il s'attendait.

En lecture silencieuse, selon le modèle de Goodman, le recodage ne joue qu'un rôle mineur. Occasionnellement, le lecteur devra recoder le texte écrit sous forme orale avant de procéder au décodage, c'est-à-dire avant de comprendre le texte. On observe ce comportement chez le bon lecteur lorsque, par exemple, le texte est très difficile. Mais, en règle générale, le lecteur décode directement l'écrit sans passer par l'oral. La signification est extraite directement des symboles écrits.

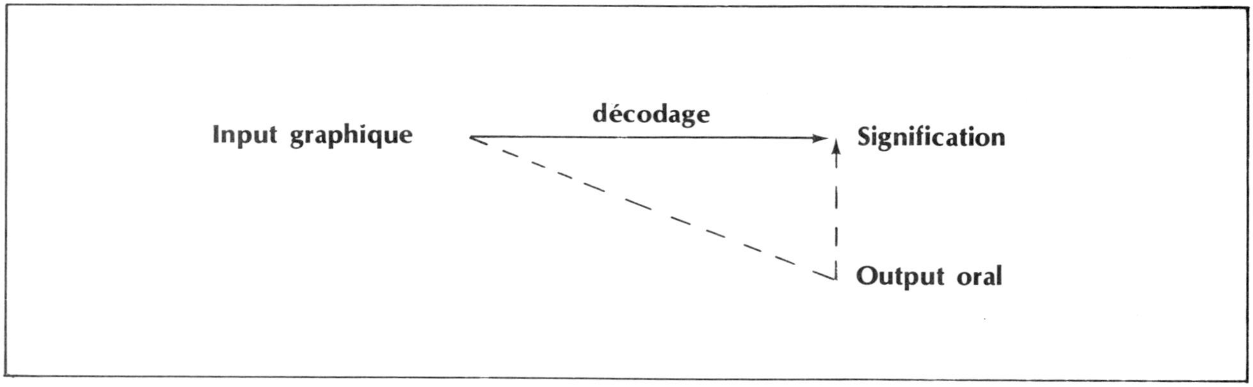

Figure 19 : La lecture silencieuse chez le bon lecteur.
Traduit de : GOODMAN, K. Behind the eye : What happens in reading *In* K.S. Goodman, O.S. Niles (Eds). *Reading Process and Program.* Urbana : National council of teachers of English, 1970.

b) Lecture orale

La lecture orale, loin d'être plus simple que la lecture silencieuse, comprend en fait une étape supplémentaire. En effet, le lecteur commence d'abord par décoder directement les symboles graphiques, puis il encode sous forme orale ce qu'il a compris. La lecture orale ne reproduit donc pas nécessairement avec exactitude les mots écrits, mais plutôt ce que le lecteur a compris du texte. Par exemple, devant la phrase « La chambre de Mélanie est remplie de jouets », un enfant peut lire : « La chambre de Mélanie est remplie de jeux. » L'enfant a compris le sens de la phrase mais il a utilisé un synonyme en encodant la phrase à l'oral.

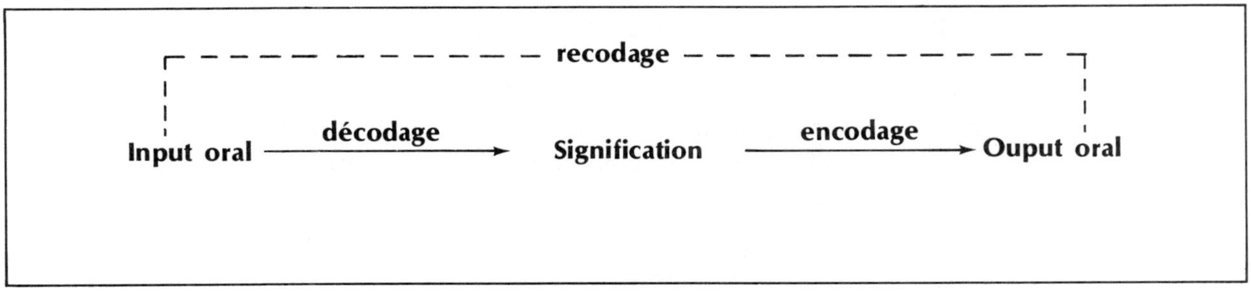

Figure 20 : La lecture orale chez le bon lecteur.
Traduit de : GOODMAN, K. Behind the eye : What happens in reading. *In* K.S. Goodman, O.S. Niles (Eds). *Reading Process and Program.* Urbana : National council of teachers of English, 1970.

5. Les méprises

Comme on vient de le voir dans le graphique illustrant le processus de lecture orale, le lecteur même habile ne lit pas toujours les mots qui sont imprimés. Goodman appelle méprises (miscues) ces écarts entre le mot écrit et le mot lu. Il n'utilise pas le terme d'erreur parce que, dit-il, les lecteurs ne font pas de méprises au hasard, ces dernières révèlent, en fait, les stratégies utilisées au cours de la lecture.

a) Les méprises chez le bon lecteur

Goodman (1976) rapporte des données intéressantes sur les types de méprises observées chez les bons lecteurs.

1. Le bon lecteur fait peu de méprises de sens, c'est-à-dire que le plus souvent, ses méprises sont syntaxiquement et sémantiquement acceptables.
2. Le bon lecteur s'aperçoit immédiatement des méprises qui modifient le sens du texte et les corrige.
3. Le bon lecteur ne corrige pas les méprises qui ne modifient pas le sens du texte.

Bref, la lecture n'est pas un processus infaillible et le bon lecteur commet des méprises lui aussi, mais il fait de *meilleures* méprises que le lecteur peu habile.

b) La théorie du signal de détection

Smith (1975) a appliqué la théorie du signal de détection à la lecture afin d'illustrer pourquoi le bon lecteur fait des méprises. Cette théorie a été proposée durant la Deuxième Guerre mondiale pour expliquer le comportement des opérateurs de radars. L'hypothèse de base de cette théorie est que, souvent, la perception d'un objet dépend plus de l'attitude de l'observateur que de l'aspect visuel de l'objet.

La tâche de l'opérateur de radar est de décider si les *bip* sur l'écran indiquent la présence d'un avion ennemi ou s'ils ne sont qu'un *bruit*, une interférence. L'opérateur peut émettre quatre types de réponses : 1) signal détecté, 2) rejet correct, 3) fausse alarme, 4) manque. L'opérateur peut décider qu'il s'agit d'un avion et avoir raison (signal détecté). Il peut également décider qu'il s'agit d'un *bruit* et avoir raison (rejet correct). Ce sont là deux réponses correctes. Cependant, l'opérateur peut croire qu'il est en présence d'un avion alors qu'il n'en est rien (fausse alarme), ou encore croire qu'il ne s'agit que d'un bruit, alors qu'il est en présence d'un avion (manque).

	AVION	**BRUIT**
L'opérateur dit qu'il s'agit d'un **avion** :	Signal détecté	Fausse alarme
L'opérateur dit qu'il s'agit d'un **bruit** :	Manque	Rejet correct

Au premier abord, il peut sembler que plus l'opérateur donne de bonnes réponses, moins il commet d'erreurs. Malheureusement, les quatre comportements sont interreliés et l'opérateur se heurte à un dilemme :

— Plus il essaie d'éviter les fausses alarmes, plus il risque de laisser passer des avions (manque).
— Plus il essaie d'éviter de laisser passer des avions, plus il risque de déclencher de fausses alarmes.

Les opérateurs doivent donc définir des critères. Ceux qui veulent éviter à tout prix les fausses alarmes fixent leur critère de perception à un niveau élevé, c'est-à-dire qu'ils attendront d'avoir atteint une forte certitude visuelle avant de décider qu'il s'agit d'un avion. D'un autre côté, ceux qui veulent éviter de laisser passer des avions préféreront un critère de perception moins élevé.

Smith fait un parallèle entre cette théorie et le comportement du lecteur. En lecture, une mauvaise identification de mot équivaut à une fausse alarme, une hésitation ou une omission équivaut à un manque. Un lecteur qui opte pour un critère trop élevé de perception, qui veut identifier parfaitement tous les mots, risque d'hésiter plus souvent et de commettre de nombreuses omissions et, de ce fait, comprendra moins bien le texte. Le lecteur dont les critères sont plus réalistes acceptera plus des fausses alarmes (mots mal identifiés), mais saura éviter les hésitations et les omissions, attitude qui lui permettra de capter l'information assez vite pour comprendre.

Un enseignant qui insiste sur la perfection de la perception et ne tolère aucun mot mal identifié, risque de conduire l'apprenti-lecteur à se définir des critères trop élevés en ce qui a trait à la perception et cela aux dépens de la compréhension.

D) En quoi se distingue l'approche psycholinguistique des autres approches en lecture ?

Il est facile de distinguer l'approche psycholinguistique des approches centrées sur le code, c'est-à-dire celles qui se traduisent par des méthodes alphabétiques, phonétiques et syllabiques. D'un point de vue psycholinguistique, on ne saurait admettre, en effet, l'utilisation d'unités non signifiantes comme les lettres ou les phonèmes dans le but d'initier à la lecture. Mais en quoi cette approche se distingue-t-elle d'autres façons d'enseigner la lecture qui sont plus orientées vers la recherche de la signification, vers la compréhension ? En quoi se distingue-t-elle, par exemple, des approches analytiques *globales* et des approches dites *naturelles* ou de type *langage experience approach* ?

La conception du processus de lecture sous-jacente à la plupart des méthodes analytiques tient pour acquis que si l'enfant reconnaît les mots, il pourra comprendre le texte, ce qui implique que la signification se construit à partir du sens des mots individuels. De plus, même si les méthodes globales proposent à l'enfant, au point de départ, une unité signifiante comme le mot, la phrase ou le récit, il est regrettable que les textes présentés soient parfois trop limités sur le plan du vocabulaire, qu'ils soient stéréotypés et appauvris. Les méthodes globales se distinguent donc de l'approche psycholinguistique en partie par le choix des unités présentées aux enfants, mais surtout par la conception du rôle de l'enfant dans le processus de lecture.

Quant aux approches naturelles comme celle de Freinet et celle du *langage experience approach*, leur conception du processus de lecture est assez près de celle de l'approche psycholinguistique. En effet, ces approches reconnaissent que la lecture est une activité de langage et que les expériences du lecteur jouent un rôle crucial dans ce processus, aussi suggèrent-elles de fonder l'apprentissage de la lecture sur des textes que les enfants dictent ou composent eux-mêmes. Sans rejeter la valeur de ces textes, l'approche psycholinguistique soutient que, pour apprendre à lire, l'enfant doit avoir accès à l'écrit dans son usage fonctionnel, ce qui déborde de beaucoup les seuls textes rédigés par les enfants. Ainsi, l'enfant rencontrera des textes utilitaires ou fantaisistes, des textes qui remplissent des fonctions sociales, etc. Proposer à l'enfant une variété de matériel de lecture permet également d'éviter la monotonie qui se produit souvent lorsque les seuls textes soumis aux enfants racontent des expériences du groupe. Donc, à côté des textes qu'il a lui-même dictés, l'enfant aura à sa disposition des textes intéressants, dont le contenu est à sa portée du point de vue tant linguistique que cognitif, c'est-à-dire des livres dont le contenu et la forme se prêtent bien à la prédiction.

En résumé, la conception de la lecture exposée dans ce chapitre s'apparente aux modèles TOP-DOWN de lecture, plus spécifiquement à l'approche psycholinguistique qui définit la lecture comme un processus actif dans lequel le lecteur essaie de comprendre ce que l'auteur a voulu dire. Dans sa quête de signification, le lecteur ne part pas uniquement des stimuli visuels, mais également de l'idée générale de ce qu'il pense rencontrer dans le texte. Le lecteur procède alors à une sélection d'indices à partir de ce qu'il connaît de la langue, à partir de ses expériences antérieures et de sa connaissance du code. Il vérifie ensuite la justesse de ses hypothèses. En d'autres mots, le lecteur n'a pas besoin de regarder ni toutes les lettres ni tous les mots pour comprendre le sens d'un texte. Les processus cognitifs, dans une telle démarche, prennent le pas sur les processus visuels. Il va sans dire que cette conception orientera la façon d'aborder l'enseignement de la lecture au primaire.

Chapitre III
Fonctions de la lecture

Dans ce chapitre, vous réaliserez qu'en plus des fonctions reliées au langage oral, le langage écrit exerce des fonctions qui lui sont particulières. Vous approfondirez les caractéristiques spécifiques au code oral et au code écrit.

Vous aurez également l'occasion de vous familiariser avec la classification des fonctions du langage telle qu'élaborée par Halliday et prendrez ensuite conscience de la diversité des types de textes.

FONCTIONS DE LA LECTURE

Le langage écrit se définit, au même titre que le langage oral, comme un outil de communication ; il s'ensuit que les fonctions attribuées au langage oral s'appliquent également à la communication écrite (Goodman et Goodman, 1980). Par fonctions de communication, on entend les fins particulières que poursuit la communication : le langage oral et le langage écrit peuvent servir tout autant à convaincre, à provoquer le rire, à informer, à menacer, à inciter à l'action, à impressionner, à féliciter... « Ce sont ces divers rôles assumés par le langage à l'occasion d'activités de communication qu'il est convenu d'appeler fonctions de la communication » (Valiquette, 1979, p. 41).

Cet intérêt pour les fonctions du langage est ralativement nouveau. En effet, les recherches en linguistique des années 1950 et 1960 portaient presque exclusivement sur l'aspect formel de la langue. Les chercheurs de cette génération ont accumulé des données sur l'ordre dans lequel apparaissent les structures syntaxiques chez l'enfant, sur les structures qui ont peu de chances d'être produites par les jeunes enfants, sur les erreurs les plus fréquentes et sur l'âge auquel ces erreurs disparaissent. Un peu plus tard, les linguistes se sont tournés vers le contenu de la langue, c'est-à-dire vers l'aspect sémantique. Mais ce n'est que depuis la dernière décennie que des auteurs comme Halliday (1973, 1975), Though (1974) ou Britton (1972) ont commencé à analyser le langage non seulement sur le plan de la forme et du contenu mais en ce qui touche l'usage et les motivations (Bloom et Lahey, 1978).

Il est difficile de parler des fonctions de la lecture sans situer ces dernières dans un cadre beaucoup plus large, c'est-à-dire dans celui de la communication. C'est dans cette optique que nous aborderons succintement les divers éléments de la communication.

Selon Pesot (1979), les concepts *changer* et *échanger* font partie de l'étymologie du mot communication. En effet, lorsque l'on communique avec quelqu'un, il se produit un échange, un changement, d'où les deux pôles : émetteur et récepteur.

Toutefois, expliquer la communication par la seule présence de ces deux pôles s'avère plutôt simpliste. Tout ce que l'on sait alors, c'est que E émet un message que R reçoit. On ignore pourquoi E émet un message. Ce schéma ne révèle rien sur la façon dont R reçoit et interprète ce message et rien non plus n'indique à E que R a bien reçu et interprété correctement le message. Si communiquer, c'est réaliser un acte relationnel à l'aide de signes oraux ou écrits, on accepte alors que la communication orale et écrite soit utilisée pour réaliser des fonctions différentes. Un schéma de la communication doit réserver une place à l'intention de l'émetteur et à la rétroaction de la part du récepteur. Rappelons également que cette communication est influencée par le contexte même dans lequel se déroule la situation de communication.

Comme l'illustre ce schéma, la communication de l'émetteur prend sa source dans l'intention ; le message est signalé au récepteur par un canal (auditif et visuel) ; R reçoit le message, l'interprète et signale à la source que le message a été reçu et compris (rétroaction). Cette analyse tient donc compte des intentions, usages et fonctions diversifiés de la langue orale et écrite qui sont des éléments importants de la communication.

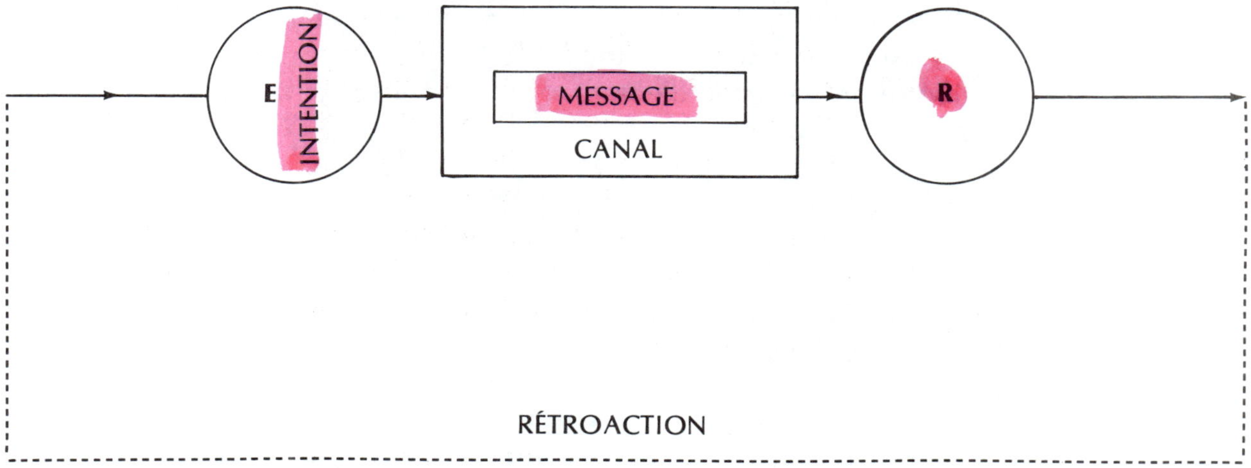

Figure 21 : Un schéma de la communication.

En définitive, que ce soit en langue orale ou en langue écrite, on doit tenir compte des trois facettes du langage, soit la forme, le contenu et l'usage. Cette conception globale du langage se traduira par un enseignement de la lecture qui accorde aux fonctions de l'écrit la place qui leur revient.

Classification des fonctions

Il existe plusieurs classifications des fonctions du langage : ces classifications peuvent être de type psychosocial, linguistique, sociologique ou pédagogique (Valiquette, 1979). Parmi les classifications les plus pertinentes en éducation, citons celle de Tough (1974) qui assigne au langage deux fonctions principales : la fonction relationnelle et la fonction idéationnelle, qui se subdivise elle-même en fonctions directive, interprétative, projective et de conservation de soi. Britton (1972), pour sa part, distingue les fonctions transactionnelle, expressive et poétique. Wight (1976), quant à lui, classifie les fonctions en sept catégories qu'il désigne par des verbes : inter-agir, agir avec ou agir sur, informer, évaluer, s'exprimer, chercher, faire des liens. Pour le présent exposé, nous avons retenu la classification de Halliday (1975), qui nous apparaît particulièrement judicieuse. Halliday identifie, dans le langage, les fonctions : 1) instrumentale, 2) régulatrice, 3) interactionnelle, 4) personnelle, 5) heuristique, 6) imaginative et 7) informative.

Nous préciserons maintenant le sens de ces fonctions et nous illustrerons chacune d'elles par un exemple d'activité qui pourrait être réalisé en classe.

A) La fonction instrumentale

La fonction instrumentale se réalise lorsque l'enfant devient conscient du fait qu'il peut utiliser le langage pour satisfaire ses besoins personnels, pour obtenir des biens ou des services. L'enfant demande ce qu'il désire, et exprime ce qu'il ne veut pas, il a recours alors à l'expression *je veux*. L'usage et la maîtrise de cette fonction confèrent à l'enfant un certain pouvoir sur son environnement.

À l'écrit, ses demandes et ses besoins peuvent s'exprimer à travers une liste de matériel scolaire à acheter, une liste de ce qu'il aimerait recevoir pour son anniversaire ou encore par une identification du matériel dont il a besoin pour la prochaine classe verte.

LA COMMANDE D'ÉPICERIE

Matériel :

- Conserves et boîtes vides, cartons, feuilles, crayons.

Réalisation :

- L'enfant aura à établir une liste de produits qu'il désire acheter. Les produits auront préalablement été exposés sous forme de *coin de l'épicerie*. On mettra également des catalogues et des dépliants publicitaires à la disposition des enfants.

Variante :

- Les enfants peuvent préparer une liste des ingrédients nécessaires pour réaliser une recette simple, comme la salade de fruits.

Précision :

- En plus de faire expérimenter la fonction instrumentale, cette activité rejoint les fonctions interactionnelle et informative.

B) La fonction régulatrice ou directive

L'enfant utilise la fonction régulatrice ou directive dans le but de contrôler ses propres conduites (auto-régulation) et de diriger celles des autres (régulation). L'emploi de cette fonction se manifeste par la verbalisation des actions qu'il désire exécuter ou faire exécuter. En effet, par cette fonction, le langage peut servir directement à guider l'action au moment où on l'exécute ; il peut servir à concentrer l'attention. Il permet aussi de préciser ou de rappeler les étapes dans l'exécution d'une tâche que l'enfant va réaliser. Enfin, le langage sert à donner des instructions verbales qui seront utiles pour coordonner l'action individuelle avec celles des autres.

À l'écrit, la lecture des directives, des modes d'emploi, des règles à suivre exercent cette même fonction d'orientation, de guide pour l'action personnelle.

Le tableau de tâche

Matériel :

- Tableau d'affichage, feuilles, crayons

Réalisation :

- À chaque semaine, le professeur prépare un nouveau tableau des tâches qui sert à préciser les responsabilités de chaque enfant pour la semaine.

Exemples :

- Jean-Luc... laver les tableaux ;
- Maryanne... arroser les plantes ;
- ...

Variantes :

- Les élèves peuvent faire le tableau eux-mêmes ;
- Pour les tout petits, on peut utiliser des dessins, des figures, des pictogrammes, au début, puis graduellement remplacer ces dessins par des étiquettes.

Précision :

- En plus de faire expérimenter la fonction directive, cette activité rejoint la fonction interactionnelle.

le tableau des tâches

Stéphane Vachon	laver le tableau
Aline Boucher	arroser les plantes
Julie Gagnon	ranger les livres sur les étagères
Valérie Plourde	afficher les travaux sur le tableau de liège
Francis Bélanger	aligner les pupitres
Benoit Tanguay	mettre les chaises sur les pupitres
Geneviève Turcotte	distribuer les cahiers

C) La fonction interactionnelle

Cette fonction est intimement reliée à la fonction régulatrice, elle prolonge le pouvoir d'action de l'enfant sur l'environnement et favorise l'interaction avec autrui. Cette fonction présente un aspect social : l'enfant utilise le langage pour aviver le réseau d'interaction qui le relie aux personnes qui l'entourent. Deux situations sont alors possibles. Dans la première l'enfant s'intéresse à l'autre, le reconnaît, cherche à fraterniser, ce qui a pour effet la consolidation du groupe. Dans cette situation, l'enfant utilise la fonction interactionnelle lorsqu'il salue, plaisante, sympathise ou échange avec les autres. Dans la deuxième situation, l'enfant dans sa production linguistique rejette les personnes de son environnement. Dans sa relation avec les autres, il met l'accent sur lui, sur ses besoins, et ignore les besoins et réactions de ceux qui l'entourent. Précisons que ce réseau d'interaction s'étend aussi aux objets qui sont autour de l'enfant.

À l'écrit, on active cette fonction par la correspondance, le petit mot écrit par l'enfant, l'invitation écrite à venir jouer après la classe.

Annonces classées

Matériel :

- Babillard, feuilles, crayons, objets à vendre ou à échanger.

Réalisation :

- On laissera un coin sur le babillard de la classe à l'intention des enfants qui voudront échanger ou vendre des objets. Ils auront à décrire l'objet en question et à inscrire ce qu'ils demandent en échange. De plus, les enfants devront préciser de quelle façon ils peuvent être rejoints.
- *Exemple :* Je voudrais échanger cent billes contre un mini cerf-volant. Tu pourras me rejoindre à la récréation sous les fenêtres de la première classe de maternelle. Astrid Chassé — 3e année A.

Variante :

- Les plus jeunes peuvent combiner les pictogrammes et l'écrit pour leurs petites annonces.

Précision :

- En plus de faire expérimenter la fonction interactionnelle, cette activité sollicite les fonctions instrumentale et informative.

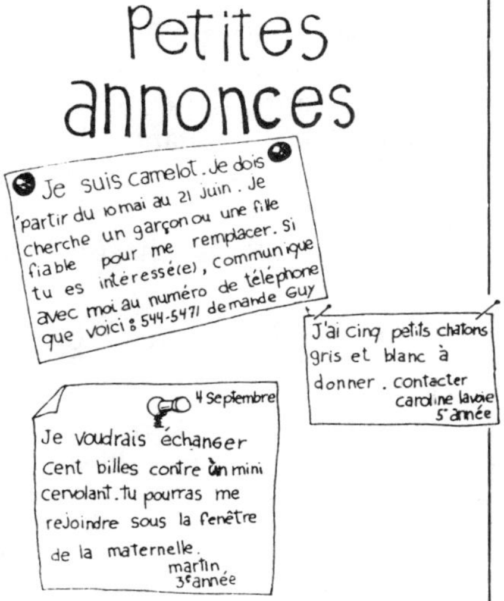

D) La fonction personnelle

Le langage permet à l'enfant de s'affirmer de différentes façons, d'exprimer ses sentiments, ses intérêts, ses besoins. L'enfant dirige ses actions en fonction de l'environnement et peut, à l'occasion, critiquer celles des autres. Il réalise ainsi son individualité et son identité. Cette fonction est donc caractérisée par une affirmation du moi de l'enfant : écoute-moi, regarde-moi, c'est moi, c'est à moi...

La fabrication de livres qui portent sur l'enfant et sa famille, les histoires dictées par l'enfant et qui évoquent des personnages auxquels il s'identifie, sont autant d'activités qui permettent l'utilisation de la fonction personnelle à l'écrit.

Arbre généalogique

Matériel :
- Feuilles de couleur, photographies.

Réalisation :
- Le professeur demande aux enfants d'apporter des photographies des personnes de leur famille (grands-parents, tantes, oncles, cousins...).
- Chaque enfant fait son arbre généalogique et écrit quelques renseignements sur chacune des personnes choisies.
- Les enfants, chacun leur tour, présentent leur famille.

Variantes :
- L'envergure de l'arbre généalogique variera selon l'âge.

Précision :
- En plus de faire expérimenter la fonction personnelle, cette activité sollicite la fonction interactionnelle.

E) LA FONCTION HEURISTIQUE

Le terme heuristique, dont la racine grecque signifie *Trouve*, se rapporte à la recherche de signification. L'usage de cette fonction permet à l'enfant d'investiguer la réalité ; le langage est alors un moyen d'apprendre et d'explorer cette réalité. On sait que l'enfant, dans sa quête du savoir, demande spontanément le pourquoi des choses. De plus, par le langage, il exprime la signification qu'ont les choses pour lui. Fréquemment, il interprète des événements, des expériences, etc. En d'autres mots, l'enfant traite, de différentes façons, l'information fournie par ces événements et ces expériences, actuels ou passés. Interpréter signifie également exprimer, de différentes façons, des relations logiques ou causales.

À l'écrit, cette fonction prend son sens dans des lectures qui amènent l'enfant à comparer, à classifier, à analyser, à ordonner, à prouver, à rechercher les causes. Des textes ou des ouvrages qui relatent des expériences scientifiques ou précisent des concepts, contribuent à développer la fonction heuristique.

Le sondage

Matériel :

- Feuilles, crayons.

Réalisation :

- Faire un sondage sur un sujet que les enfants auront choisi. Ce sondage se fera auprès des gens de l'école, des parents, des amis...
- Les questionnaires seront préparés par les enfants. Cependant, le professeur pourra superviser le travail afin de prévoir, entre autres, plusieurs questions formées pour faciliter l'interprétation des réponses fournies par les gens qui auront été questionnés.
- Enfin, ensemble ou en sous-groupes, les enfants et l'enseignant interprètent les résultats.

Variante :

- On peut publier les interprétations dans le journal de la classe et même dans celui de l'école.

Précision :

- En plus de faire expérimenter la fonction heuristique, cette activité sollicite la fonction informative.

F) La fonction imaginative ou projective

La fonction imaginative permet de construire un monde imaginaire pour le plaisir et pour le jeu. Elle relie l'enfant à l'environnement mais d'une façon différente de celles que l'on a vues précédemment. Le langage, ici, n'est pas tant pour apprendre et agir sur les choses que pour manifester, dire les sensations vécues. C'est aussi cette fonction qui verra au traitement de l'information relative à des expériences ou à des événements futurs. Elle permet de plus à l'enfant de se projeter dans les réactions des autres, de manifester de l'empathie, et, finalement, de leur montrer qu'il a compris ce qu'ils ont voulu lui transmettre de leur vie.

À l'oral comme à l'écrit, cette fonction se réalise à peu près de la même manière, à travers les jeux de devinette par exemple, ou quand on leur propose de mimer une histoire, d'imaginer une fin différente pour une aventure, de lire ou composer des poèmes, etc.

Je mime

Matériel :
- Courts textes contenant une intrigue
- Textes écrits par des enfants

Réalisation :
- Un enfant lit une partie d'une histoire puis vient mimer devant le groupe la fin qu'il imagine.
- D'autres enfants viennent, à leur rôle, mimer la fin qu'ils ont choisie pour l'histoire.
- Il y a discussion sur les différentes façons de concevoir le déroulement de l'histoire.

Variantes :
- Un enfant mime le caractère d'un personnage de l'histoire. Les autres enfants essaient de trouver de qui il s'agit.

Précision :
- En plus de faire expérimenter la fonction interprétative, cette activité sollicite la fonction interactionnelle.

G) LA FONCTION INFORMATIVE

L'émetteur transmet un message au récepteur qui ne possède pas encore cette information.

L'information écrite est transmise par une multitude de canaux : les messages, les informations lues, les explications, les descriptions que l'on retrouve dans un mémo, sur le babillard, dans les livres, les journaux, les programmes des émissions radiophoniques ou télévisuelles, les manuels, les dépliants de publicité...

Le téléjournal

Matériel :

- Téléviseur en carton, feuilles, crayons.

Réalisation :

- Le professeur ou les enfants auront confectionné un téléviseur.
- Les enfants, chacun leur tour, auront à composer un court texte relatant les divers événements de la journée. Les faits pourront être d'ordre scolaire, municipal...
- À la fin de chaque journée, dix minutes peuvent être consacrées à la lecture du bulletin de nouvelles.

Variantes :

- Les enfants peuvent se renseigner sur les activités des autres classes, de l'école.
- Aussi, un élève pourra communiquer les nouvelles extérieures.

Précision :

- En plus de faire expérimenter la fonction informative, cette activité sollicite la fonction interactionnelle.

En résumé, cette classification des fonctions établie par Halliday traduit les intentions de communication de l'enfant et peut s'exprimer comme suit : la fonction instrumentale, c'est le *je veux* de l'enfant ; le *fais comme je te dis* traduit les besoins de contrôle de soi et du comportement d'autrui ; la fonction personnelle se caractérise par *me voici* tandis que la fonction *toi et moi* permet d'entrer en contact avec d'autres. Le besoin de comprendre se retrouve dans l'expression *dis-moi pourquoi* et *supposons que* introduit l'imaginaire ; enfin, *j'ai quelque chose à te dire* révèle la fonction informative.

Rappelons que, dans la réalité, l'usage fonctionnel du langage oral et écrit se réalise d'une façon intégrée, le présent découpage n'a pour but que de mieux comprendre les fonctions de la lecture afin de les intégrer judicieusement par la suite aux activités de la classe.

Distinction entre langage oral et langage écrit

Nous avons vu au début du chapitre que le langage écrit remplissait les mêmes fonctions que le langage oral, cette affirmation n'implique toutefois pas que ces deux types de langage ne diffèrent que par le canal utilisé. Il conviendrait maintenant de faire une distinction plus nette entre langage oral et langage écrit.

Il existe en fait deux positions en ce qui regarde les relations entre langage oral et langage écrit. Une première position, celle dont la tradition est la plus établie, considère que, pour comprendre le langage écrit, l'enfant doit savoir décoder les symboles écrits et ensuite utiliser les habiletés de compréhension qu'il a acquises en langage oral. Les propositions pédagogiques qui en découlent suggèrent de développer de bonnes habiletés à l'oral afin que ces habiletés se transfèrent à l'écrit.

La deuxième position considère que les habiletés en langage oral ne se transfèrent pas directement de l'oral à l'écrit. L'enfant doit apprendre à lire dans le contexte propre à l'écrit. Les tenants de cette position soutiennent que comprendre la langue écrite ne peut se réduire au décodage combiné à la compréhension du langage oral. Lire impliquerait plutôt 1) l'habileté à décoder, 2) la compréhension à l'oral, et 3) des paramètres spécifiques à l'écrit.

Si l'on admet que l'habileté à lire présuppose la familiarisation avec les caractéristiques spécifiques à l'écrit, la connaissance de celles-ci s'avère déterminante dans le choix des stratégies d'enseignement au début du primaire. Ce sont justement ces paramètres propres à l'écrit que Rubin (1980) met en évidence dans sa classification des différences entre le langage oral et le langage écrit. L'analyse proposée par Rubin porte, entre autres, sur la modalité, sur l'évaluation et l'engagement des interlocuteurs, sur la communauté d'espace et de temps, sur le degré d'abstraction du référent et la distinction entre les interlocuteurs.

A) Modalité

Cette distinction est évidemment la plus apparente : le message est véhiculé soit de façon écrite, soit de façon parlée. Le message écrit implique donc la nécessité d'un décodage visuel inexistant à l'oral. Alors que le langage oral mise sur l'accent, l'intonation, les gestes, les pauses, le langage écrit compense en partie la perte de ces indices par la ponctuation, la segmentation en phrases et en mots, la disposition en paragraphes, le soulignage, les changements de cractère. De plus, grâce à la permanence du texte écrit, le lecteur peut revenir en arrière ou survoler un texte.

B) Interaction

Dans une conversation, les interlocuteurs participent activement, c'est-à-dire qu'ils interviennent afin de comprendre et influencent ainsi son déroulement. De plus, l'interlocuteur essaie de s'adapter à son auditeur. À l'oral, l'enfant peut donc demander des précisions sur les points obscurs dans le message reçu. Mais à l'écrit, aucun éclaircissement ne peut être apporté en dehors du texte.

C) Engagement

La plupart des expériences de communication verbale sont orientées vers un auditeur particulier, comme en témoigne l'emploi des pronoms tu et vous. Une telle situation de langage suppose l'engagement de l'orateur, qui doit savoir à qui il s'adresse. C'est pourquoi le langage oral auquel l'enfant est habitué est plus adapté à ses connaissances que le langage écrit qui s'adresse, lui, à différents récepteurs. À l'écrit, on retrouve des exemples de la variable *engagement* dans la correspondance personnelle ; l'interlocuteur (l'auteur) s'adresse alors directement à une personne et rédige son message en conséquence.

D) Communauté d'espace

Une expérience de langage oral typique suppose que les participants se voient et qu'ils peuvent par conséquent utiliser les mêmes concepts qui réfèrent à l'espace : *ici*, *là*, *à gauche*, etc. Par contre, en langage écrit, le lecteur doit interpréter ces termes en essayant de se situer dans le contexte spatial de l'auteur. Un enfant qui lit *Mon grand-père est ici* doit saisir le terme *ici* en tenant compte de l'environnement imaginé par l'auteur.

E) Communauté de temps

Dans une conversation, les interlocuteurs peuvent reférer aux mêmes termes relatifs au temps, comme *aujourd'hui, hier, demain*. Mais si les interlocuteurs sont séparés dans le temps, et c'est le cas en lecture, le lecteur doit se mettre à la place de l'auteur pour interpréter ces termes. Ainsi, si un enfant reçoit une lettre d'un ami qui lui annonce son arrivée au camp de vacances *hier*, il lui faut interpréter le terme *hier* non pas en fonction du moment où il lit la lettre, mais en fonction de celui où la lettre a été rédigée.

F) Degré d'abstraction du référent

Dans les premières expériences de langage, la conversation tourne autour d'objets visuellement présents ou que l'enfant vient de voir. En lecture, par contre, l'enfant doit se faire une idée d'un objet ou d'un événement sans l'aide d'un référent concret.

G) Distinction entre les interlocuteurs

Dans la conversation, les participants interviennent à tour de rôle : il est facile d'associer une déclaration à une personne. Il n'en va pas de même en lecture, où l'enfant doit porter un jugement sur chaque personnage, sur ses idées, ses opinions, son apparence, à partir d'éléments du texte qui ne sont pas toujours explicites.

Comme on a pu le constater dans cette analyse des caractéristiques de la langue orale et de la langue écrite, la distinction fondamentale entre les deux formes de langage tient au fait que la langue orale s'emploie dans un contexte qui en facilite la compréhension, alors que la langue écrite est *décontextualisée*, c'est-à-dire qu'elle ne bénéficie d'aucun support externe. Dans une situation de communication orale, l'enfant qui n'a pas compris peut demander des explications à son interlocuteur, à la différence de la situation de lecture où les problèmes de compréhension doivent être résolus dans le texte lui-même ; l'enfant est seul devant l'écrit, c'est lui qui lit et c'est lui qui doit interpréter le texte.

	Modalité	Interaction	Engagement	Communauté d'espace	Communauté de temps	Degré d'abstraction du référent	Distinction entre les interlocuteurs
Lire un livre sans image	×	×	×	×	×	×	×
Lire un livre avec des images	×	×	×	×	×		×
Lire des bandes dessinées	×	×	×	×	×		
Lire la lettre d'un ami	×	×		×	×	×	
Écouter une cassette enregistrée par un ami		×		×	×	×	
Lire une note laissée sur la table de la cuisine	×	×			×		
Lire une pièce	×	×	×	×	×	×	
Écouter quelqu'un lire une pièce		×	×	×	×	×	×
Regarder une pièce		×	×	×	×		
Écouter une histoire		×	×	×	×	×	×
Écouter quelqu'un rapporter une conversation		×	×	×	×		×
Écouter une conversation		×	×				
Lire un discours	×			×	×	×	
Écouter un discours		×				×	
Parler au téléphone				×		×	
Tenir une conversation sur des terminaux d'ordinateurs reliés	×						

Figure 22 : Matrice indiquant les différences entre une situation de conversation courante et un ensemble de situations qui mettent en cause le langage oral ou écrit. L'analyse est faite à partir des données de Rubin (1980).

Pour illustrer concrètement les différences entre l'oral et l'écrit, la figure 22 présente une matrice élaborée à partir des données de Rubin et compare plusieurs situations de langage oral ou écrit à la situation de conversation quotidienne familière à l'enfant. Pour chacune des situations, la matrice indique quelles sont les variables qui distinguent cette situation particulière de la situation de conversation orale. On verra par exemple que regarder une pièce de théâtre se distingue de la conversation par l'absence de l'interaction, de l'engagement, de la communauté d'espace et de temps, mais qu'elle s'en rapproche par la modalité, le degré d'abstraction du référent et la distinction entre les interlocuteurs. On verra également que lire un livre sans image se situe à l'extrémité de cette échelle, c'est-à-dire que cette situation ne partage aucune des sept variables avec la conversation courante.

Pour ces raisons, et afin de faciliter le passage de l'oral à l'écrit chez l'enfant, il serait fort judicieux de miser sur les situations intermédiaires car, comme on vient de le voir, le langage écrit est loin d'être la simple transcription d'un discours oral sous une autre forme.

Les fonctions propres à l'écrit

Cette analyse des caractéristiques de la langue orale et écrite nous amène à présenter quelques fonctions de la communication propres à l'écrit. Vézina (1978) désigne une série de fonctions de l'écrit qu'il regroupe selon trois critères : 1) la facture même de l'écrit crée des fonctions spécifiques ; 2) certaines caractéristiques sont déterminées par le milieu social ; 3) la technologie est également un facteur pouvant donner un rôle particulier à l'écrit.

A) Fonctions qui découlent de la nature même de l'écrit

1. La permanence potentielle de l'écrit

Il est en effet possible de conserver à travers le temps tout document imprimé, il suffit de protéger le matériau sur lequel les signes graphiques sont inscrits. L'écrit est une mémoire qui relie le lecteur au passé et permet ainsi de saisir la pensée des individus ayant vécu avant lui, de comprendre les coutumes et les usages d'autrefois, d'éviter de refaire certaines expériences néfastes et d'oublier certaines actions. De la permanence de l'écrit surgit une forme de liberté : le lecteur a le loisir de revenir en arrière, de relire un texte autant de fois qu'il le désire ou le juge nécessaire.

2. L'écrit se déplace dans le temps

Il fut un temps où l'écrit était le seul moyen de communication à pouvoir franchir les distances. Aujourd'hui, le téléphone et les enregistrements possèdent également cette propriété. Cependant, la lettre demeure encore le moyen le plus accessible pour transmettre un message à distance.

3. L'écrit est un canal souple

L'écrit transmet le message individuel, mais également le message collectif, ce qui évite le dédoublement de l'information.

4. L'écrit est un moyen de communication discret et même secret

Un message écrit peut n'appartenir ou n'être destiné qu'à une seule personne, il peut être transmis sans que l'entourage en soit conscient. De plus, le fait qu'il soit imprimé sur des matériaux minces et petits augmente cette qualité de discrétion par rapport à un message sonore.

5. L'écrit permet une communication en l'absence d'émetteur et de récepteur

Un message oral nécessite la présence d'une personne, se situe à un moment précis dans le temps et produit ordinairement un *feedback*. Il n'en est pas de même du message écrit, qui peut se lire en l'absence de l'émetteur, n'importe quand, et produire ou non une réponse différée.

6. L'écrit permet de préciser et d'expliciter son discours

L'auteur d'un écrit a toujours la possibilité de préciser, d'expliciter, de choisir les termes qui rendront son message clair. À l'écrit, l'auteur a également le temps de façonner son texte pour réduire les risques d'ambiguïtés et de mauvaises interprétations.

7. L'écrit permet la réflexion

Dans le domaine du développement intellectuel et de la compréhension des connaissances, le rôle de l'écrit est très évident. La permanence de l'écrit assure à l'individu la possibilité d'affiner sa pensée au contact de celle des autres et d'améliorer également sa production.

B) Fonctions qui découlent de la vie communautaire

Dans la vie en société, l'écrit est un mode de communication présent et efficace. L'individu doit savoir utiliser l'écrit pour répondre à certaines exigences communautaires : lecture d'affiches, de contrats, de documents régissant la circulation ou l'accès à l'environnement, etc. La société utilise et valorise l'écrit car c'est une façon économique d'atteindre la population.

C) Fonctions qui découlent de la technologie

Les techniques de reproduction facilitent la multiplication et la diffusion rapide et efficace de l'écrit, permettant ainsi de rejoindre un grand nombre de personnes dans un court laps de temps. De plus, grâce à sa capacité de traiter rapidement l'information, l'ordinateur imprimera un nouvel essor à l'écrit.

Comme on peut le constater, certaines fonctions de la communication sont spécifiques au langage écrit. C'est par l'accès à des textes variés que l'on contribuera à développer cette conscience du rôle de l'écrit dans la vie de chacun.

LES TYPES DE DISCOURS

Le fait que le langage écrit remplisse différentes fonctions implique logiquement qu'il y aura également des différences dans les supports matériels qui serviront à la réalisation de ces fonctions, c'est-à-dire à la production du discours écrit sur toutes ses formes. On retrouve dans les travaux sur le sujet différentes façons de regrouper les discours. Valiquette (1979), par exemple, présente cinq formes de discours dont la désignation est liée aux fonctions de la communication :

Fonctions de la communication	Types de discours
expressive	expressif
informative	informatif
persuasive	persuasif
régulatoire	impératif
ludique	jeu de langage

Dans ce chapitre, nous utiliserons un classement qui rejoint celui du programme de français au primaire du MEQ (1979). Nous parlerons donc de textes à caractère informatif, incitatif, expressif, poétique et ludique. Certains sont centrés sur le récepteur, d'autres, sur l'émetteur. Nous donnons une brève définition de chacun de ces discours avec des exemples de textes qui les illustrent.

Le discours à caractère informatif

Un message informatif doit rapporter, faire connaître, révéler des faits à un interlocuteur qui ne possède pas cette information. L'objectivité est la principale caractéristique du discours informatif. Le rôle de l'émetteur consiste à présenter les faits, la réalité, à donner l'information précise ; c'est au récepteur, par la suite, d'interpréter les faits s'il le juge à propos.

Des textes informatifs se retrouvent facilement dans les affiches, les annuaires, les annales, les archives, les articles de revue, les atlas, les bulletins de nouvelles, les cartes géographiques, les cartes routières, les comptes rendus, les dictionnaires, les enquêtes, les entrefilets, les étiquettes, les encyclopédies, les faits divers, les notes de cours, les manuels scientifiques, les manuels de classe, les messages, les mémos, les monographies, les procès-verbaux, les reportages, les récits historiques, les sondages, etc. Selon le contenu, ces textes se lisent dans des buts variés : variable est aussi leur niveau de complexité. Les informations peuvent aller du mémo qui informe que la réunion prévue pour aujourd'hui est remise à plus tard aux formules scientifiques qu'on trouve dans les ouvrages de biologie.

La production de texte informatif par l'élève est difficile à encadrer. Valiquette (1979) propose une démarche en quatre étapes : identification du besoin d'information de l'interlocuteur ; collection des faits en fonction d'un point de vue ; organisation des données et enfin, présentation ou diffusion effective des données. L'utilisation d'une telle démarche éloigne de la production par la simple copie des textes des autres et engage davantage l'auteur, c'est-à-dire l'élève, à observer et à colliger des faits, ce qui est le cœur de l'information.

LA MÉTÉO

Une perturbation qui recouvre l'ouest et le nord de Québec se déplacera lentement vers l'est aujourd'hui. Elle donne de la faible neige qui est parfois mêlée de bruine verglaçante dans les régions du nord. La neige deviendra fondante et sera mêlée de bruine sur la partie méridionale de la province.

MONTRÉAL

Faible bruine à neige fondante. Maximum de 3. Probabilité de précipitations: 80 %. Aperçu pour vendredi: beau et froid.

LEVER DU SOLEIL:	6 h 54
COUCHER:	17 h 24

CANADA

(Prévisions pour aujourd'hui. Températures en dégrés Celsius.)

	TEMPS	MIN	MAX
Vancouver	Averses	5	10
Victoria	Averses	6	10
Edmonton	—	—	—
Calgary	—	—	—
Whitewhorse	Nuageux	−22	−36
Régina	Nuageux	−29	−10
Winnipeg	Ensoleillé	−23	−12
Toronto	Nuageux	3	5
Ottawa	Neige	−2	2
Québec	Neige	−7	1
Halifax	Ennuage.	−9	1
Fredericton	Ennuage.	-15	1
Charlottetown	Ennuage.	−15	−1
St-Johns	Neige	−8	−4

ÉTATS-UNIS

Le discours à caractère incitatif

Un discours ou un texte incitatif veut convaincre un interlocuteur d'agir (*mets tes bottes*) ou veut provoquer chez lui un changement d'attitude ou de comportement (*je bois mon lait comme ça me plaît*). Il invite donc à faire, à dire, à suivre une consigne, une règle, un règlement, une loi, il demande de répondre à un ordre, à une convocation, à une invitation ; il guide, oriente, convie, prie, entraîne, manœuvre, etc. (Lemire, 1981).

On trouvera des textes incitatifs dans les modes d'emploi, les livres de recettes, les livres de bricolage, de menuiserie, les panneaux de signalisation, les formulaires, les guides touristiques, les directives de jeu, les cahiers de musique.

La persuasion, qui constitue la visée du discours incitatif, s'appuie sur des arguments logiques ou émotionnels. En effet, pour convaincre on fait appel à des arguments rationnels, scientifiques, pragmatiques ou encore on joue sur les sentiments. Une campagne contre le tabac présente des statistiques sur le cancer, mais peut également tabler sur la peur de cette maladie. Vu l'objectif de persuasion que l'on rencontre dans le message incitatif, le lecteur devrait développer son esprit critique. Il faut faire des choix dans les demandes contenues dans ces messages et être conscient des conséquences de ces choix. L'esprit critique demande de la réflexion et de l'entraînement ; confronté à des écrits persuasifs à contenus variés, l'enfant apprendra graduellement à poser des actes personnels.

Ces types de discours dont l'objectif est de faire agir ou de persuader commandent des gestes, des actions que l'on retrouve dans la fonction régulatrice *fais comme je te dis* et font appel également aux divers aspects de la fonction interactionnelle.

Aimer...c'est vouloir aider. Soyez volontaire CROIX-ROUGE

Le discours à caractère expressif

Cette forme de discours est liée à la manifestation de la pensée, de l'émotion du sujet. Le message expressif se retrouve dans l'autobiographie, la correspondance personnelle, la carte de souhaits, la carte postale, le journal intime, le récit d'événements vécus, le courrier du lecteur. Le point de départ d'un écrit expressif peut être la réalité ou la fiction.

L'enfant peut exprimer par écrit sa pensée, ses émotions, son opinion ; il doit aussi être conscient que la littérature présente des types de création qui sont l'expression d'autres personnes. Un discours de ce type fait appel à plusieurs fonctions de la communication : interactionnelle, imaginative et informative.

Le discours à caractère poétique

Un discours poétique fait appel à la fantaisie, à l'irréel, à l'imaginaire. Il est ordinairement écrit dans des genres littéraires propres à ce mode d'expression. Le lecteur même très jeune doit avoir la possibilité de lire et de produire des textes à caractère poétique en vers ou en prose.

On retrouve des textes à caractère poétique dans les comptines, la poésie, les récits fantaisistes, les contes, les fables, les histoires légendaires ou mythiques, les albums, les bandes dessinées.

Les fonctions projectives ou imaginaires, personnelles et interpersonnelles sont rejointes dans un discours à caractère poétique.

Mes amis

Oui, vous êtes tous mes amis,
Car personne ne me nuit ici,
L'un est toujours gentil
Et l'autre me tient souvent compagnie.
Lorsque j'ai des ennuis,
Je vous les confie,
Et aussitôt dit,
Tous mes problèmes sont finis.

Lorsqu'il tombe de la pluie,
J'ai le cœur tout meurtri;
Alors j'invite mes amis
Qui accourent sans répit;
L'on s'amuse et l'on rit.

J'aime beaucoup mes amis,
Je veux les garder toute la vie,
Pour que dans ce long chemin,
Nous n'ayons pas trop de chagrin.
C'est moi qui vous le dis,
Il faut avoir des amis.
Vive l'amitié
Qui m'apporte tant de gaieté !

DANIELLE LENOIR, 10 ans

Le discours à caractère ludique

Le discours à caractère ludique se retrouve essentiellement dans des textes dont l'objectif est le plaisir de jouer avec le langage. Il existe des jeux de langage régis par des règles et des jeux de mots régis par la créativité (Valiquette 1979). Dans la première catégorie se retrouvent les charades, les anagrammes, le jeu du pendu, les mots croisés, les mots-mystère, les rébus, etc. La deuxième catégorie regroupe les calembours, les devinettes, les comptines, les monologues humoristiques, les bandes dessinées humoristiques. Ce genre d'écrit plaît beaucoup aux enfants et est un moyen de les motiver à l'utilisation de l'écrit. Le jeu de langage est une stratégie d'apprentissage importante pour le développement de la communication. La fonction imaginative est largement atteinte par des textes à caractère ludique.

Mot mystère...

	1	2	3	4	5	6	7	8	9	10	11	12	13	14	15
1	F	O	N	D	R	E	S	E	I	D	E	V	O	U	E
2	R	V	I	N	O	S	I	R	F	C	O	E	U	R	T
3	A	U	T	O	M	N	E	E	C	R	I	R	E	I	N
4	G	I	S	N	L	Y	N	X	E	E	N	E	L	T	E
5	I	T	A	N	O	N	O	R	U	J	C	R	I	N	M
6	L	I	B	I	G	I	T	N	E	A	E	E	N	A	I
7	E	U	A	S	I	I	T	O	P	G	L	P	G	N	L
8	N	R	L	U	V	O	I	S	I	N	I	U	O	I	A
9	E	B	L	O	A	I	E	I	E	C	U	O	T	M	R
10	N	L	E	C	L	M	G	O	L	G	H	S	N	E	O
11	A	A	T	L	E	R	E	T	O	I	M	E	I	R	M
12	T	N	I	N	O	C	I	V	E	E	R	E	V	N	A
13	C	C	C	U	E	G	A	C	A	P	M	A	N	R	E
14	O	E	P	I	T	R	E	C	R	E	B	O	M	T	E
15	P	E	T	A	S	E	R	I	E	L	E	C	R	A	M

SOLUTION
No PRECEDENT: R A C I N A L

6 LETTRES LE MOT CLEF
CAPITALE DE L'AUTRICHE

A
Aliment
Amaril
Amoral
Animer
Automne
B
Ballet
Bastin
Bercer
Blanc
Bruit
C
Chèvre
Coeur
Cousin

D
Dévoué
Dièse
E
Ecrire
Epitre
Espace
F
Fondre
Fragile
Frison
G
Gestion
Groupe
H
Huile

I
Illico
J
Juron
L
Lingot
Lynx
M
Marcel
N
Nantir
Nocive
O
Octane
Ogival
P
Pacage

Pétase
R
Région
Roméo
S
Segment
Semence
Sériel
Souper
T
Toison
U
Usine
V
Vitrer
Voisin

Rappelons enfin que l'écrit remplit plusieurs fonctions ; les unes sont utilitaires, les autres plutôt fantaisistes et récréatives ; on retrouve les unes dans la communication orale, certaines sont propres à l'écrit.

L'enfant doit comprendre que le langage écrit permet la réflexion, qu'il remplace, complète et conserve le langage oral ; qu'il est un porte-parole discret et qu'il joue un rôle dans la société en transmettant des messages collectifs ; qu'il résiste au temps et que certains textes écrits peuvent même engager l'avenir d'un individu, d'un groupe ou d'une société (MEQ 1979). Pour que le lecteur puisse utiliser l'écrit de façon fonctionnelle, il doit être en contact avec diverses formes de discours et divers genres littéraires comme il doit développer son aptitude à s'exprimer par écrit en regard de ces mêmes fonctions et par des modes d'écriture différents.

Chapitre IV
La lecture avant l'âge scolaire

Dans ce chapitre, nous retracerons l'évolution des conceptions sur l'apprentissage de la lecture au préscolaire en abordant les courants de pensée qui s'intéressent principalement à la maturation et à la psychomotricité. Nous mettrons ensuite l'accent sur le concept de « conscience de l'écrit », qui décrit bien la conception actuelle de la lecture dans ses tout premiers stades. Nous terminerons en proposant quelques pistes pour des activités susceptibles de favoriser l'éveil à l'écrit chez les tout petits.

HISTORIQUE DE LA CONCEPTION DE LA LECTURE AVANT L'ÂGE SCOLAIRE

On a longtemps pensé que l'enfant ne commençait à développer son aptitude à lire que lorsqu'il entrait en première année et était soumis à un enseignement systématique. Pendant des décennies, on a parlé de préalables, de prélecture ; l'utilisation de ces termes laisse entendre que l'on pensait que l'enfant se préparait à la lecture pendant ses six premières années et n'apprenait à lire qu'à son entrée à l'école. Aujourd'hui, on réalise de plus en plus que l'enfant se sensibilise à l'écrit très tôt et que l'environnement joue un rôle capital dans cet éveil. Les récents développements dans nos connaissances nous permettent d'affirmer que l'enfant commence à développer son aptitude à lire de différentes façons depuis son plus jeune âge et qu'il n'existe pas de coupure entre les *préalables* et l'apprentissage de la lecture.

Pour bien saisir l'évolution qui s'est dessinée dans la conception de la lecture au préscolaire depuis le début du siècle, nous ferons un survol des courants axés sur la maturation et sur la psychomotricité pour nous attarder ensuite plus longuement sur la conception axée sur la conscience de l'écrit.

Courant axé sur la maturation

En Amérique du Nord, du début du siècle jusqu'aux années 1970, la conception du rôle du préscolaire dans l'initiation au langage écrit est la résultante de différents courants et facteurs. Il faut souligner particulièrement l'influence des théories développementales, l'influence des objectifs sous-jacents à la création des garderies durant la guerre et l'influence des conceptions européennes sur l'éducation préscolaire.

A) Les théories développementales

Au début du siècle, les théories développementales dominent dans le monde de l'éducation. À la suite d'observations sur le développement moteur du jeune enfant, Gesell (1928) affirme que le développement physique procède par étapes spécifiques. Ces conclusions justifiées ne le sont plus quand on les applique abusivement au comportement intellectuel, en particulier à la lecture. Ainsi, on affirme à cette époque que le développement intellectuel passe par des étapes précises et que pour lire l'enfant doit avoir atteint un certain stade, que l'on situe même au niveau de six ans et demi d'âge mental. On explique les échecs en lecture par un manque de préparation, de maturation ; on croit que le passage du temps se chargera de préparer les enfants. C'est dans cet esprit que l'on diffère tout ce qui a trait à la lecture jusqu'au début de la première année et qu'on prévoit souvent même 6 à 8 semaines de préparation au début de l'année (Durkin, 1976).

B) Les garderies pendant la guerre de 1939–45

Durant la guerre de 1939–45, la situation économique se modifie fondamentalement. Les hommes étant mobilisés, les femmes se retrouvent à l'usine, ce qui pose le problème de la garde des enfants. Les gouvernements, particulièrement aux États-Unis, mettent alors sur pied des garderies publiques, dans une perspective de compensation : puisque les mères travaillent, croit-on, les enfants doivent manquer de soins, d'attention, d'affection, de jeux. C'est pourquoi les programmes de ces garderies sont axés sur ce que l'enfant aime faire, sur ce qu'il veut faire. On assigne à la jardinière un rôle de mère plutôt qu'un rôle d'enseignante. Après la guerre, les usines accusant un surplus de personnel, les femmes retournent à la maison et les garderies ferment leurs portes. Mais, si les garderies disparaissent en bonne partie, la conception du préscolaire qui y était véhiculée reste très vivante et s'étend même à la maternelle. Ce nom lui-même est très révélateur du rôle que l'on assigne à ces classes. Le préscolaire reste fortement lié au développement émotif, à la maturité sociale ; les programmes restent axés sur le jeu. La lecture, vue comme une activité trop scolaire, n'a pas sa place dans cette conception du développement général de l'enfant.

C) L'influence européenne

Du côté européen, les courants de pensée s'orientent également vers le développement émotif et social de l'enfant. Le pédagogue

Froebel, à qui l'on doit le terme de *Kindergarten* ou *jardin d'enfants*, influence fortement la pédagogie utilisée dans les classes préscolaires. On peut ajouter aux conceptions pédagogiques l'influence de théories psychologiques comme le freudisme qui soutient que les problèmes des adultes sont l'effet de répressions chez l'enfant. Ces deux influences européennes contribuent à raffermir le courant qui accorde une place prépondérante à la maturation dans l'éducation préscolaire. Dès leur création, les maternelles du Québec suivent cette orientation.

Rappelons que les écoles maternelles publiques au Québec ne datent que des années 1960. Cependant, dès 1911 le Comité catholique proposait à l'Assemblée législative de modifier la loi de l'Instruction publique pour reconnaître l'organisation de classes maternelles dans les écoles publiques. Des règlements spéciaux définissant l'objectif des classes maternelles, les conditions essentielles de leur organisation pédagogique et matérielle et la formation spéciale que devraient recevoir les institutrices, furent élaborés et sanctionnés en juin 1915. Les premières écoles maternelles furent des écoles privées ; quelques-unes étaient reliées à des orphelinats, telle l'école maternelle La Nativité à Montréal, ouverte en 1943 ; les autres sont dues à des initiatives personnelles de pionnières. Dans ces écoles, la pédagogie utilisée est souple et dite *naturelle* : elle est la résultante des courants américains et européens centrés sur le développement et la maturation. Traditionnellement, la maternelle se préoccupe donc spécialement du développement harmonieux de l'enfant tant au point de vue social, moteur, créatif qu'affectif, mais la lecture ou la sensibilisation à l'écrit n'y est pas considérée comme une activité à privilégier.

Courant axé sur la psychomotricité

Avec l'intégration des maternelles aux commissions scolaires, de nouvelles préoccupations surgissent. On veut désormais que les maternelles préparent à... ; à sa sortir de la maternelle, il faut que l'enfant soit prêt à lire, à écrire, à compter.

Un mouvement a particulièrement le vent dans les voiles : la psychomotricité. On lui accorde le pouvoir de régler presque tous les problèmes : quand un enfant ne réussit pas à lire en première année, c'est qu'il a une déficience au niveau de la psychomotricité... On commence donc l'enseignement correctif par la motricité. Mais vient le jour où des études scientifiques prouvent qu'il n'y a pas de rapport direct entre la réussite en lecture et le développement psychomoteur. Les écrits de Bouchard (1975), de Van Than (1981), de Van Grunderbeck (1980) et du MEQ (1980) relativisent le rôle de la psychomotricité dans l'acquisition de la lecture : la première utilité des programmes de développement perceptivo-moteur n'est pas d'augmenter les chances de réussite en lecture mais d'améliorer le rendement des enfants dans les activités perceptuelles et motrices. Mieux encore, on réalise qu'en fait l'acquisition de la lecture est aussi efficace que les programmes perceptivo-moteurs pour améliorer le développement perceptuel (figure 23).

	EFFETS SUR LES TESTS PERCEPTIVO-MOTEURS	**EFFETS SUR LE RENDEMENT EN LECTURE**
PROGRAMMES DE DÉVELOPPEMENT PERCEPTIVO-MOTEUR	+	−
PROGRAMMES STRUCTURÉS DE LECTURE	+	+

Figure 23 : Effet de la lecture et des programmes perceptivo-moteurs.

Courant axé sur la conscience de l'écrit

Une nouvelle piste commence à être exploitée dans le domaine de la préparation à la lecture : la conscience linguistique. Le terme de *conscience métalinguistique* a été proposé par Mattingly (1972), qui distingue l'activité linguistique primaire, parler et écouter, de la conscience de cette activité chez l'usager de la langue. Ce concept ne renvoie donc pas à la maîtrise acquise par l'enfant dans l'utilisation de la langue, mais à ses connaissances sur la langue. Mattingly pose l'hypothèse qu'un enfant dont la conscience linguistique est peu développée aura de la difficulté à comprendre les règles de l'écrit. Ferreiro (1978) abonde dans le même sens :

> « En d'autres termes, il paraît plausible que la compréhension de l'écrit demande une certaine réflexion et une conceptualisation du langage parlé, une certaine "conscience métalinguistique" » (1978, p. 4).

Dernièrement, certains auteurs ont porté leur attention non pas sur la conscience linguistique en général, mais plus particulièrement sur la conscience de l'écrit.

A) Définition de la conscience de l'écrit

La conscience de l'écrit est un terme qui vient d'apparaître dans les travaux sur la lecture. Il fait référence à un ensemble de connaissances que l'enfant possède sur la langue écrite avant même de savoir lire.

La conscience de l'écrit comprend d'ordinaire les éléments suivants :

1) Connaître l'existence de la lecture, c'est-à-dire savoir qu'il existe un processus qui s'appelle lecture et qui consiste essentiellement à établir une relation entre la langue orale et des signes graphiques.
2) Connaître les fonctions de l'écrit.
3) Connaître les conventions de l'écrit : la lecture se fait de gauche à droite, de haut en bas, etc.
4) Connaître les concepts de **lettre**, de **mot**, de **phrase**.

Les recherches sur la conscience de l'écrit ont été faites avec des enfants de 3 à 7 ans et les principales épreuves ont consisté à mesurer la connaissance du concept **mot** (Kita, 1979; Clay, 1972; Goodman et Altwerger, 1981; Robeck, 1982), l'orientation de la lecture (Day et al., 1981; Johns, 1980; Read, 1981), les relations établies entre le mot oral et le mot écrit (Ferreiro, 1978; Evans, 1979; Morris, 1982), la connaissance des fonctions de l'écrit (Hiebert, 1980, 1981; Robeck, 1982).

L'hypothèse générale qu'on peut formuler est la suivante : la conscience que l'enfant possède de la structure de la langue et sa capacité de réfléchir objectivement sur la langue ainsi que ses connaissances des fonctions et des conventions de l'écrit facilitent l'apprentissage de la lecture.

B) L'ÉVALUATION DE LA CONSCIENCE DE L'ÉCRIT

Aujourd'hui, quand on parle de la préparation à l'écrit, on n'évalue plus des caractéristiques générales qui seraient l'indice de l'aptitude à apprendre à lire, mais la conscience de l'écrit et les notions directement reliées à l'écrit. Cette évaluation peut se faire informellement à l'occasion des activités quotidiennes de l'enfant et présente l'avantage de pouvoir servir de point de départ à des stratégies d'enseignement.

Il n'existe pas actuellement de test en langue française pour évaluer la conscience de l'écrit, bien que des travaux soient en cours dans ce sens (LaBrecque et Bélanger, thèse en préparation). Nous suggérons ici un cadre qui regroupe les principales questions à poser et les comportements à observer ; ces suggestions pourront servir de guide à chacun pour élaborer sa propre grille d'observation. La nôtre, inspirée de Y. Goodman et Altweger (1981), aborde la conscience de l'écrit sous quatre facettes : 1) connaissance du vocabulaire visuel fonctionnel (les mots écrits dans le milieu de vie de l'enfant) ; 2) conception de la lecture ; 3) conception de l'écriture ; 4) notions reliées à l'écrit.

Nous présentons une façon de traiter chacune de ces facettes en indiquant l'objectif de la tâche, le matériel à utiliser et la façon de procéder avec l'enfant.

I. LE VOCABULAIRE VISUEL FONCTIONNEL

A) OBJECTIF

L'activité suivante révèle le degré de concience que l'enfant a de l'écrit et la façon dont il réagit à l'écrit autour de lui. En d'autres termes, cette mise en situation veut fournir une réponse à la question : *Qu'est-ce que l'enfant sait sur les mots écrits qu'il rencontre ?*

B) Matériel

1) Matériel écrit dans le contexte normal

Présentez à l'enfant des emballages, des pancartes, des panneaux routiers. Vous pouvez l'amener au marché, au centre commercial, à une station-service, et lui demander de lire les enseignes ou les étiquettes.

Exemple : Provigo, McDonald, Arrêt Stop, Jell-O, Pepsi, Esso, Colgate, Crest, Quik, Kleenex.

2) Matériel écrit dans un contexte partiel

Présentez à l'enfant de l'écrit qui n'est plus tout à fait dans le contexte original, par exemple une partie de boîte de céréales collée sur un carton, une étiquette de boîte de conserve sans la boîte.

3) Matériel écrit dans sa forme graphique familière mais sans le contexte

Présentez à l'enfant les mêmes mots que dans l'activité précédente. Conservez-en la forme graphique particulière mais enlevez l'indice de la couleur et des dessins d'accompagnement. À cette fin, on peut photocopier les mots ou les découper dans un journal.

provigo

4) Matériel écrit en script

Présentez de nouveau à l'enfant le même matériel mais récrivez chaque mot en script sur une fiche.

Provigo

C) Déroulement de la rencontre

Voici une démarche à suivre pour évaluer la conscience de l'écrit. Il est important au départ d'établir une bonne relation avec l'enfant, de lui donner le goût de participer. Ex. : «Je voudrais que tu m'aides à faire quelque chose. J'ai ici quelques cartes et je voudrais que tu m'en parles». Il faut également que les questions soient claires, concises, précises, en relation directe avec le but poursuivi. Voici une liste de questions et de conseils qui devraient vous faciliter la tâche.

Exemple de questions	But
a) As-tu déjà vu ceci ? b) Où ?	Déterminer si l'enfant à déjà eu un contact avec l'écrit
c) Qu'est-ce que tu penses que c'est ? d) Qu'est-ce que tu penses que ça veut dire ?	Déterminer la réaction de l'enfant aux stimuli écrits
e) Comment le sais-tu ? f) Pourquoi dis-tu cela ? g) Qu'est-ce qui te fait penser cela ?	Déterminer pourquoi l'enfant répond comme il le fait
h) Qu'est-ce qui te dit ce que cela veut dire ? i) Montre avec ton doigt où c'est écrit ?	Déterminer à quels stimuli réagit l'enfant

2. Techniques à employer

1. Posez des questions ouvertes. Variez les formulations pour vérifier si différentes questions produisent différentes réponses.
2. Assurez-vous que l'enfant pointe bien avec son doigt lorsque vous demandez : *Montre-moi avec ton doigt...*
3. Ne donnez pas d'information orientante à l'enfant à propos d'un mot qu'il ne reconnaît pas. Par exemple : *Aimes-tu en manger ?*
4. Placez les cartes au hasard pour chacune des tâches b, c, d.
5. Utilisez un magnétophone pour enregistrer la rencontre. Vous pouvez répéter la réponse de l'enfant s'il ne parle pas assez fort.

3. Quelques pièges à éviter

1. Ne posez pas de questions qui amènent une réponse par oui ou par non.
2. Si l'enfant répond *Je ne sais pas,* n'en restez pas là ; posez d'autres questions.
3. Ne répétez pas la même question si vous n'obtenez pas de réponse. Changez la formulation.

II. CONCEPTION DE LA LECTURE

A) OBJECTIF

Le but de l'entrevue est de déterminer ce que l'enfant sait sur la lecture et quelle est son attitude face à elle. Il s'agit de comprendre comment il perçoit les fonctions de la lecture et l'acte de lire lui-même. Encouragez le plus possible l'enfant à discuter à la suite de sa réponse.

B) DÉROULEMENT

Utilisez un magnétophone pour enregistrer la rencontre.

1. Sais-tu lire ? ______
   (Si la réponse est *oui*, demandez :)
   a) Comment as-tu appris à lire ? ______

   b) Est-ce que quelqu'un t'a appris à lire (si oui, qui ?) ou as-tu appris tout seul ? ______

   c) Aimes-tu lire ? ______

   d) Qu'est-ce que tu aimes lire ? ______

   (Si la réponse au nº 1 est non, demandez :)
   e) Aimerais-tu savoir lire ? ______

   f) Comment feras-tu pour apprendre à lire ? ______

   g) Est-ce que quelqu'un devra t'aider pour que tu apprennes à lire ? ______

h) Comment penses-tu que cette personne t'aidera à apprendre à lire ? ______

______

______

2. Est-ce que tu pourrais apprendre à lire tout seul ? ______

______

______

3. Est-ce qu'apprendre à lire est facile ou difficile ? ______

______

______

4. Pourquoi penses-tu qu'apprendre à lire sera facile/difficile ? ______

______

______

5. a) Est-ce que les personnes avec qui tu demeures savent lire ? ______

______

b) Qu'est-ce qu'ils lisent ? ______

______

c) Où lisent-ils (dans la cuisine, le salon, etc.) ? ______

______

______

6. a) Est-ce qu'ils te font la lecture ? ______

______

b) Qui ? ______

______

c) Qu'est-ce qu'ils te lisent ? ______

______

d) Aimes-tu cela ? ______

______

e) Pourquoi ? ______

______

7. Qu'est-ce que tu regardes quand on te lit une histoire ? ______

______

______

8. a) Si je dis : *Je vais te lire une histoire*, qu'est-ce que je vais faire ? ______

______

______

b) Si je dis : *Je vais te raconter une histoire*, qu'est-ce que je vais faire ? ______

______

______

c) Est-ce que lire une histoire est la même chose que raconter une histoire ? ______

______

______

d) Explique. ______

______

9. a) Peux-tu lire les yeux fermés ? ______

______

b) Pourquoi ? ______

______

10. a) Regardes-tu la télé parfois ? ______

______

b) Est-ce qu'il y a des choses à lire à la télé ? ______

______

11. a) Vas-tu parfois au magasin avec tes parents ? ______

______

b) Si oui, y a-t-il des choses que tu lis dans le magasin ou que les gens peuvent lire ? ______

______

c) Quoi ? ______

______

12. Pourquoi les gens lisent-ils ? ______________________________

____

13. Parles-tu une langue ? Laquelle ? ______________________________

____

III. CONCEPTION DE L'ÉCRITURE

A) Objectif

Cette rencontre vous renseignera sur les idées de l'enfant à propos de l'écriture, sur sa compréhension de la terminologie propre à l'écrit ainsi que sur l'utilisation qu'il fait de l'écriture.

B) Matériel

Fournissez à l'enfant un matériel varié pour écrire et dessiner : papier ligné et non ligné, blanc ou de couleur, crayons, stylos, crayons-feutre. Notez le matériel utilisé par l'enfant pour les différentes tâches.

C) Démarche

1. Offrez le matériel à l'enfant en lui donnant des explications.
2. Demandez à l'enfant de répondre aux questions.
3. Pour identifier correctement les réponses, écrivez le numéro de la question à côté de chaque réponse écrite de l'enfant. Quand l'enfant lit, notez ce qu'il dit à côté du texte.

1. a) Écris-moi quelque chose. (Si l'enfant ne répond pas, dites : *Fais semblant d'écrire.*) ______________________________

____

____

b) Pourquoi as-tu choisi cela (papier et crayon) ? ______________________________

____

____

2. a) Lis-moi ce que tu as écrit. ______

b) Si l'enfant dit : *Je ne peux pas,* demandez pourquoi et dites alors : *Fais semblant de lire.*

______

3. a) Dis-moi ce que tu as écrit. Qu'est-ce que c'est cela et cela ? (Montrez des lettres, des mots, etc.)

______

4. Écris-moi une lettre. ______

5. a) Qu'est-ce que tu écris à la maison ? ______

b) Est-ce que tu écris à l'école ? ______

c) Qu'est-ce que tu écris à l'école ? ______

6. Pourquoi les gens écrivent-ils ? ______

7. (Offrez le matériel de nouveau.)

a) Fais-moi un dessin. ______

b) Pourquoi as-tu choisi cela (papier et crayon) ? ______

8. a) Montre-moi ce que tu as écrit. ______

b) Montre-moi ce que tu as dessiné. ______

9. (Assurez-vous que l'enfant a devant lui un échantillon de ce qu'il a écrit et de ce qu'il a dessiné.)

a) Est-ce que dessiner est la même chose qu'écrire ? ______

b) Dis-moi comment écrire et dessiner se ressemblent? ____________________

____

c) Dis-moi comment écrire et dessiner sont différents? ____________________

10. Montrez à l'enfant un éventail d'échantillons d'écriture (script, cursive, mots d'une langue étrangère, une lettre, des lettres répétées), et des échantillons de non-écriture comme des dessins simples et des formes géométriques. Demandez à l'enfant d'identifier les échantillons qui sont de l'écriture. ____________________

____

11. Écrivez trois noms différents d'apparence, dont le nom de l'enfant; demandez-lui de lire son nom et de le montrer avec son doigt. ____________________

____

____

____

IV. NOTIONS RELIÉES À L'ÉCRIT

A) OBJECTIF

Cette activité a pour objectif de faire ressortir ce que l'enfant sait et ce qu'il sait faire à propos, entre autres, de l'orientation de la lecture et des notions de *page*, de *mot*, de *lettre*.

B) MATÉRIEL

1. Choisissez un livre d'images qui convient à un enfant d'âge préscolaire.
2. Assurez-vous que la page de titre contient le titre du livre et le nom de l'auteur.
3. Assurez-vous que les caractères d'imprimerie sont clairs et qu'il y a beaucoup d'images. Si possible, choisissez un livre avec le texte d'un côté et l'image de l'autre.

C) DÉROULEMENT

Présentez le livre à l'enfant et, au cours de la lecture, posez-lui les questions ci-dessous. La formule d'utilisation est divisée en quatre cases : la première indique votre tâche, la deuxième propose les directives à donner à l'enfant, la troisième présente les réponses possibles ou attendues ; inscrivez dans la dernière la réponse réelle de l'enfant.

Tâche	**Directives**	**Réponses possibles**	**Réponse de l'enfant**
1. Montrer le livre.	« Comment est-ce que ça s'appelle ? » « Qu'est-ce que c'est ? » Si l'enfant répond avec le nom du livre, notez-le et demandez : « Qu'est-ce que c'est... ? » (Dire le nom du livre donné par l'enfant)	« Livre ». « Livre d'histoires ». « Histoires ». Nom du livre.	
2. Présenter le livre.	« Qu'est-ce que tu fais avec cela ? »	« Le lire ». « Le regarder ». « L'ouvrir ». « Le dire ».	
3. Présenter le livre.	« Qu'est-ce qu'il y a dedans ? »	« Histoire », « Images ». « Mots ». « Pages ». « Lettres ». « Choses ».	
4. Donner à l'enfant le livre à l'envers.	« Montre-moi le dessus de ce livre ». « Prends le livre et ouvre-le pour qu'on puisse le lire ensemble ».	Toute indication du dessus ou de la première page.	

Tâche	Directives	Réponses possibles	Réponse de l'enfant
5. Tourner à la page 3, par exemple.	Ouvrir à une page et dire : « Montre-moi une page de ce livre ». « Est-ce une page ? »		
6. Donner le livre à l'enfant.	« Lis-moi ceci ».		
7. Si l'enfant ne lit pas ou si sa lecture est incorrecte, lui lire la première page.	« Je vais te lire cette histoire. Tu me montres où commencer à lire. » « Où est-ce que je commence à lire ? »	Indique l'imprimé de la première page.	
8. Tourner à la page suivante	« Montre-moi le haut de cette page ». « Montre-moi le bas de cette page ».	Indique le haut de la page ou vers le haut. Indique le bas de la page ou vers le bas.	
9. Montrer la page à l'enfant.	« Montre-moi avec ton doigt exactement où je dois commencer à lire ».	Pointe le premier mot de la page.	
10. Montrer la page à l'enfant.	« Montre-moi avec ton doigt de quel côté je vais pour lire ».	De gauche à droite.	
11. Continuer à montrer la page à l'enfant.	« Où je vais maintenant ? » (Si cela a déjà été fait en 9, écrire la réponse mais ne pas répéter.)	De haut en bas.	

Tâche	Directives	Réponses possibles	Réponse de l'enfant
12. Lire la page.	« Suis l'histoire avec ton doigt à mesure que je lis » (lire lentement).	Association exacte du mot entendu et du mot lu. Association approximative.	
13. S'il y a de l'écrit sur les deux pages, montrer les deux pages.	« Où est-ce que je vais maintenant ? »	Pointe la première ligne de texte de la page suivante.	
14. Lire les deux pages suivantes. Si possible tourner à une page avec du texte et une image. Tourner le livre à l'envers sans que l'enfant vous voie.	« Est-ce que tu peux lire ou est-ce que je peux lire maintenant ? « Pourquoi ? »		
15. Montrer à l'enfant comment utiliser deux morceaux de carton noir pour fermer « les rideaux de la fenêtre ».	« Nous allons mettre une partie de l'histoire dans cette fenêtre. Je veux que tu fermes les rideaux comme ceci pour que je ne voie qu'*une seule lettre* ». « Maintenant, seulement *deux lettres* ».	Une lettre. Deux lettres.	
16. Ouvrir les « rideaux ».	« Maintenant, ferme les rideaux pour que je ne voie qu'*un mot* ». « Maintenant, *deux mots* ».	Un mot. Deux mots.	

Tâche	Directives	Réponses possibles	Réponse de l'enfant
17. Ouvrir les « rideaux ».	« Montre-moi la première lettre dans un mot, — dans un autre mot ».	Une première lettre. Une autre première lettre.	
18. Enlever la carte.	« Montre-moi une lettre majuscule, — une autre lettre majuscule ».	Une lettre majuscule. Une autre lettre majuscule.	
19. Lire la fin de l'histoire. Fermer le livre et le remettre à l'enfant.	« Montre-moi le nom de l'histoire » ou « le nom du livre ».	Couverture ou page de titre.	
20. Évaluer la compréhension.	« Parle-moi de l'histoire ».		
21. Laisser le livre à l'enfant.	« Montre-moi le début de l'histoire ». « Montre-moi la fin de l'histoire ».	Ouvre le livre à la première page et montre la première ligne. Ouvre le livre à la dernière page et montre la dernière ligne.	
22. Pointer la page de titre.	« Ici, c'est écrit ___ (lire le titre) par __ (lire le nom de l'auteur). Qu'est-ce qu'on veut dire par ____________ (dire le nom de l'auteur) ? »	« Il a écrit le livre ». « Il a fait l'histoire ».	

LA SENSIBILISATION À L'ÉCRIT CHEZ LES PETITS

Si l'on accepte que la conscience de l'écrit se développe sous l'influence de l'environnement, on sera par le fait même intéressé à connaître les variables présentes dans le milieu qui sont susceptibles d'affecter la sensibilisation à l'écrit chez l'enfant. Deux sources de recherches s'avèrent pertinentes dans cette quête de données sur le rôle du milieu : 1) les observations dans le milieu naturel et 2) les recherches sur le lecteur précoce.

Les observations dans le milieu naturel

Étant donné que l'on a toujours cru que l'enfant ne commençait son apprentissage de la lecture qu'à son entrée à l'école, on s'est très peu préoccupé d'établir un lien avec les expériences de l'écrit vécues dans le milieu familial. Pourtant, c'est dans le milieu familial que l'enfant apprend à parler. Quels que soient les parents, les sociétés, les langues, l'apprentissage du langage réussit presque toujours. Pourquoi alors tant d'enfants échouent-ils dans la lecture ? Pourquoi les parents, qui ne sont pas des spécialistes, réussissent-ils à faire acquérir à leurs enfants des compétences aussi complexes que le langage parlé alors que l'école échoue si souvent dans l'enseignement de la lecture ?

Holdaway (1979) suggère de s'inspirer du déroulement de l'apprentissage du langage en milieu naturel pour structurer l'enseignement de la lecture. Il dégage les caractéristiques suivantes de l'apprentissage du langage dans le milieu familial :

- Les enfants apprennent à leur propre rythme.
- Ils utilisent le langage de façon fonctionnelle pour répondre à leurs propres besoins ; les parents, d'ailleurs, présentent des modèles de langage dans les situations fonctionnelles.
- Ils choisissent eux-mêmes l'activité à laquelle ils veulent se livrer et passent une partie importante de leur temps dans des activités répétitives.
- Les parents ont une confiance inébranlable dans les capacités d'apprendre de leur enfant.

- Ils ont une attitude positive et accueillante à l'endroit de toutes les réponses de l'enfant.
- Ils acceptent les énoncés approximatifs sans les critiquer.
- Ils ne comparent l'enfant qu'à lui-même, en regard de ses comportements de la veille.

Même si ces facteurs sont tous importants, deux d'entre eux nous paraissent particulièrement intéressants en raison de ce qu'ils impliquent dans l'apprentissage du langage écrit : 1) les parents utilisent le langage dans des situations fonctionnelles, 2) les enfants choisissent eux-mêmes l'activité à laquelle ils veulent se livrer. Ces deux caractéristiques peuvent facilement être traduites en stratégies d'enseignement, comme nous le verrons un peu plus loin.

Les recherches sur le lecteur précoce

Des recherches menées en Europe, aux États-Unis et au Canada ont révélé que de un à quatre pour cent des enfants qui entraient en première année savaient déjà lire. (Briggs et Elkind, 1973, 1977 ; Clark, 1976; Durkin, 1966; King et Friesen, 1972; Morisson et al, 1971). On pourrait être porté à penser que ces enfants sont très intelligents, ce qui expliquerait leur comportement exceptionnel. Mais non ! On retrouve parmi les lecteurs précoces des enfants dont le Q.I. varie de 90 à 160. On pourrait croire également que ces enfants proviennent de milieux aisés. Il n'en est rien : les résultats montrent en effet que la majorité des lecteurs précoces provient de milieux modestes. Autre fait troublant : il ne semble pas possible de dégager des caractéristiques particulières qui distingueraient la personnalité des lecteurs précoces. Mais alors, direz-vous, comment expliquer une telle précocité ? La réponse doit être cherchée dans le milieu familial de l'enfant.

Quatre facteurs relevés par Teale (1978) résument les caractéristiques de l'environnement des lecteurs précoces :

• La disponibilité d'un matériel écrit varié dans l'environnement

Il n'est pas surprenant de constater que le milieu familial des lecteurs précoces rend l'écrit accessible à l'enfant. Cependant, l'accessibilité n'est pas synonyme du nombre de livres dans la maison :

plusieurs de ces lecteurs précoces proviennent de familles à faibles revenus qui fréquentent les bibliothèques municipales. Par ailleurs, le matériel écrit ne se résume pas aux livres pour enfants mais il s'étend à toute une gamme d'écrits présents dans l'environnement, comme l'horaire de la télé, les noms de produits ou ceux qui apparaissent sur le courrier. Toutefois, le seul accès au matériel écrit ne peut à lui seul expliquer l'intérêt particulier manifesté par les lecteurs précoces envers l'interprétation des symboles écrits. D'autres facteurs doivent être pris en considération.

- **La présence de la lecture dans l'environnement**

Les personnes de son entourage servent de modèles de lecteurs à l'enfant. En plus de faire la lecture à l'enfant, les parents sont eux-mêmes des lecteurs assidus et, ce qui est plus important encore, interprètent pour lui les symboles écrits : un adulte dira par exemple : « Ce panneau veut dire *arrêt* », ou encore « Cette affiche veut dire que le magasin est fermé ». Dans le milieu familial des lecteurs précoces, la lecture est utilisée de façon fonctionnelle et les enfants sont intégrés spontanément à cette utilisation quotidienne de l'écrit.

- **L'entourage facilite le contact avec le matériel d'écriture**

La plupart des lecteurs précoces se sont intéressés à l'écriture avant même de s'intéresser à la lecture. Ces enfants essaient de reproduire les symboles écrits, demandent à leur entourage comment écrire tel mot et essaient eux-mêmes de trouver une façon d'écrire les mots qu'ils désirent. Le rôle de ces activités dans le développement du savoir-lire reste encore à préciser bien que, dès 1926, Montessori affirmait que l'écriture précédait la lecture ; chose certaine, l'environnement des lecteurs précoces fournit à l'enfant le matériel nécessaire pour écrire.

- **L'entourage répond favorablement aux initiatives de l'enfant vis-à-vis l'écrit**

Ceci ne veut pas dire que les adultes enseignent la lecture de façon systématique, mais plutôt qu'ils répondent aux questions posées par l'enfant à propos de l'écrit. Sa curiosité est encouragée par la manière dont son entourage accueille ses tentatives pour s'approprier l'écrit et ce feedback est donné de telle sorte que la lecture conserve son caractère fonctionnel.

Bref, les recherches sur le lecteur précoce viennent appuyer les observations faites dans le milieu familial et mettent en évidence le rôle de l'environnement dans la sensibilisation à l'écrit du jeune enfant. On peut relever en particulier deux facteurs essentiels : 1) l'adulte lit lui-même et fait la lecture à l'enfant ; 2) l'adulte répond aux questions de l'enfant et interprète pour lui les symboles écrits.

Les stratégies de sensibilisation à l'écrit

En s'inspirant des observations faites en milieu familial et des recherches sur le lecteur précoce, il est possible de dégager certaines pistes menant à des stratégies de sensibilisation à l'écrit. Il ressort en premier lieu de ces travaux que l'adulte, qui sert de modèle de lecteur, doit, d'une part, être lui-même un lecteur assidu et, d'autre part, faire la lecture aux enfants. La stratégie de sensibilisation qui découle de ce premier élément est tout indiquée ; en effet, la lecture favorise plus que toute autre activité l'éveil de la conscience de l'enfant relativement à l'écrit. On peut également dégager des études analysées un autre facteur tout aussi important mais plus difficilement observable : l'interprétation des signes écrits par les adultes. Nous verrons également comment ce deuxième facteur peut se traduire en stratégie de sensibilisation à l'écrit.

A) L'ADULTE FAIT LA LECTURE À L'ENFANT

La plupart des pédagogues s'entendent sur la valeur de cette activité pour les enfants. La première raison invoquée est que la lecture constitue une excellente préparation au style propre à la langue écrite. Il ne faudrait cependant pas confondre *lire une histoire* et *raconter une histoire* aux enfants. Même si cette dernière activité doit faire partie de l'éventail des situations présentes dans la vie des enfants, la lecture de textes remplit des fonctions particulières. Les différences fondamentales entre ces deux activités proviennent de la nature même du langage oral en regard du langage écrit. Même si, dans l'un et l'autre cas, on peut retrouver le même vocabulaire et la même grammaire, l'expression écrite est cependant plus soignée, plus abstraite. Mais la principale différence entre ces deux médias tient au fait que l'écrit est décontextualisé, c'est-à-dire que la signification n'est pas appuyée par un support extérieur. Si un enfant ne comprend pas ce que son camarade lui dit, il peut utiliser certains indices présents dans la situation de communication pour comprendre le message mais, lorsqu'il s'agit de langage écrit, les problèmes de compréhension doivent être résolus dans le texte lui-même.

Une deuxième raison qui milite en faveur de la lecture aux enfants est que cette activité permet d'associer, dans leur esprit, un contenu intéressant aux symboles écrits et les convainc peu à peu que la lecture est une activité agréable. Les deux raisons qui viennent d'être invoquées pour justifier que l'on fasse la lecture aux enfants ne concernent que la situation de lecture elle-même, c'est-à-dire le moment pendant lequel l'un des parents, l'enfant et le livre sont en interaction. On a trop souvent tendance à oublier qu'il existe une deuxième facette de cette activité, soit la situation dans laquelle l'enfant est seul avec le livre et essaie de relire pour lui-même l'histoire qui lui a été lue à maintes reprises. Pour bien comprendre l'importance de la lecture faite aux enfants, il est essentiel de ne pas perdre de vue cette deuxième partie du processus. Holdaway (figure 24) propose une façon d'illustrer ce cycle d'apprentissage dans lequel l'enfant demande à plusieurs reprises au parent de lui lire une histoire qu'il aime et qu'il relira ensuite pour lui-même.

Cette activité de *faire semblant de lire* occupe une place importante dans la vie de l'enfant car il peut passer des heures à relire son livre préféré. On constate une progression dans la lecture simulée. L'enfant se guide d'abord sur l'image puis graduellement, reconstruit l'histoire complète, page par page. Lorsqu'il fait semblant de lire, l'enfant essaie de retrouver le même plaisir que lors de la lecture faite par le parent. Dans sa quête du sens, il en arrive à réaliser que le message vient du texte et non de l'image.

Faire la lecture aux enfants constitue donc une stratégie de sensibilisation à l'expression écrite beaucoup plus riche qu'on ne le soupçonnerait au premier abord. Non seulement cette activité amène l'enfant à

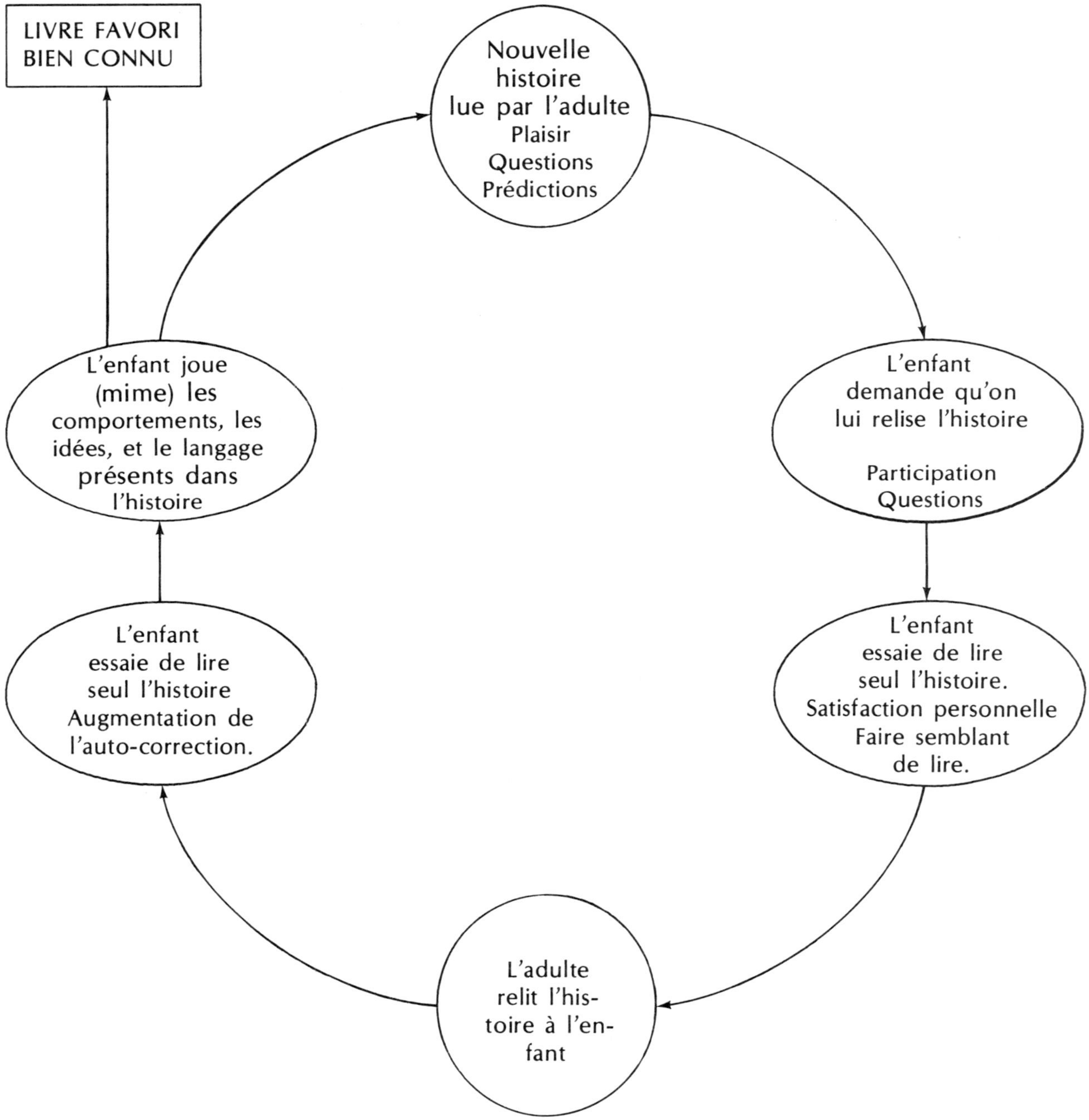

Figure 24 : Cycle d'apprentissage dans l'histoire à l'heure du coucher chez les enfants d'âge préscolaire.
Adapté de : HOLDAWAY, D., *Foundations of Literacy*, London : Heinemann, 1979.

prendre plaisir à la lecture et à se familiariser avec la langue écrite, mais elle favorise de plus une pratique personnelle par la lecture simulée, qui n'est pas aussi éloignée de la lecture véritable qu'on ne pourrait le penser.

B) L'ADULTE INTERPRÈTE LES SYMBOLES ÉCRITS POUR L'ENFANT

Si l'activité qui consiste à faire la lecture aux enfants est une excellente initiation à la langue écrite, elle ne suffit pas pour leur faire saisir le lien qui existe entre les langages oral et écrit. En effet, l'enfant peut croire que l'adulte s'inspire du livre et invente une histoire. Pour aider l'enfant à comprendre le lien langage oral/langage écrit, l'adulte doit d'abord servir de modèle quant à l'utilisation qu'on peut faire d'un message écrit ; il doit ensuite **interpréter** les symboles écrits qui sont nécessaires à l'enfant ou qui attirent son attention.

Une des différences essentielles entre le langage oral et la lecture tient au fait que le langage oral est toujours apparent dans sa réalisation alors que la lecture peut facilement passer inaperçue. En effet, un jeune enfant comprend rapidement quelles sont les fonctions du langage oral car il vit continuellement des situations dans lesquelles les adultes de son entourage soulignent l'utilisation qu'on en fait : ils demandent des informations, donnent des directives, expriment une opinion, approuvent, plaisantent, etc. Mais ils peuvent fort bien être en contact avec des éléments de production écrite à maintes reprises au cours de la journée sans que l'enfant ne s'en rende compte parce que la lecture est presque toujours une activité silencieuse, solitaire. Par exemple, le père ou la mère reçoit son courrier, garde les lettres qui lui sont adressées, remet aux autres personnes de la maison les lettres qui leur sont destinées, jette un coup d'œil sur des dépliants et les jette à la poubelle presque aussitôt. Toute cette activité s'est faite grâce à la lecture silencieuse. L'enfant ne peut deviner pourquoi la distribution du courrier s'est déroulée de cette façon. Tant d'autres indices pourraient être utilisés : la couleur, la taille des enveloppes, etc. Cependant, si le père ou la mère ponctue sa lecture de remarques du genre *Cette lettre est adressée à ta mère, elle va être heureuse, c'est la réponse qu'elle attendait de la compagnie d'assurance*, ou encore *Le facteur s'est trompé ce matin, cette lettre est adressée à Mme X.* Grâce à ces remarques, le tout jeune enfant est susceptible d'émettre l'hypothèse que l'on peut connaître l'identité du destinataire, et parfois celle de l'expéditeur, en regardant sur l'enveloppe. Ou encore, un tout petit observe l'un des parents qui cherche un numéro dans l'annuaire téléphonique : il voit sa mère (ou son père) ouvrir un grand livre, le regarder quelques instants puis le refermer rapidement. Pour un enfant de moins de deux ans, il n'est pas évident que l'adulte cherchait un numéro de téléphone. Comme il l'a souvent vu passer des heures devant un livre (lorsque le père ou la mère lisait un roman, par exemple), il peut croire que l'adulte n'a regardé le bottin que quelques instants parce qu'il ne l'a pas trouvé intéressant. Par contre, si l'adulte accompagne sa lecture de remarques comme *J'ai trouvé le numéro de Jeannine, je ferais bien de le souligner pour le trouver plus vite la prochaine fois,* ou encore *Le numéro de la nouvelle librairie n'est pas inscrit dans le bottin,* l'enfant conclura qu'on utilise le livre posé près du téléphone lorsqu'on cherche des renseignements précis, qu'on trouve la plupart du temps, mais pas infailliblement.

En bref, sensibiliser l'enfant au langage écrit, c'est lui permettre de participer, de s'intégrer à son utilisation quotidienne et fonctionnelle. C'est aussi et avant tout, satisfaire son besoin de connaître un langage dans lequel il baigne depuis sa première enfance.

C) Pour ou contre l'apprentissage précoce de la lecture

Dans ce chapitre, nous avons mis en évidence le fait que les enfants commençaient à se sensibiliser au langage écrit bien avant leur entrée à l'école et que certaines stratégies pouvaient contribuer à développer leur degré de conscience à cet égard. Mais certains se demandent peut-être s'il convient de favoriser cet éveil chez le jeune enfant ? Jusqu'où doit-on aller ? Est-il justifié d'encourager l'enfant au point qu'il sache lire avant son entrée à l'école ?

Toutes ces questions sont légitimes, mais nous disposons à l'heure actuelle de mieux que de simples opinions pour calmer de telles appréhensions.

Les recherches menées dans ce domaine depuis plusieurs années fournissent, en effet, des résultats concluants. Vous trouverez dans le tableau ci-dessous une synthèse des principales objections qui sont soulevées contre l'apprentissage précoce de la lecture ainsi que les réponses apportées par la recherche à chacune de ces objections.

Objections	**Réfutations**
1. L'enfant n'est pas prêt à apprendre à lire avant d'avoir atteint l'âge mental de six ans et demi.	On a fourni de nombreuses preuves que les enfants peuvent apprendre à lire à l'âge de 3 et 4 ans. (Staats, 1975 ; Delogne, 1973 ; Cohen, 1977, 1982). Le concept d'âge mental a été proposé en 1931 à la suite d'une recherche faite avec un seul groupe d'enfants. À la même époque, des recherches contradictoires mettaient en évidence le fait que les échecs en lecture dépendaient plus des façons d'enseigner que de l'immaturité des enfants. On n'a tenu alors aucun compte de ces résultats qui ne s'inscrivaient pas dans le courant de pensée qui alimentait les études développementales de cette époque. Aujourd'hui, on a définitivement renoncé à la notion d'un âge mental de six ans et demi censément requis pour les débuts de l'apprentissage de la lecture.
2. L'enfant qui sait lire en arrivant en première année risque de présenter des problèmes de motivation.	Cette crainte, bien que sensée, ne fut jamais confirmée par les recherches sur les lecteurs précoces. En effet, les enquêtes menées auprès des enseignantes de 1re année relativement au degré d'adaptation des lecteurs précoces montrent que ces enfants s'adaptent bien à la classe et ne posent aucun problème de motivation.
3. Si les enfants apprennent à lire plus tôt, ils ne seront pas plus avancés que leurs compagnons vers l'âge de 10 ou 11 ans.	Même s'il n'y avait pas d'avantages à long terme, cette raison ne suffirait pas pour déconseiller l'apprentissage précoce de la lecture. Si, à 5 ans, l'enfant éprouve du plaisir en lisant, s'il élargit ses horizons, l'expérience est déjà valable. De plus, si un enfant qui a appris à lire à 4 ou 5 ans n'est pas plus avancé que ses compagnons à 10 ou 11 ans, c'est qu'on n'a pas tenu compte, à l'école, de ses connaissances. En effet, lorsque le programme scolaire est adapté aux connaissances des enfants, les lecteurs précoces conservent leur avance. (Durkin, 1966).

Objections	Réfutations
4. Le temps consacré à la lecture est volé à d'autres activités.	Le langage écrit fait partie de l'environnement de l'enfant. On encourage l'enfant lorsqu'il s'intéresse à son milieu, lorsqu'il bricole, peint, fait du modelage, etc. Il n'y a rien d'anormal à l'encourager également lorsqu'il s'intéresse aux lettres et aux mots. On sait que l'apprentissage précoce de la lecture se fait ordinairement de la même façon que l'acquisition du langage, c'est-à-dire de façon graduelle et intermittente : les activités d'apprentissage de la lecture ne réclament en fait que quelques minutes par jour et s'intègrent à la vie de l'enfant.
5. Si l'on attend jusqu'à ce que l'enfant ait 7 ans, l'apprentissage se fera plus rapidement.	Il n'existe pas de corrélation entre l'âge chronologique et la réussite en lecture (Hillerich, 1978). Certains enfants ont le goût d'apprendre à lire très tôt alors que d'autres n'auront jamais ce goût, à moins qu'on les stimule en ce sens. Selon les pays, l'apprentissage de la lecture débute à 5 ans, à 6 ans ou à 7 ans. Il n'y a pas de différence dans les proportions d'échecs à la fin de la première année, quel que soit l'âge du début de la lecture.
6. L'enfant peut éprouver un sentiment d'échec si les pressions exercées sur lui sont trop fortes.	Que l'on soit pour ou contre l'apprentissage précoce, tout le monde est d'accord pour éviter de mettre l'enfant dans une situation d'échec en exigeant trop de lui. Il est évident que l'apprentissage précoce de la lecture doit se faire dans un climat très détendu, exempt de pressions, en concordance avec les demandes de l'enfant.

Figure 25 : Objections et réfutations relativement à l'apprentissage précoce de la lecture.

Rappelons que les connaissances dont nous disposons en ce qui touche le développement de la conscience du langage écrit et le rôle des parents dans la sensibilisation des enfants à ces questions, de même que les résultats des études sur le lecteur précoce constituent autant de voies que les enseignantes de la maternelle ne doivent pas hésiter à emprunter lorsqu'elles planifient les activités portant sur l'écriture. Ces données lui fourniront des amorces de réponse aux questions suivantes : comment éveiller l'enfant à l'univers de l'écriture, comment créer un environnement stimulant, planifier et organiser des activités favorisant l'interaction entre l'enfant et l'écriture.

Rappelons également que la motivation à la lecture à la maternelle dépend de l'attitude de l'enseignante. Celle-ci doit donc s'efforcer de maintenir le haut niveau de motivation que, très souvent, le jeune enfant possède à son entrée à l'école maternelle. Cela implique qu'elle accepte inconditionnellement l'enfant qui sait lire comme celui qui ne sait pas lire. L'enseignante doit manifester également une attitude positive envers la lecture, une connaissance de l'utilité de la lecture comme moyen de communication, une capacité à comprendre la relation entre le langage oral et le langage écrit et, finalement, une confiance en la capacité de l'enfant à s'exprimer par écrit.

CHAPITRE V MISE AU POINT SUR LA DISCRIMINATION DES LETTRES

Dans ce chapitre, vous aborderez la notion de traits distinctifs et les données susceptibles d'éclairer la nature des mécanismes d'apprentissage des lettres.

Vous apprendrez à évaluer le rôle de la discrimination des lettres dans l'apprentissage de la lecture. Vous prendrez conscience, d'une part, de la complexité de cet apprentissage pour un jeune enfant et, d'autre part, vous examinerez l'hypothèse que la discrimination des lettres n'est pas nécessairement la première étape de l'apprentissage de la lecture.

LA DISCRIMINATION VISUELLE DES LETTRES

Dans ce chapitre, nous entendons par discrimination des lettres, d'une part, la capacité de reconnaître visuellement que deux lettres sont semblables ou différentes et, d'autre part, la capacité d'associer un nom à chacune des lettres de l'alphabet. Nous nous pencherons d'abord sur l'aspect visuel de la discrimination des lettres.

Pour le jeune enfant qui n'est pas familier avec l'écrit, l'apprentissage des lettres est fort complexe. En plus des différences subtiles, dans la forme, d'autres facteurs contribuent à rendre difficile cet apprentissage. Pensons, par exemple, au nombre d'unités à discriminer. En plus des 26 lettres minuscules et des 26 lettres majuscules, il existe de nombreuses variantes pour une même lettre : ainsi, la lettre G peut s'écrire de cinq façons différentes :

g IMPRIMERIE MINUSCULE
G IMPRIMERIE MAJUSCULE
ɡ SCRIPT MINUSCULE
𝓰 CURSIF MINUSCULE
𝒢 CURSIF MAJUSCULE

Mais comment l'enfant parvient-il à différencier chacune de ces lettres ?

Les traits distinctifs

L'enfant n'apprend pas à identifier les lettres en mémorisant leur forme. En effet, une même lettre peut s'écrire de bien des façons et l'enfant la reconnaît quand même.

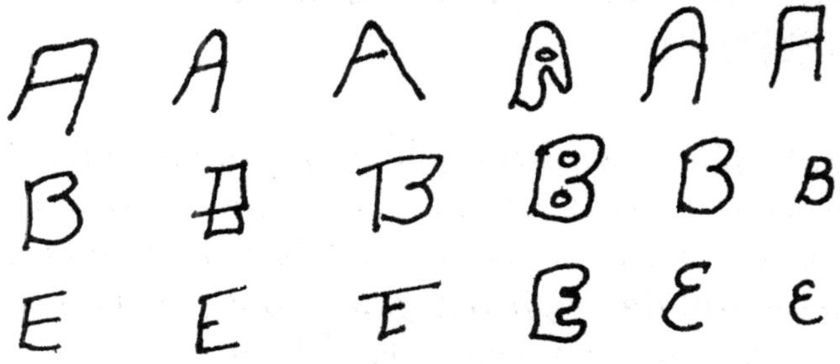

Les lettres reproduites ci-dessus ne sont pas toutes semblables mais, dans chacune des rangées, les différences ne sont pas significatives, car on reconnaît facilement la série des *A*, celle des *B* et celle des *E*. Les différences deviennent pertinentes lorsqu'elles correspondent à un changement de lettre. Ainsi, les différences entre *A* et *H*, entre *B* et *R* et entre *E* et *F* sont distinctives car les différences sont suffisantes pour que ces lettres ne soient pas considérées comme une seule et même lettre. Ce sont ces différences significatives que l'on nomme *traits distinctifs* et qui permettent de distinguer les lettres les unes des autres.

A) Traits distinctifs des majuscules

Certains chercheurs se sont penchés sur la description des traits distinctifs des lettres (Gibson, 1975; Haber et Cole, 1981). Nous présenterons ici la classification de Gibson élaborée à partir 1) des recherches en perception, 2) des erreurs commises par des enfants de 5 ans dans la discrimination des lettres, 3) du temps de réaction des adultes dans un exercice de comparaison de lettres. La figure suivante présente les cinq composantes identifiées par Gibson dans les lettres majuscules (droite, courbe, intersection, redondance, discontinuité) ainsi que la définition de chacun des traits distinctifs reliés à ces composantes.

A) **Droite**
1. Horizontale : ligne droite horizontale
2. Verticale : ligne droite verticale
3. Diagonale : diagonale dont le pied est situé à gauche (/)
4. Diagonale : diagonale dont le pied est situé à droite(\)

B) **Courbe**
1. Fermée : courbe sans ouverture
2. Ouverte V : ouverture située sur le plan vertical (ex : ∩)
3. Ouverte H : ouverture située sur le plan horizontal (ex : ⊃)

C) **Intersection**
Deux lignes qui se coupent quelle que soit l'orientation
(ex : ⊣ ⊢ ⊤ ⊥ ⅄)

D) **Redondance**
1. Changement cyclique : modèle qui se répète.
2. Symétrie : si l'on place un miroir à double face sur le milieu de la lettre, on voit la lettre en entier sur chaque côté du miroir.
(ex. : ∧ symétrique)
(ex. : ∨\ non symétrique)

E) **Discontinuité**
1. Verticale : si l'on regarde une lettre de **haut en bas**, l'œil s'arrête parce que la ligne verticale (ou oblique) se termine.
(ex. : ∧ discontinuité)
(ex. : ⌡ continuité)
2. horizontale : si l'on regarde la lettre de **gauche à droite**, l'œil suit une ligne qui s'arrête.
(ex. : ⊢ discontinuité)
(ex. : ϟ continuité)

Figure 26 : Définitions des traits distinctifs
Traduit de Gibson, E.J., Levin, H., *The psychology of reading.* Cambridge, MA, M.I.T. Press, 1975.

Gibson a appliqué la définition des traits distinctifs à chacune des majuscules de façon à produire un tableau de comparaison (Figure 27). Par exemple, les lettres « *A* » et « *D* » ne partagent qu'un seul trait, soit la symétrie, alors que les lettres « *A* » et « *K* » ont cinq traits communs, soit la droite diagonale dont le pied est situé à gauche, la droite diagonale dont le pied est situé à droite, l'intersection, la symétrie et la discontinuité verticale. Ainsi, l'enfant risque de confondre plus souvent les lettres « *A* » et « *K* »k que les lettres « *A* » et « *D* » car l'analyse des traits distinctifs est plus complexe dans le premier cas.

Traits distinctifs	**A**	**E**	**F**	**H**	**I**	**L**	**T**	**K**	**M**	**N**	**V**	**W**	**X**	**Y**	**Z**	**B**	**C**	**D**	**G**	**J**	**O**	**P**	**R**	**Q**	**S**	**U**
Droites : horizontale	+	+	+	+		+	+								+				+							
verticale		+	+	+	+	+	+	+	+	+				+		+		+				+	+			
diagonale /	+							+	+		+	+	+	+	+											
diagonale \	+							+	+	+	+	+	+	+												
Courbes : fermée																+		+			+	+	+	+		
ouverte V																				+						+
ouverte H																	+		+	+					+	
Intersection	+	+	+	+			+	+					+			+						+	+	+		
Redondance changement cyclique	+	+							+			+				+								+		
Symétrie	+	+		+	+		+	+	+		+	+	+	+		+	+	+			+					+
Discontinuités verticale	+		+	+	+		+	+	+	+				+								+	+			
horizontale		+	+			+	+								+											

Figure 27 : Tableau des traits distinctifs des lettres majuscules.
Traduit de : GIBSON, E.J., LEVIN, H., *The Psychology of Reading*, Cambridge, MA : M.I.T. Press, 1975.

Pour faciliter la lecture du tableau de Gibson, Thorson (1976) a rassemblé toutes les données sous forme de matrice. Un rapide coup d'œil sur cette dernière permet de savoir combien de traits distinctifs sont partagés par chacune des paires de lettres. Ainsi, à l'intersection des lettres *K* et *M*, on peut voir le chiffre *5*, ce qui indique que ces deux lettres ont cinq traits en commun.

	A	B	C	D	E	F	G	H	I	J	K	L	M	N	O	P	Q	R	S	T	U	V	W	X	Y	Z
A		2	1	1	3	3	1	4	2	0	5	1	4	2	1	2	2	2	0	4	1	3	3	4	4	2
B	2		1	3	4	2	0	3	2	0	3	1	3	1	2	3	2	3	1	3	1	1	2	2	2	0
C	1	1		1	2	0	1	1	1	1	1	0	1	0	1	0	0	0	0	1	1	1	1	1	1	0
D	1	3	1		2	1	0	2	2	0	2	1	2	1	1	2	1	2	0	2	1	1	1	1	2	0
E	3	4	2	2		4	1	4	2	0	3	3	3	1	1	2	1	2	1	5	1	1	1	2	2	2
F	3	2	0	1	4		1	4	2	0	5	3	2	2	0	3	1	3	1	5	0	0	0	1	2	2
G	1	0	1	0	1	1		1	0	1	0	1	0	0	0	0	0	0	1	1	0	0	0	0	0	0
H	4	3	1	2	4	4	1		3	0	4	2	3	2	1	3	1	3	0	5	1	1	1	2	3	1
I	2	2	1	2	2	2	0	3		0	3	1	3	2	1	2	0	2	0	3	1	1	1	1	3	0
J	0	0	1	0	0	0	1	0	0		0	0	0	0	0	0	0	0	1	0	1	0	0	0	0	0
K	5	3	1	2	3	3	0	4	3	0		1	5	3	1	3	2	4	0	4	1	3	3	4	5	1
L	1	1	0	1	3	3	1	2	1	0	1		1	1	0	1	0	1	0	3	0	0	0	0	1	2
M	4	3	1	2	3	2	0	3	3	0	5	1		3	1	2	1	3	0	3	1	3	4	3	5	1
N	2	1	0	1	1	2	0	2	2	0	3	1	3		0	2	0	3	0	2	0	1	1	1	1	0
O	1	2	1	1	1	0	0	1	1	0	1	0	1	0		1	1	1	0	1	1	1	1	1	1	0
P	2	3	0	2	2	3	0	3	2	0	3	1	2	2	1		2	4	0	3	0	0	0	1	2	0
Q	2	2	0	1	1	1	0	1	0	0	2	0	1	0	1	2		3	0	1	0	1	1	2	1	0
R	2	3	0	2	2	3	0	3	2	0	4	1	3	3	1	4	3		0	3	0	1	1	2	3	0
S	0	1	0	0	1	0	1	0	0	1	0	0	0	0	0	0	0	0		0	0	0	1	0	0	1
T	4	3	1	2	5	5	1	5	3	0	4	3	3	2	1	3	1	3	0		1	1	1	2	3	2
U	1	1	1	1	1	0	0	1	1	1	1	0	1	0	1	0	0	0	0	1		1	1	1	1	0
V	3	1	1	1	1	0	0	1	1	0	3	0	3	1	1	0	1	1	0	1	1		3	3	3	1
W	3	2	1	1	1	0	0	1	1	0	3	0	4	1	1	0	1	1	1	1	1	3		3	3	1
X	4	2	1	1	2	1	0	2	1	0	4	0	3	1	1	1	2	2	0	2	1	3	3		3	1
Y	4	2	1	2	2	2	0	3	3	0	5	1	5	1	1	2	1	3	0	3	1	3	3	3		1
Z	2	0	0	0	2	2	0	1	0	0	1	2	1	0	0	0	0	0	1	2	0	1	1	1	1	

Figure 28 : Matrice des traits distinctifs des majuscules.
Tiré de : THORSON, G., An Alternative for Judging Confusability of Visual Letters : *Perceptual and Motor Skills*, 1976, 42, 116–118.

B) Traits distinctifs des minuscules

À partir d'une étude portant sur les erreurs faites par des enfants de la maternelle pour chaque paire de lettres minuscules, Popp (1964), a bâti une matrice qui rélève que les lettres le plus souvent confondues sont :

	a	b	c	d	e	f	g	h	i	j	k	l	m	n	o	p	q	r	s	t	u	v	w	x	y	z
a		1	2	0	3	3	3	3	0	1	0	0	0	0	1	3	1	0	2	2	3	3	1	2	1	0
b	1		3	9	1	2	1	3	2	2	1	0	3	0	2	6	7	1	0	1	1	1	0	1	0	3
c	2	3		0	5	1	1	2	2	4	1	0	0	0	2	0	1	2	2	1	1	1	2	3	0	0
d	0	9	0		2	2	1	5	0	1	0	3	2	1	3	7	4	1	3	0	3	2	4	3	0	2
e	3	1	5	2		3	1	2	2	0	2	1	1	2	1	1	2	2	4	3	4	1	3	2	0	2
f	3	2	1	2	3		2	1	2	3	1	1	3	2	0	1	4	3	3	3	1	2	2	2	1	1
g	3	1	1	1	1	2		2	2	1	3	1	1	0	3	4	3	1	0	0	0	1	1	2	1	1
h	3	3	2	5	2	1	2		3	3	4	2	2	5	1	0	4	0	1	1	6	1	0	1	5	0
i	0	2	2	0	2	2	2	3		3	2	6	3	2	2	2	2	3	1	1	1	3	0	3	3	2
j	1	2	4	1	0	3	1	3	3		5	3	1	1	0	3	1	1	1	2	0	1	0	1	1	2
k	0	1	1	0	2	1	3	4	2	5		0	2	3	1	1	1	3	0	3	4	1	2	3	6	1
l	0	0	0	3	1	1	1	2	6	3	0		3	1	0	0	2	3	0	2	1	1	1	1	3	1
m	0	3	0	2	1	3	1	2	3	1	2	3		2	3	0	3	2	2	1	2	4	0	1	0	0
n	0	0	0	1	2	2	0	5	2	1	3	1	2		2	3	2	0	1	2	5	1	1	1	1	1
o	1	2	2	3	1	0	3	1	2	0	1	0	3	2		1	2	2	1	1	3	2	1	2	1	1
p	3	6	0	7	1	1	4	0	2	3	1	0	0	3	1		10	1	1	1	4	2	2	1	0	3
q	1	7	1	4	2	4	3	4	2	1	1	2	3	2	2	10		0	2	0	3	3	1	1	0	4
r	0	1	2	1	2	3	1	0	3	1	3	3	2	0	2	1	0		2	3	1	4	2	1	4	2
s	2	0	2	3	4	3	0	1	1	1	0	0	2	1	1	1	2	2		1	2	2	1	1	1	3
t	2	1	1	0	3	3	0	1	1	2	3	2	1	2	1	1	0	3	1		6	3	0	4	4	2
u	3	1	1	3	4	1	0	6	1	0	4	1	2	5	3	4	3	1	2	6		4	2	1	3	4
v	3	1	1	2	1	2	1	1	3	1	1	1	4	1	2	2	3	4	2	3	4		1	3	4	1
w	1	0	2	4	3	2	1	0	0	0	2	1	0	1	1	2	1	2	1	0	2	1		2	1	1
x	2	1	3	3	2	2	2	1	3	1	3	1	1	1	2	1	1	1	1	4	1	3	2		1	2
y	1	0	0	0	0	1	1	5	3	1	6	3	0	1	1	0	0	4	1	4	3	4	1	1		2
z	0	3	0	2	2	1	1	0	2	2	1	1	0	1	1	3	4	2	3	2	4	1	1	2	2	

Figure 29 : Matrice des traits distinctifs des minuscules élaborée à partir du nombre de confusions rencontrées chez des sujets âgés de 5 ans.
Tiré de : POPP, H., Visual Discrimination of Alphabet Letters, *The Reading Teacher*, 1964, 1, 221–225.

b – d = 9	d – b = 9	e – c = 5	i – l = 6	u – n = 5
b – p = 6	d – p = 7	h – n = 5	j – k = 5	
b – q = 7	d – n = 5	h – y = 5	u – h = 6	

Une étude de ce genre confirme ce que nous rencontrons dans la pratique, les lettres dites « inversées » seraient plus faciles à confondre en raison du plus grand nombre de traits communs (Figure 29).

Même si l'analyse des traits distinctifs peut faciliter notre compréhension du mécanisme de discrimination des lettres chez le lecteur, il ne faudrait pas conclure qu'on doit enseigner formellement aux enfants les différents traits distinctifs des lettres. Comme adultes, nous n'avons en fait qu'une connaissance implicite des traits distinctifs, ce qui ne constitue pas un obstacle à la lecture.

De plus, il faudrait se rappeler que, la plupart du temps, les lettres se présentent dans un contexte, ce qui ajoute une autre variable au mécanisme de discrimination. La facilité avec laquelle nous pouvons identifier une lettre dépend du nombre de possibilités en présence. Lorsque les lettres apparaissent au hasard, la probabilité est de 1 sur 26. Dans un mot, par contre, le nombre de possibilités tombe à peu près à 1 sur 8.

Les causes d'inversion des lettres

Vous avez sans doute déjà tous rencontré un enfant qui reproduit un « b » de cette façon « d » ou encore qui ne voit pas qu'il y a une lettre différente des autres dans une série comme celle-ci **bbdbb** .

Quelles sont donc les causes de l'inversion des lettres ?

Lorsqu'un jeune enfant aborde pour la première fois les symboles écrits, il fait face à une tâche complexe. Il doit assimiler les caractéristiques propres aux lettres, caractéristiques qui sont souvent subtiles. Comme point de référence, l'enfant possède ses connaissances sur le monde concret ; bien qu'utiles, elles ne sont pas suffisantes. En effet, un jeune enfant distingue assez facilement les lettres courbes car, dans son milieu, les objets ronds ne ressemblent pas aux objets droits. Ainsi, on rencontrera fort peu d'enfants qui confondent les lettres I et O.

De manière analogue, rares sont les confusions portant sur les lettres fermées et les lettres ouvertes car les objets qui possèdent une ouverture se distinguent aisément de ceux qui n'en possèdent pas. C'est pourquoi les confusions entre les lettres *C* et *O*, par exemple, sont peu fréquentes.

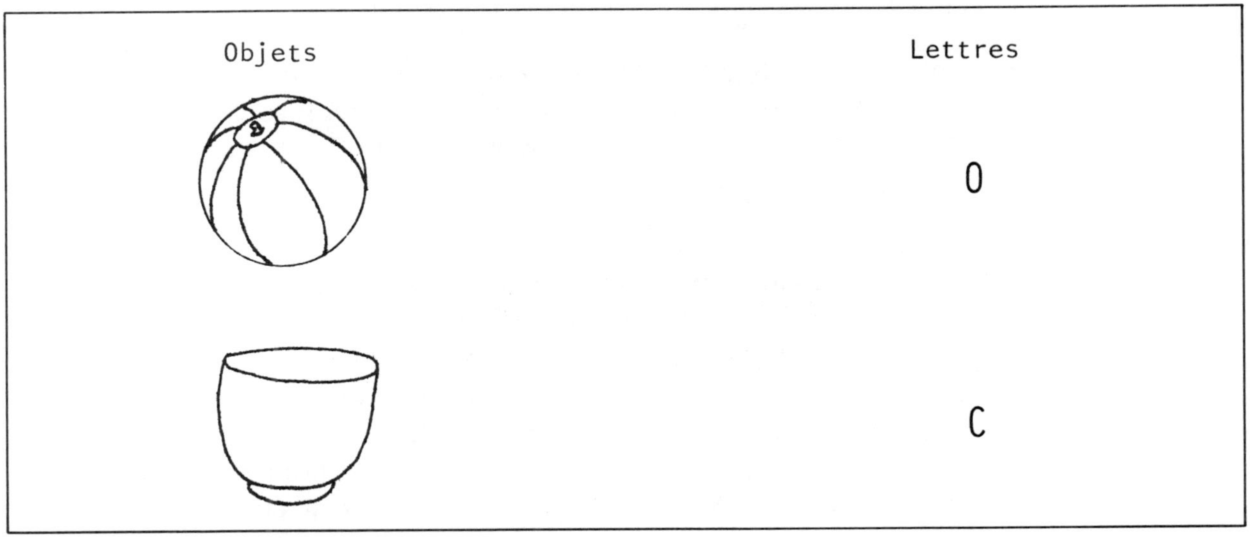

Toutefois, l'enfant va tendre à confondre les lettres qui ne se différencient que par l'orientation car, dans le monde concret, une chaise retournée demeure toujours une chaise, alors qu'un b inversé devient un d.

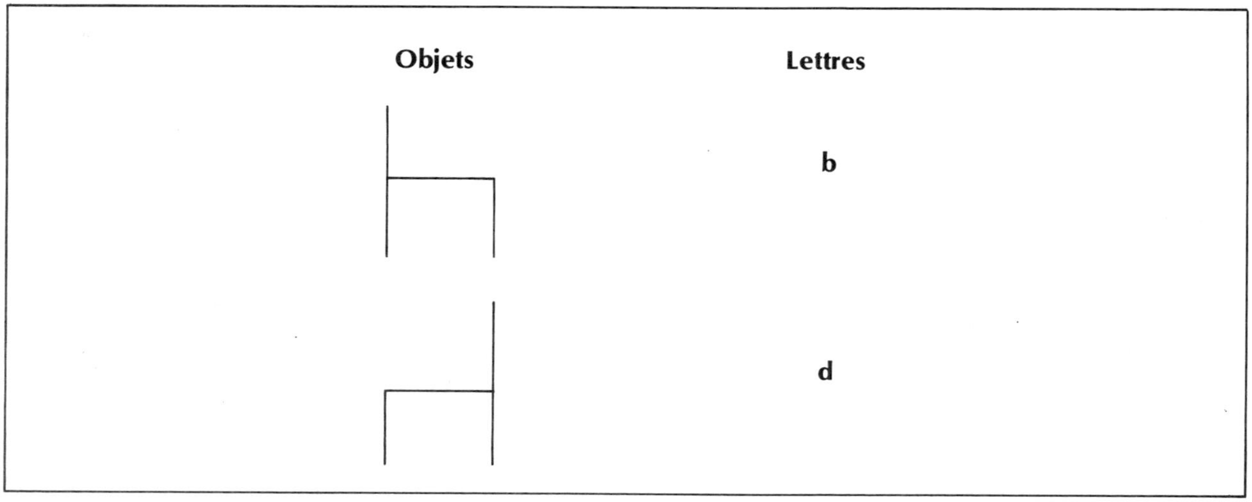

Ainsi, l'enfant confondra les lettres inversées tant qu'on n'aura pas, d'une façon ou d'une autre, attiré son attention sur l'importance de l'orientation dans les symboles écrits.

Il n'y a donc pas lieu de s'inquiéter si l'on rencontre certaines inversions chez le lecteur débutant. Ces dernières sont la manifestation d'un processus normal d'apprentissage plutôt que d'un problème de lecture.

L'ACQUISITION DU NOM DES LETTRES

Nous aborderons maintenant le deuxième aspect de la discrimination des lettres, soit la capacité de donner des réponses verbales différentes pour chacune des lettres. En fait, lorsqu'un enfant confond le nom du *b* et du *d*, il est peu probable qu'il confonde visuellement ces lettres. L'erreur n'est pas d'origine visuelle mais porte seulement sur l'appellation. Nous parlerons donc d'abord du rôle de la connaissance de l'alphabet dans l'acquisition de la lecture puis nous préciserons quelques principes d'apprentissage en cause dans cette tâche complexe.

LE RÔLE DE LA CONNAISSANCE DES LETTRES DANS L'APPRENTISSAGE DE LA LECTURE

L'apprentissage de l'alphabet est reconnu par tous comme étant indispensable. Le nom des lettres est un outil de communication d'usage quotidien (ex. : lorsqu'on veut écrire un nom étranger). Cependant, tous ne s'entendent pas quant au moment où cet apprentissage doit être fait. Le problème se pose de la façon suivante : l'apprentissage de l'alphabet doit-il obligatoirement précéder celui de la lecture ou bien peut-il se faire en même temps ?

Historiquement, on a commencé à s'intéresser au rôle de la connaissance des lettres dans la lecture lorsque des études sur les corrélations ont montré que la connaissance des lettres avant l'entrée à l'école permettait de prédire le rendement scolaire en première année (Wilson et Flemmings, 1940 ; Olson, 1958 ; Gavel, 1958 ; Bond et Dykystra, 1967 ; Durrell et Murphy, 1978). Richek (1978) ajoute même que cette hypothèse se vérifie infailliblement, quelle que soit la méthode utilisée en première année.

Effectivement, on a mesuré la connaissance des lettres chez les enfants avant leur rentrée à l'école et l'on a ensuite mesuré leur rendement à la fin de la première année. On a trouvé que ceux qui connaissaient les lettres avant leur entrée à l'école réussissaient mieux en lecture à la fin de la première année. Mais est-ce à dire que la connaissance des lettres explique à elle seule le meilleur rendement en lecture ? On ne peut l'affirmer car il existe peut-être des facteurs associés ; il se pourrait, par exemple, que les enfants qui connaissent les lettres avant l'entrée à l'école proviennent tous d'un milieu socio-économique favorisé et qu'ils aient fait de nombreux apprentissages dans différents domaines, etc. (Samuels, 1972 ; Venezky, 1975).

Il serait peut-être utile de préciser maintenant la distinction entre les études sur les corrélations et les études sur les rapports de cause à effet. Une étude sur les corrélations consiste essentiellement à mesurer deux ou plusieurs variables chez un même groupe de sujets et à calculer s'il existe des relations entre les variables, c'est-à-dire si une variable X varie en même temps qu'une variable Y. Par exemple, on peut mesurer la taille en cm de tous les élèves d'une école, de la 1re à la 6e année, ainsi que le rendement en lecture de ces élèves. À l'analyse des résultats, on verra qu'il y a une corrélation très forte entre la taille et le rendement en lecture. Plus les enfants sont grands, plus leur rendement en lecture est élevé. En effet, les élèves de 6e année sont normalement plus grands que ceux de 1re année et ont acquis un savoir-lire supérieur à celui des débutants. Évidemment, il n'existe pas de relation de cause à effet entre ces deux variables : on ne peut pas faire grandir les enfants pour améliorer leur rendement en lecture.

Cet exemple, qui est évidemment poussé à l'extrême, montre qu'il faut être très prudent dans l'interprétation des corrélations. On peut être ainsi tenté de dire que la connaissance des lettres entraîne un meilleur rendement en lecture mais, pour arriver à une telle conclusion, il faudrait pouvoir s'appuyer sur des études relatives aux rapports de cause à effet. Dans ce type d'étude, on évalue l'effet d'une variable X sur une variable Y en prenant toutes les précautions nécessaires pour que le changement dans la variable Y ne soit pas dû à des facteurs associés. Jusqu'à présent, très peu de recherches ont porté sur la relation cause à effet entre la connaissance des lettres et le rendement en lecture (Jenkins et Bausell, 1972; Samuels, 1972; Chisholm, 1975). Les résultats de ces recherches sont malheureusement contradictoires.

En résumé, on ne peut affirmer avec certitude que la connaissance des lettres facilite l'apprentissage de la lecture mais il n'y a pas lieu de douter qu'un enfant qui arrive à l'école en connaissant les lettres a de grandes chances de réussir son apprentissage de la lecture. Il est fort probable que la connaissance des lettres manifeste le degré de conscience de l'écrit de l'enfant. Dès lors, la connaissance des lettres ne permettrait pas à elle seule de prédire le rendement scolaire, mais elle ferait partie d'un ensemble de connaissances favorisant l'apprentissage de la lecture.

Les données expérimentales sur l'acquisition de l'alphabet

Vous êtes-vous déjà demandé combien il faut d'essais, en moyenne, à un enfant pour apprendre le nom des lettres ? Imaginez que vous travaillez avec un enfant qui n'a pas encore appris à lire et que vous lui enseignez l'alphabet. Quelle sera selon vous la courbe d'apprentissage ? Indiquera-t-elle que le nombre d'essais augmente sans cesse en raison du nombre croissant de lettres à discriminer ? Ou bien, montera-t-elle jusqu'à un plateau pour y plafonner ?

En fait, cette courbe d'apprentissage a été établie en laboratoire, aux États-Unis d'abord (Staats et al., 1970), puis elle a été reprise au Québec (Thériault-Pitre, 1978) et livre des résultats identiques. Le graphique ci-dessous illustre le nombre moyen d'essais requis par des enfants de 4 ans, fréquentant la maternelle, pour apprendre chacune des lettres de l'alphabet ; on y voit clairement que l'apprentissage atteint son point de difficulté maximale à la cinquième lettre (figure 30). La première lettre demande relativement peu de temps car elle n'a pas à être distinguée des autres. La deuxième prend un peu plus de temps parce qu'elle doit être distinguée de la première, et ainsi de suite jusqu'à la cinquième ; alors se produit un phénomène d'accélération brusque et les essais sont de moins en moins nombreux.

Le deuxième graphique (figure 31) présente les mêmes données mais regroupées par blocs de 5 lettres. On voit bien sur cette figure que le nombre des essais diminue graduellement si bien qu'il faut quatre fois moins de temps pour apprendre les dernières lettres que pour apprendre les premières.

Il convient de retenir de ces graphiques que l'enfant doit mettre beaucoup de temps et d'efforts au début de tout apprentissage cognitif. Il faut éviter de rendre la tâche pénible à l'enfant en exigeant trop au début de l'apprentissage. On oublie souvent que l'enfant peut développer très tôt un sentiment négatif envers la lecture s'il est placé devant une tâche trop difficile pour lui.

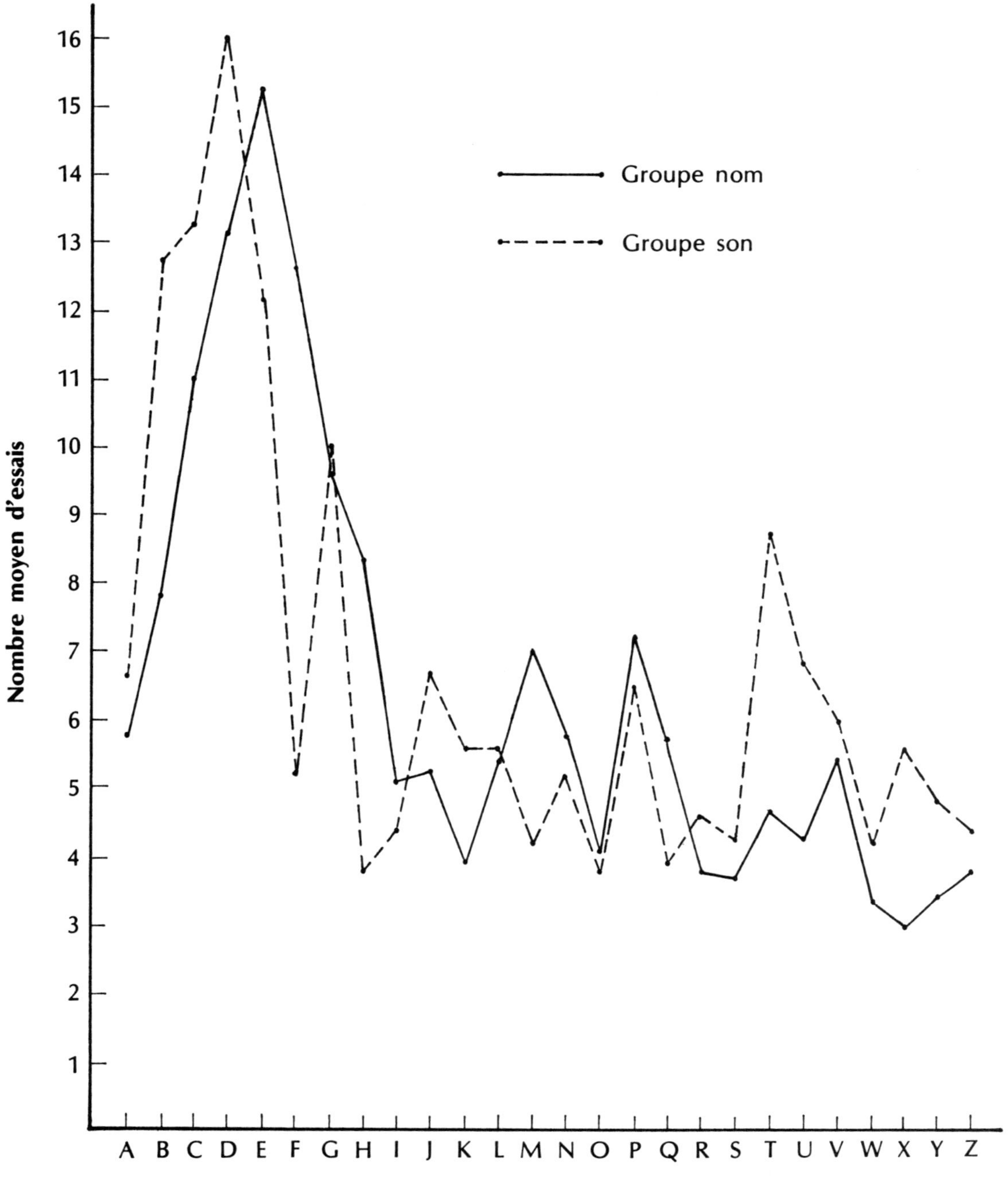

Figure 30 : Nombre moyen d'essais requis par les sujets pour apprendre l'alphabet.
Extrait de THÉRIAULT – PITRE, J., « Étude comparative du phénomène d'accélération dans l'apprentissage du nom et du son des lettres de l'alphabet chez des enfants de quatre ans ». Thèse de doctorat, Laval 1978.

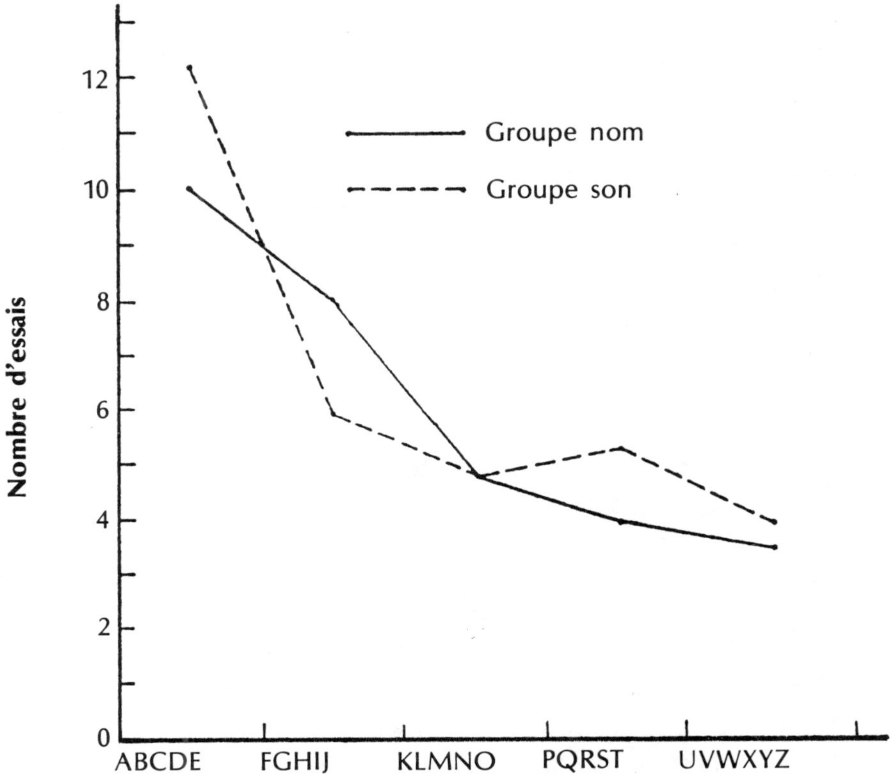

Figure 31 : Nombre moyen d'essais requis pour acquérir des blocs de 5 lettres. Extrait de THÉRIAULT-PITRE, J. et A. LÉDUC « Le phénomène d'accélération dans l'apprentissage du nom et du son des lettres de l'alphabet ». *Apprentissage et Socialisation*, 1979, 2 (3).

Faut-il enseigner le nom ou le son de la lettre ?

Pour répondre à cette question, il faut d'abord distinguer deux utilisations fort différentes de l'alphabet : 1) l'alphabet comme outil de communication et 2) l'alphabet comme stratégie de décodage. En ce qui regarde la première utilisation, il est évident que le nom de la lettre doit être préféré au son.

En effet, dès que l'enfant s'intéresse à l'écrit, il commence à vouloir écrire lui-même et il demande fréquemment à l'adulte de lui dire comment s'écrit tel mot. Le nom de la lettre devient alors un outil indispensable pour l'enfant. Il en est de même lorsque l'adulte veut attirer l'attention de l'enfant sur la séquence des lettres à l'intérieur d'un mot. L'utilisation du son des lettres est en ce cas tout à fait inutile. En effet, comment pourrait-on enseigner à un enfant l'orthographe du mot *maison* si on l'épelle *m è z on* ? La connaissance du nom des lettres est donc pour l'enfant un apprentissage nécessaire qui lui servira toute sa vie. En règle générale, on devrait donner le nom de la lettre à l'enfant d'âge préscolaire qui s'informe sur l'écrit. Au début de la première année, il serait approprié de compléter cet apprentissage assez rapidement pour que tous les enfants puissent posséder cet outil de communication qui leur permettra de parler de l'écrit. Il ne s'agit pas, à proprement parler, d'une stratégie d'enseignement de la lecture mais plutôt d'une connaissance utile pour parler de la lecture.

D'un autre côté, on peut vouloir enseigner l'alphabet aux enfants dans le but de leur faire acquérir des stratégies de décodage. Il s'agit ici d'une utilisation tout à fait différente de celle présentée plus haut et cette fois-ci elle est directement reliée à l'apprentissage de la lecture. Dans cette optique, l'enseignement du son de la lettre se justifie. Rappelons que les tenants des méthodes phonétiques soutiennent qu'il est préférable d'indiquer le son plutôt que le nom de la lettre, alléguant qu'il est plus facile pour l'enfant de fusionner le son d'une consonne avec une voyelle que le nom de cette consonne avec la voyelle pour lire une syllabe.

Mais nous touchons ici à un tout autre sujet dont il sera question dans le chapitre sur les stratégies d'enseignement de la lecture. Disons quand même tout de suite qu'il n'est pas indispensable que l'enfant apprenne le son des lettres, même lorsque l'on parle de stratégies de décodage.

L'ENSEIGNEMENT DE L'ALPHABET

On peut établir une certaine progression dans les tâches regroupées sous le terme *discrimination des lettres*. Cependant, il faut se rappeler que deux tâches peuvent être combinées : un enfant peut apprendre à nommer les lettres en même temps qu'il apprend à les discriminer visuellement.

Voici une liste d'habiletés reliées à l'acquisition des lettres.

1. Reconnaître visuellement que deux lettres sont semblables ou non.
   Exemple : trouver la lettre différente des autres dans la séquence **b d b b .**
2. Discriminer auditivement le nom des lettres. Plusieurs lettres comme d et t, m et n ont des noms qui se ressemblent.
3. Nommer les lettres individuellement :
   a) indiquer, parmi un ensemble, la lettre nommée ;
   b) nommer la lettre indiquée.
4. Associer les lettres majuscules et minuscules.
5. Réciter la chaîne alphabétique.
6. Écrire les lettres
   a) avec un modèle ;
   b) sans modèle.

Quelques stratégies

1. Commencer par enseigner le nom des lettres qui sont les plus significatives pour les enfants, comme les lettres de leur nom, de votre propre nom, des mots familiers comme **papa** et **maman**. Écrivez au tableau un mot comme **Martin** et dites aux enfants que chaque lettre dans ce mot a un nom. Écrivez la première lettre du mot, le **M**, sous le mot **Martin** et dites le nom de la lettre. Faites répéter le nom de la lettre par les enfants et faites-le-leur écrire de différentes façons.

2. Expliquez aux enfants que chaque lettre a une forme majuscule et une forme minuscule. Montrez aux enfants les cartes de l'alphabet qui illustrent les deux formes. Faites-leur réaliser que, parfois, la majuscule est identique à la minuscule, mais un peu plus grosse, et que, parfois la forme est tout à fait différente. Distribuez des revues aux enfants et faites-leur découper des lettres majuscules.

Il est important de faire associer très tôt les formes majuscules des lettres avec les minuscules. Même avec les plus jeunes, employez alors la terminologie **majuscule** et **minuscule** et non pas **petite lettre** et **grande lettre**. Cette bonne habitude permettra d'éviter les confusions qui se produisent inévitablement lorsque l'enfant rencontre une majuscule écrite en petits caractères et une minuscule écrite en gros caractères.

3. L'apprentissage de la chaîne alphabétique peut se faire aisément en première année tandis que son utilisation se fera graduellement de la deuxième à la sixième année. Certaines études tendent à prouver que l'enseignement de la chaîne alphabétique favorise l'apprentissage du nom des lettres (Staats, 1968). Si, au début de l'apprentissage, la chaîne est mémorisée au complet, l'accent est ensuite mis sur des segments de chaîne (ex. : 1, m, n) pour en faciliter l'utilisation. Ainsi, l'enfant n'a pas à reprendre la chaîne au complet pour retrouver un mot qui commence par une des dernières lettres de l'alphabet.

Une des meilleures façons de faire saisir aux enfants l'utilité de la chaîne alphabétique est d'utiliser la banque de mots. Chaque enfant étale ses cartes sur son bureau et le professeur demande de trouver la carte portant tel mot. L'enfant réalise alors qu'un système de classement lui serait fort utile pour retrouver rapidement la carte qu'il désire.

4. Quant à l'évaluation de la discrimination des lettres, son but est de voir si l'enfant confond chacune des lettres avec les 25 autres de l'alphabet. Il serait très fastidieux d'effectuer cette comparaison au complet. On gagne du temps en comparant une lettre avec celles qui lui ressemblent le plus car le risque de confusion est alors plus élevé. Par exemple, on peut demander à un enfant de retrouver, dans une séquence, la lettre **p**.

p i p m o

Le fait que l'enfant retrouve **p** parmi les lettres proposées ne signifie pas que ce dernier discrimine parfaitement le **p**. En effet, les lettres proposées sont très différentes du **p**. Il aurait été préférable de comparer le **p** aux lettres suivantes :

p d p q b

Les matrices des traits distinctifs présentées au début du chapitre sont fort utiles pour construire un instrument d'évaluation économique et efficace.

Des activités concrètes

A) La discrimination visuelle

Le Kangourou

Dessinez un grand kangourou sur un carton. Brochez plusieurs petites pochettes sur le ventre du kangourou. Écrivez une lettre différente sur chacune des pochettes. Écrivez ces mêmes lettres sur de petits cartons. Les enfants peuvent ensuite s'amuser à placer les lettres dans la bonne pochette.

Le domino

Le principe du jeu de domino peut s'adapter aux lettres.

La machine à écrire

Une machine à écrire peut être très utile pour l'apprentissage de la discrimination visuelle des lettres car l'enfant voit apparaître les lettres à mesure qu'il appuie sur les touches. Un enfant peut également préparer une feuille d'exercice en appuyant plusieurs fois sur la même touche mais en introduisant une lettre différente à l'intérieur de la série. Il donne ensuite la feuille à un autre enfant qui essaie de trouver la lettre qui est différente.

Concentration

Écrivez des lettres sur des morceaux de carton de 5 cm × 7 cm. Soulignez certaines lettres, comme b q m u n, afin d'éviter toute confusion. Assurez-vous qu'il y a deux cartons pour chacune des lettres que vous voulez utiliser. Donner le paquet de cartes à un groupe d'enfants de 2 à 4 joueurs. Les enfants étalent les cartes sur une table ou par terre, face tournée vers le sol. À tour de rôle, les enfants se tournent deux cartes. Si les lettres qui figurent sur les cartes sont semblables, l'enfant garde les cartes et continue de jouer. Si les cartes sont différentes, il les replace et un autre joueur le remplace. Le gagnant est celui qui accumule le plus de cartes.

B) Apprentissage du nom des lettres

Le jeu des initiales

Laissez l'enfant utiliser ses initiales pendant quelques jours au lieu de son nom. Il porte un macaron avec ses propres initiales et ne doit pas répondre à son nom, seulement à ses initiales.

Par exemple, Éric ne dit pas *Bonjour Sophie* mais plutôt *Bonjour S.D., Bonjour E.L.,* doit-elle répondre.

« Efface une lettre »

Dessinez au tableau le contour d'un animal ou d'un personnage à l'intérieur duquel vous écrivez les lettres de l'alphabet. Envoyez un enfant au tableau et dites-lui *Trouve un B, Trouve un O,* etc. L'enfant efface les lettres à mesure qu'il les trouve. Si l'enfant se trompe, il retourne à sa place. Réécrivez les lettres effacées pour le prochain joueur. Le gagnant est celui qui efface le plus de lettres.

La même activité peut être faite en enlevant l'aspect compétitif.

Bingo de l'alphabet

Divisez une feuille ou un carton en 9 cases.
Tracez une majuscule ou une minuscule dans chaque case.
Jouez comme au bingo traditionnel.

- Nommez une lettre à la fois.

- L'enfant recouvre chaque lettre avec un jeton ou un petit objet quelconque.
- L'enfant gagne lorsqu'une rangée horizontale, verticale ou en diagonale est couverte par des jetons.

Lorsque l'enfant aura appris plusieurs lettres, préparez d'autres cartes avec un nombre plus grand de cases, de 16 à 25 cases.

«Traverse la rivière»

Tracez une ligne verticale au tableau et dessinez un alligator. D'un côté, écrivez les lettres de l'alphabet dans un ordre aléatoire. Lorsqu'un enfant nomme correctement une lettre, vous faites *traverser la rivière* à la lettre en l'effaçant et en l'inscrivant de l'autre côté de la ligne. Si la lettre tombe à l'eau, l'alligator la mange.

À propos de la confusion entre «**b**» et «**d**»

Pour faciliter la discrimination des lettres **b** et **d** ajoutez au **b** un signe diacritique (b̀) qui fera ressembler le **b** minuscule au **B** majuscule qu'on ne confond jamais avec d'autres lettres. Ce signe peut être effacé graduellement.

La compétence dont il a été question dans ce chapitre, la discrimination des lettres de l'alphabet, n'est pas regardée comme la première qu'il faut enseigner aux enfants mais plutôt comme une connaissance qui peut être fort utile à l'enfant qui veut parler de l'écrit (par exemple, demander comment s'écrit un mot) et qui est, en fait, révélatrice de son degré de conscience de l'écrit.

Jusqu'à ces dernières années, le milieu scolaire avait tendance à conseiller fortement aux parents de ne pas enseigner l'alphabet aux enfants d'âge préscolaire. Curieusement, il n'y a jamais eu à notre connaissance de recommandation semblable pour les nombres. Dans l'état actuel des connaissances, on ne se trompe pas en affirmant qu'il ne faut pas hésiter à laisser les enfants entrer en contact avec les symboles écrits dès qu'ils en manifestent le désir et à leur donner le nom des lettres lorsqu'ils posent des questions sur une lettre ou l'autre.

Chapitre VI
Stratégies de lecture

Dans ce chapitre, vous étudierez les indices dont le lecteur débutant dispose pour émettre des hypothèses sur les mots qu'il rencontre dans ses lectures. Vous verrez comment on amène les apprentis-lecteurs à utiliser le contexte syntaxique et sémantique de la phrase, comment on favorise la consolidation ou l'acquisition d'un vocabulaire visuel fonctionnel et, finalement, comment on peut familiariser les enfants avec l'analyse de la structure du mot.

Ces différentes stratégies seront présentées dans une perspective hiérarchique de façon à mettre l'accent sur les stratégies les plus utilisées par le lecteur habile.

LES DIFFÉRENTES STRATÉGIES D'IDENTIFICATION DES MOTS

Ce chapitre, composé de trois parties, a pour but de présenter les stratégies que le lecteur débutant utilise afin d'identifier les mots rencontrés dans les textes. De façon générale, le lecteur peut reconnaître globalement un mot s'il le connaît déjà ; en revanche, s'il s'agit d'un mot nouveau, il peut l'identifier en l'analysant ou en se servant du sens de la phrase. Même si la division tripartite du chapitre peut laisser entendre que ces stratégies réfèrent à des compétences isolées, il faut préciser que chez le lecteur, même débutant, les stratégies devraient être complémentaires. Une seule stratégie, même si elle est appropriée, ne peut résoudre tous les problèmes que rencontre le lecteur dans sa quête de signification à l'intérieur des textes écrits. Cependant, si le lecteur doit combiner les stratégies, il reste que certaines d'entre elles prévaudront sur les autres, c'est-à-dire qu'il importera de respecter une certaine hiérarchie dans la façon de combiner les stratégies.

Dans quel ordre doit-on enseigner ces stratégies ? Quelle séquence devrait-on proposer aux enfants ? La réponse à ces questions a suivi de très près la définition que l'on a donnée au langage à différentes époques. Comme on l'a vu dans le chapitre consacré aux fonctions de la lecture, les études en linguistique, jusque vers 1960, portaient essentiellement sur l'aspect formel de la langue. Par aspect formel, on entend les éléments linguistiques que l'on appelle la phonologie, la morphologie et la syntaxe. Dans ses travaux, Richer (1967) définit ces termes comme suit : la phonologie est une discipline qui tient compte des sons et des rôles qu'ils remplissent à l'intérieur du système linguistique ; la morphologie s'intéresse au regroupement des sons en vue d'organiser un ensemble indivisible porteur de sens ; l'identification, la classification des éléments indiquant les rôles que jouent les unités linguistiques est le propre de la syntaxe. La phonologie, la morphologie et la syntaxe sont donc des disciplines se rapportant à la structure, à la forme du langage.

Phonologie	Morphologie	Syntaxe
Étude des sons du langage.	Étude de la structure des mots	Étude des règles de la langue.

Figure 32 : Les trois composantes de l'aspect formel d'une langue.

Traditionnellement, cette analyse du langage a été le fondement de l'organisation de plusieurs programmes de lecture (figure 33). Cette façon de procéder est probablement le chemin le plus difficile pour l'enfant, car l'enseignement débute par l'étude des phonèmes, des mots, de la syntaxe pour en arriver à la compréhension, au sens.

Phonologie	→	Morphologie	→	Syntaxe	→	Sémantique
• Lettres • Sons		Syllabes		Lecture de phrases pré-choisies.		Le maître essaie de faire ressortir le sens.

Figure 33 : Séquence des stratégies de lecture dans une approche axée sur l'aspect formel de la langue.

Dans les années 60, les recherches en linguistique ont délaissé la forme pour s'intéresser au contenu du langage. Par contenu du langage, on se réfère à la sémantique, discipline qui s'intéresse aux rapports de signification (Richer, 1967). C'est l'étude du sens des mots, de leurs relations entre eux ainsi que la compréhension du message lorsqu'il passe de l'émetteur au récepteur. Cette insistance sur le contenu du langage met en évidence l'importance de la compréhension et resitue les indices en lecture dans une tout autre perspective (Durkin, 1976 ; Zintz, 1975).

Le sens devient donc le cœur de la leçon de lecture. Les relations graphèmes/phonèmes cèdent le pas à la compréhension. Les indices sont alors utilisés dans le sens inverse, c'est-à-dire du sens vers la syntaxe, pour conduire à la relation lettre-son. Burke (1972) présente les indices comme intégrés dans une structure circulaire qui implique que, selon les besoins, le lecteur pourrait faire appel plutôt à un indice qu'à un autre. Elle illustre cet enchaînement de la façon suivante.

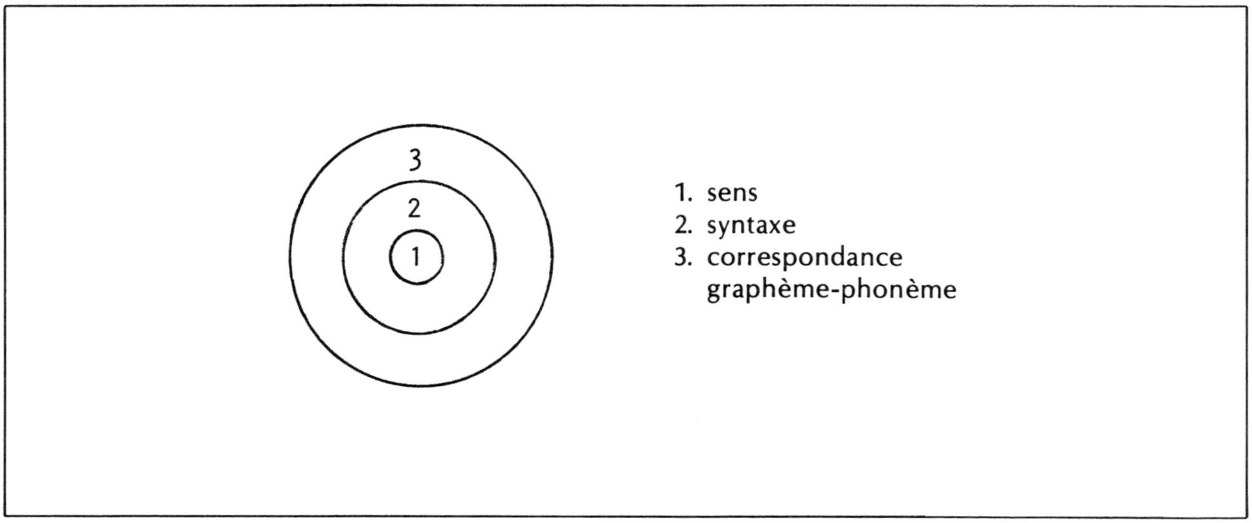

Figure 34 : Illustration de la séquence des stratégies de lecture dans une approche fondée sur la signification.

Si les recherches en sémantique ont mis l'accent sur la compréhension, l'analyse de la langue sera complétée, dans les années 70, par un intérêt pour un autre aspect du langage jusque-là négligé, l'aspect fonctionnel, qui réfère aux raisons qui motivent quelqu'un à utiliser le langage (Halliday, 1975). De plus, depuis quelques années, plusieurs auteurs ont tenté de faire une synthèse des recherches sur le langage en combinant les trois aspects de ce dernier : la forme, le contenu et l'usage (Bloom et Lahey, 1978).

Si l'on s'appuie sur cette conception du langage, il convient de privilégier d'abord une approche qui, dans l'enseignement de ces stratégies, aurait comme point de départ une situation fonctionnelle et, par la suite, un ordre d'utilisation des stratégies ancré dans la sémantique, pour s'orienter ensuite vers la syntaxe, la morphologie et la phonétique. Le schéma suivant permet de visualiser ce mode d'utilisation des stratégies de lecture. (Figure 35)

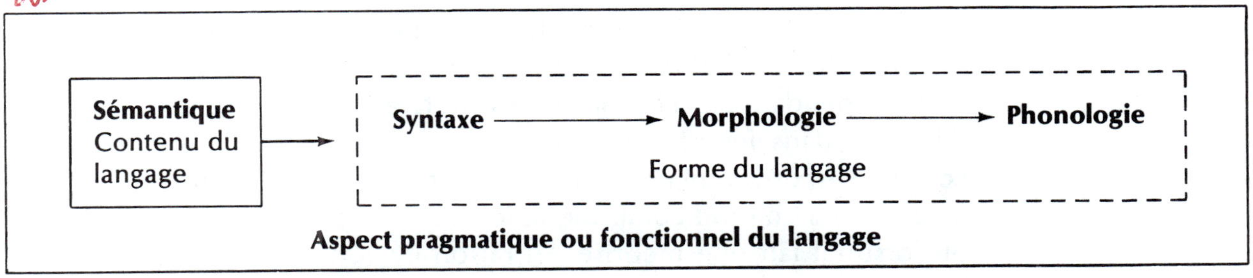

Figure 35 : Illustration de la séquence des indices dans une approche fonctionnelle.

Le présent chapitre regroupera les stratégies de lecture en trois catégories : 1) l'analyse du contexte, 2) le vocabulaire visuel et 3) l'analyse des éléments du mot.

LE CONTEXTE SYNTAXIQUE ET SÉMANTIQUE

On rencontre rarement des mots isolés dans l'environnement, sauf peut-être dans les manuels de lecture. La plupart du temps, le lecteur, lorsqu'il rencontre un mot difficile, dispose d'un certain contexte, comme une expression, une phrase, un paragraphe ou un texte et l'utilisation des différents indices fournis par ce contexte lui permet d'émettre des hypothèses. On peut distinguer deux types de contextes qui facilitent l'identification de mots : le contexte syntaxique et le contexte sémantique. Le contexte syntaxique provient des indices donnés par les terminaisons de mots, les mots-fonctions et l'ordre des mots. Le contexte sémantique renvoie au sens qui naît de la relation entre les mots. En fait, la syntaxe réfère à la grammaire et la sémantique au sens.

Primauté de l'utilisation du contexte comme stratégie

Le contexte joue un rôle prédominant tant chez le lecteur adulte que chez le lecteur débutant en ce qui touche la compréhension dans la lecture et la découverte de mots nouveaux. Le lecteur utilise ordinairement le contexte antérieur, c'est-à-dire la séquence qui précède dans la phrase, pour émettre des hypothèses et il utilise les mots qui suivent pour vérifier ces hypothèses (Weaver, 1980). Le contexte ne se limite cependant pas à la phrase : en effet, le lecteur puise une multitude d'indices dans les phrases précédentes ou suivantes. L'utilisation du contexte est devenue un automatisme chez le lecteur adulte si bien que celui-ci ne s'en rend compte que lorsqu'il rencontre un mot inhabituel ou lorsqu'il fait une méprise. En raison de son rôle important dans la lecture, le contexte doit l'emporter sur les autres types d'aide dans l'enseignement des stratégies. Mais il ne faudrait pas confondre **utiliser le contexte** et **deviner** les mots nouveaux. En effet, un enfant, qui, à l'aide du sens de la phrase ou du paragraphe, déduit le sens d'un mot, ne joue pas aux devinettes.

Définition des types de lecteurs en fonction de l'utilisation du contexte

Weaver (1980) propose une classification des lecteurs selon leur habileté à exploiter le contexte. Cette classification peut être une grille fort intéressante pour observer les stratégies du jeune lecteur.

1. Les lecteurs très efficaces utilisent le contexte syntaxique et sémantique qui précède afin de **prédire** ce qui vient ensuite dans le texte, c'est-à-dire afin de réduire le nombre de possibilités raisonnables. De plus, ils utilisent le contexte syntaxique et sémantique qui suit pour confirmer leur tentative d'interprétation d'un mot ou pour corriger cette interprétation.
2. Les lecteurs modérément efficaces utilisent le contexte syntaxique et sémantique qui précède afin de prédire ce qui vient ensuite, mais ils sont moins habiles dans l'exploitation du contexte qui suit pour corriger les interprétations incorrectes.
3. Les lecteurs assez peu habiles utilisent le contexte syntaxique qui précède afin de prédire ce qui doit suivre, mais ils ne réussissent pas à tirer profit du contexte sémantique qui précède pour prédire un mot qui convient au sens du texte. De tels lecteurs n'utilisent pas ou très peu le contexte qui suit pour confirmer ou corriger leur tentative d'interprétation d'un mot.

4. Les lecteurs inefficaces exploitent peu ou pas du tout le contexte qui précède, encore moins celui qui suit. Ils abordent les mots comme s'ils étaient tous présentés de façon isolée.

Si cette classification des lecteurs, qui repose sur l'habileté dans l'exploitation du contexte, peut servir à ranger un lecteur dans une catégorie, elle pourra également servir de guide dans la planification de stratégies d'enseignement.

Stratégies d'enseignement des indices syntaxiques

Rappelons que, pour communiquer du sens, la langue française repose avant tout sur l'ordre des mots dans la phrase. Il est facile de constater l'importance de la position des mots lorsqu'on compare des phrases comme « Jean nourrit le chat » et « Le chat nourrit Jean », ou encore « Pierre aime Marie », « Marie aime Pierre » et « Pierre Marie aime ». En modifiant l'ordre des mots, on peut changer le sens ou produire une suite de mots dépourvue de sens. C'est la syntaxe qui régit la façon dont les mots sont reliés les uns aux autres dans la phrase. Dans la lecture, la syntaxe offre un type d'indice indirect en ce sens qu'elle ne sert pas à identifier le mot, mais à réduire les possibilités de réponses. Ainsi, à partir de la structure de la phrase, le lecteur peut-il prédire à peu près n'importe quelle catégorie grammaticale.

Un enfant de six ans comprend et utilise 80 à 90% des structures de phrases qu'il rencontrera à l'âge adulte. Comme ils ont une bonne connaissance intuitive de la syntaxe quand ils commencent à apprendre à lire, il suffit que les enfants soient conscients de leur propre compétence pour pouvoir en tirer parti dans la lecture. Les activités n'auront donc pas pour but d'apprendre aux enfants comment utiliser les indices syntaxiques mais de leur faire prendre conscience de leur aptitude à le faire.

- Avec les apprentis-lecteurs, on peut utiliser des phrases à compléter du genre :
  Comme dessert, j'ai mangé une ____________.
  Les étoiles brillent pendant la ____________.
  La girafe a un grand ____________.

- Pour les lecteurs plus avancés, on peut créer des activités dont le but sera de mettre en valeur les connaissances des enfants sur les terminaisons de mots. Des exercices comme le suivant peuvent être amusants.

  Choisis le mot farfelu qui convient le mieux à la phrase.
  J'ai ____________ au ballon hier soir.
  (proulé, flis, arneux, choilir)
  Notre équipe a gagné la ____________.
  (monlir, rambée, jarnions, coumoirs)
  Les enfants apprécient les ____________.
  (nances, vusoir, biront)
- On peut aussi faire manipuler des mots ou des groupes de mots. Par exemple, on peut faire constituer des phrases à partir de mots ou groupes de mots donnés en vrac, ou encore faire déplacer les mots dans une phrase pour évaluer le sens ou le non-sens ainsi obtenu.

  Les activités centrées sur l'ordre des mots peuvent être très variées. Il peut s'agir de phrases tirées d'un manuel, mais également de phrases que l'enfant a lui-même dictées.

  Une fois que l'enfant a replacé les mots en ordre, on peut lui demander 1) de trouver des mots qui pourraient compléter sa phrase ; 2) de substituer des mots ou des groupes de mots ; 3) ou encore de réduire sa phrase en éliminant certaines parties ; 4) ou finalement de réaménager des parties de phrases sans changer le sens.

Phrase-type	Durant l'hiver, l'ours dort dans sa caverne.
Substituer	Durant l'hiver, l'ours dort dans sa cachette.
Réduire	L'ours dort dans sa caverne.
Réaménager	L'ours dort dans sa caverne durant l'hiver.
Ajouter	L'ours brun dort dans sa caverne durant l'hiver.

On peut également fournir plusieurs phrases à l'enfant et lui demander de les mettre en ordre de façon à créer un texte suivi.

Stratégies d'enseignement des indices sémantiques

Les connaissances que l'enfant possède sur le réel et qu'il utilise dans le langage oral lui servent à distinguer les phrases qui ont du sens de celles qui n'en ont pas. Ainsi, deux phrases peuvent être syntaxiquement correctes mais l'une d'elles peut être sémantiquement inacceptable. Prenons les phrases suivantes :

Les lapins mangent des carottes.
Les carottes mangent des lapins.
ou encore
L'éléphant écrase une coccinelle.
Une coccinelle écrase un éléphant.

Ces phrases sont acceptables sur le plan syntaxique mais seules deux d'entre elles le sont du point de vue sémantique. Un indice sémantique en lecture est donc un indice offert par le sens même de la phrase.

Goodman (1965) a démontré que des enfants de première année lisent plus facilement des mots figurant dans un contexte que des mots isolés. Pour ce faire, il a présenté à des enfants une liste de mots isolés extraits d'un texte, puis il leur a présenté le texte entier. Il a constaté qu'ils pouvaient lire, insérés dans un contexte, 62% des mots qu'ils n'avaient pas réussi à lire auparavant, lorsque ceux-ci avaient été présentés de façon isolée. La même expérience a été reprise en deuxième année et les enfants ont réussi à lire, présentés dans un contexte, 75% des mots qu'ils n'avaient pas réussi à lire durant la première étape de l'expérience.

L'enfant de six ans, et même plus jeune, utilise fort habilement le contexte dans le langage oral. Qui n'a pas observé un enfant de 4 ou 5 ans qui, écoutant la lecture à voix haute de son frère, élève en première année, arrive à émettre des hypothèses très justes sur le texte plus rapidement que le lecteur qui, lui, est souvent trop préoccupé par le décodage ? Toutes les stratégies d'enseignement de l'utilisation du contexte visent donc à faire réaliser au lecteur débutant que ses connaissances sur le monde, ses expériences, sont des sources importantes dans la compréhension de ce qu'il lit. Pour faciliter cet apprentissage, Durkin (1976) suggère de partir d'un contexte oral pour s'orienter graduellement vers un contexte écrit. On peut ainsi dégager quatre étapes dans cette séquence : 1) les activités centrées sur le contexte oral, 2) les activités intégrant le contexte oral et les indices grapho-phonétiques, 3) les activités centrées sur le contexte écrit et 4) les activités combinant le contexte écrit et les indices grapho-phonétiques.

A) Les activités centrées sur le contexte oral

Avec les apprentis-lecteurs, il est approprié de commencer avec un contexte uniquement oral. Il s'agit essentiellement de faire trouver aux enfants le mot qui manque dans une phrase. Par exemple :

Dans notre classe, il y a 12 filles et 14 ____________.

Au début, commencez avec des phrases courtes et de contenu facile. Choisissez des mots concrets dans la phrase et non pas des mots comme **après** ou **puis**. N'enlevez que les mots qui figurent vers la fin de la phrase. Puis, graduellement, rallongez les phrases et enlevez le mot à différents endroits. Pour indiquer qu'il manque un mot, vous pouvez lever la main. Par exemple :

Le vendredi matin, M. ____________ nous donne le cours de musique. (lever la main)

Vous pouvez également remplacer le mot-cible par un mot qui rend la phrase loufoque. Par exemple, « La vache fait coin coin. » Laissez les enfants trouver l'erreur. On peut aussi présenter un énoncé et demander de choisir le mot qui convient. Exemples :

Le serpent, le ver et la chenille... volent, rampent, marchent.

Un couteau, une fourchette et une cuillère... servent à coudre, à nager, à manger.

Un canot, un bateau et un radeau sont faits pour aller... dans les airs, sur l'eau, sur la terre.

Des comptines ou des petits poèmes peuvent servir à l'enseignement de cette stratégie d'analyse contextuelle. Les élèves peuvent trouver eux-mêmes les rimes qui manquent. En voici des exemples :

Un, deux, trois, soldat de ____________ ____________ (chocolat), quatre, cinq, six, le roi n'a pas de ____________ ( ), sept, huit, neuf, Madame ____________ ____________ ( ).

Une et une, la ____________ (lune), deux et deux, les ____________ (yeux), trois et trois, les ____________ ( ), quatre et quatre, la ____________ ( ), cinq et cinq, les ____________ ____________ ( ).

Un petit chien perdu,
à la cime d'un clocher,
criait tant qu'il pouvait :
une, c'est la ____________,
deux, c'est de la ____________,
trois, c'est de la ____________.

Un, deux, trois, j'irai dans le ____________ (bois), quatre, cinq, six, cueillir des ____________ ( ), sept, huit, neuf, dans un panier ____________ ( ), dix, onze, douze, elles seront toutes ____________ ( ).

Un, deux, trois, nous avons un ____________ (gros chat), quatre, cinq, six, il a de longues ____________ ( ), sept, huit, neuf, qui font ____________ ____________ ( ).

B) Les activités intégrant le contexte oral et les indices grapho-phonétiques

Il s'agit de poursuivre les activités décrites dans l'étape précédente, mais en ajoutant un indice : la première lettre du mot. Par exemple, vous dites aux enfants qu'il leur faudra trouver le mot qui manque dans une phrase donnée et que, pour les aider à le trouver, vous leur montrerez sur une carte la lettre par laquelle il commence. Vous donnez alors une phrase du type « Nous avons dans la classe deux souris blanches et un ________________ ». Vous présentez une carte avec un « l » qui est la première lettre du mot lapin.

De cette façon, l'attention de l'enfant est encore dirigée vers le contexte puisque la tâche n'est pas de reconnaître les mots visuellement. L'indice graphique qui est ajouté implique que l'enseignement des stratégies d'analyse des mots se fait de façon parallèle. On assiste ici, déjà, à une combinaison de stratégies.

Les jeux de devinettes se prêtent bien à l'apprentissage du contexte (**de cette étape**) car les réponses dépendent des indices contextuels fournis dans la question. Ils ont en plus l'avantage d'être toujours appréciées des enfants. Il est bon d'inviter les enfants à créer eux-mêmes des devinettes. Exemple de devinette :

> Je suis fait en bois.
> J'ai quatre pattes.
> Je commence par la lettre (montrez la lettre **T**).

C) Les activités centrées sur le contexte écrit

On présente une phrase écrite dont on a enlevé un mot. L'enfant choisit la réponse parmi une liste de possibilités. Par exemple :

Martin et Yan sont de bons ________________ (rochers, amis, cafés).
Les ________________ vivent dans l'eau (oiseaux, étoiles, poissons).
Le canard ________________ dans la mare (plonge, ronge, rampe).

À partir du moment où les enfants ont acquis une certaine connaissance de l'orthographe, ils peuvent remplir les espaces en plaçant un mot qui respecte le sens de la phrase. Par exemple :

Les enfants ________________ à l'école.

Ce genre d'exercice peut être appliqué à différentes catégories grammaticales. On choisit un texte en fonction du niveau des enfants et on enlève, par exemple, les noms, les verbes, les adjectifs ou les adverbes. Au deuxième cycle, cet exercice peut être fort utile pour clarifier le sens de certains mots de liaison (ex. : mais, cependant, etc.).

D) Les activités combinant le contexte écrit et les indices grapho-phonétiques

Ce type d'activités consiste à enlever un mot de la phrase et à n'inscrire que la première lettre ou la dernière ou une combinaison de deux lettres.

Ex. : Les enfants jouent dans la c_______________.
Il y a un oiseau sur la br_______________.
Veux-tu jouer avec n_____________s ?

Dans une autre activité, vous écrivez quelques phrases au tableau et cachez certains mots avec des cartons (les cartons peuvent être découpés selon différentes formes en rapport avec les thèmes exploités dans la classe). Par exemple, sous forme de jeu, faites imaginer aux enfants qu'un lutin est entré dans la classe et qu'il a caché des mots avec des citrouilles pour leur rappeler que l'Halloween arrive bientôt. Lisez les phrases avec les enfants et demandez-leur de faire des propositions pour les mots cachés. Montrez ensuite aux enfants que le coin gauche des cartons est déchiré et qu'on peut l'enlever et voir la première lettre : le lutin a voulu donner un indice supplémentaire pour trouver les mots cachés. Demandez ensuite aux enfants quels mots sont encore possibles maintenant que l'on connaît la première lettre. Par exemple, la première lettre peut être « l » et les mots proposés peuvent être rivière, océan, lac, mare, etc. Amenez les enfants à découvrir que seul le mot lac peut convenir à la phrase parmi les propositions qui ont été faites.

Au lieu du tableau, vous pouvez utiliser le rétroprojecteur pour présenter les textes à lire. Vous utiliserez alors une languette de carton pour cacher une partie des mots qu'il faut prédire. Par exemple, si vous présentez la phrase : « Ce matin Yan a mal au ventre », vous pourrez cacher le dernier mot de la phrase en ne laissant que la première lettre visible. Les enfants vont émettre des hypothèses sur la phrase ; Yan peut avoir mal au cœur, au dos, aux dents, mais avec l'indice de la première lettre, les possibilités sont réduites et le mot **ventre** surgit presque automatiquement. En faisant glisser la languette de carton, vous pouvez présenter un texte complet et cacher les mots de votre choix (Holdaway, 1979).

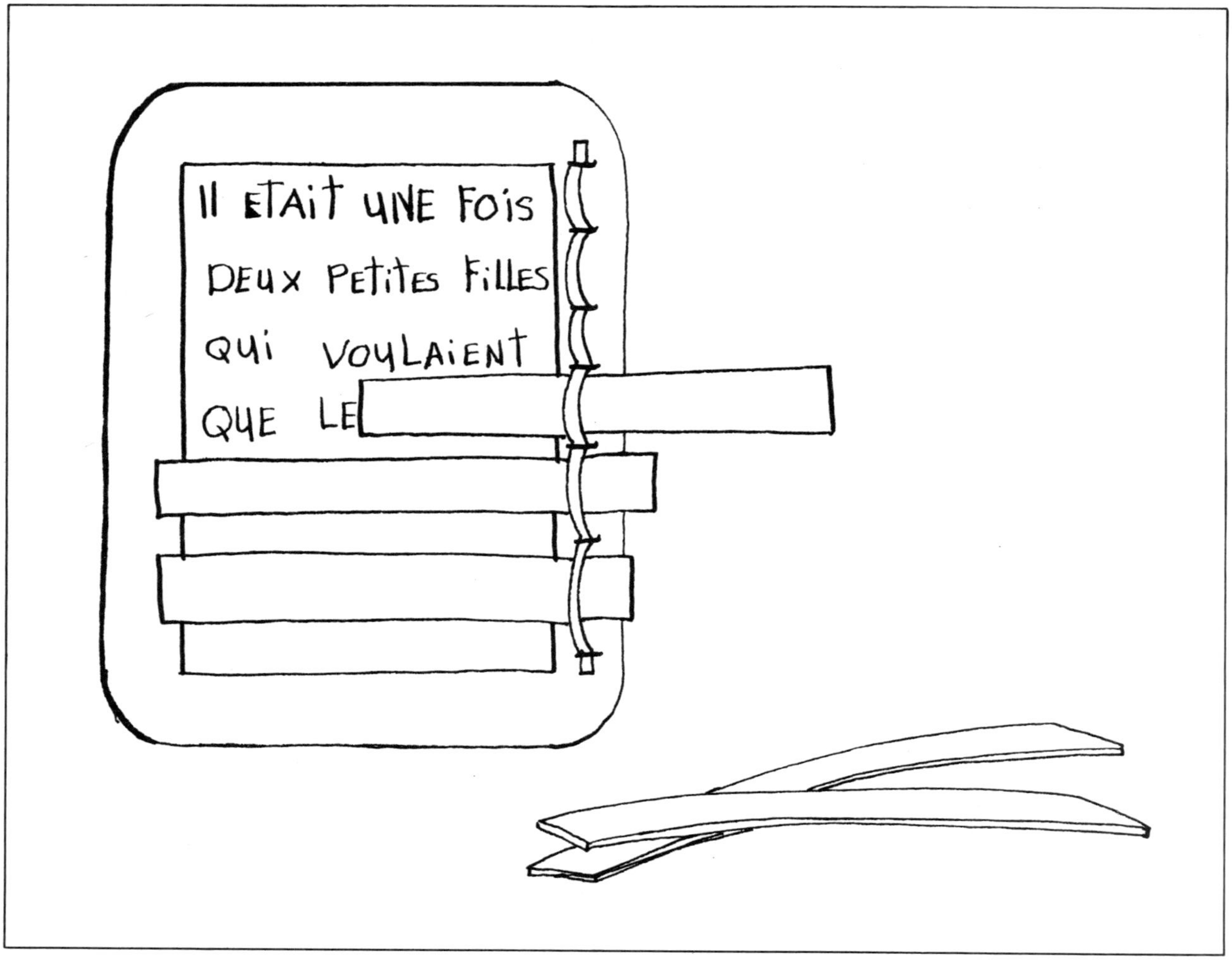

Comme vous avez pu le constater, cette étape implique l'utilisation simultanée de l'analyse contextuelle et des relations lettres-sons. Étant donné que l'enseignement des stratégies de lecture vise l'intégration des différentes stratégies, il est toujours préférable d'en présenter plus d'une à la fois. Cette activité, qui combine l'utilisation du contexte et la sélection de certains éléments graphiques, est l'une des plus fructueuses pour faire réaliser aux enfants l'importance relative des différentes stratégies. En effet, ce type d'activité oriente l'attention de l'enfant avant tout sur le contexte, l'amène à énoncer une hypothèse, à sélectionner ensuite des indices pour vérifier ses hypothèses.

Utilisation du contexte et compréhension

Toutes ces stratégies qui centrent l'attention de l'enfant sur l'utilisation des indices syntaxiques et sémantiques ont comme objectif d'orienter le jeune lecteur vers la recherche du sens, vers la compréhension. Essentiellement, ces activités visent à rendre l'enfant apte à formuler des hypothèses, à les vérifier, à reformuler d'autres hypothèses, advenant un échec dans la reconstruction de la signification. On peut dégager trois aptitudes qu'il importe de développer chez l'enfant pour que ce dernier utilise efficacement le contexte dans la recherche de sens (Spiegel, 1978).

1. On doit développer chez le jeune lecteur la capacité de **prendre des risques**, c'est-à-dire l'encourager à émettre des hypothèses sur le texte tout en utilisant les autres indices qu'il connaît. Le jeune lecteur traverse ordinairement différentes phases dans l'acquisition de cette aptitude à prendre des risques. Au tout début, l'enfant aborde la lecture avec confiance et essaie de trouver un sens à ce qu'il lit. Vous avez sans doute déjà observé des enfants de quatre ans qui, assis bien sagement devant un livre, lisent une histoire à voix haute en suivant du doigt. L'histoire qui est lue est toujours cohérente mais n'a souvent que très peu de rapport avec ce qui est écrit dans le texte. On pourrait dire qu'à ce stade l'enfant se comporte, en un sens, comme un bon lecteur car il cherche à extraire une signification du texte. Puis, lorsque l'enfant est en première année, il découvre qu'il doit affronter de nombreuses contraintes dans la lecture ; il n'ose plus alors prendre des risques et formuler des hypothèses : son attention se centre sur les indices grapho-phonétiques. Finalement, l'enfant apprend à utiliser à la fois le contexte et les indices grapho-phonétiques : il émet des hypothèses, mais ne le fait pas au hasard. Plusieurs enfants ont de la difficulté à franchir cette étape. Ils doivent recevoir beaucoup d'encouragement et, quand ils auront assez confiance en eux, ils pourront prendre des risques, c'est-à-dire des risques calculés qui caractérisent le bon lecteur.
2. Le jeune lecteur doit **écouter** ce qu'il lit et arrêter sa lecture lorsque la sonnette d'alarme signale une perte de sens. La

méprise qui entraîne la perte de sens peut intervenir au niveau syntaxique ou au niveau sémantique. Si la méprise se situe au niveau syntaxique, vous pouvez demander à l'enfant : « Est-ce que ta phrase sonne bien ? » Si la méprise est plutôt d'ordre sémantique, demandez-lui : « Est-ce que ta phrase a du sens ? »

Exemple de méprise syntaxique :

coussin
Le petit tailleur ~~cousait~~ sur son tabouret.

Exemple de méprise sémantique :

courrait
Le petit tailleur ~~cousait~~ sur son tabouret.

3. L'auto-correction doit être encouragée chez l'apprenti-lecteur. Lorsque l'enfant est devant une perte de sens, il doit penser à utiliser d'autres indices pour arriver à lire le mot qui cause un problème.

Contexte et acquisition du vocabulaire

Le lecteur débutant peut utiliser le contexte pour lire un mot qu'il ne connaît que dans la langue parlée. Par exemple, l'enfant qui ne connaît pas le mot (écrit) **lait** est quand même en mesure de le lire dans un contexte comme « Minet boit son **lait** ». Mais le contexte peut servir également à retrouver le sens d'un mot que l'on ne connaît ni dans la langue écrite ni dans la langue parlée.

Comparez l'utilisation du contexte dans les deux exercices suivants. Dans le premier exercice, essayez de remplacer les **schtroumpf** par des mots appropriés. Dans le deuxième exercice, essayez de donner la définition du mot **bollard**.

PREMIER EXERCICE :

DEUXIÈME EXERCICE :

Définis le mot **bollard :**

Lorsque le navire accosta, les marins lancèrent par-dessus bord de gros câbles qu'ils attachèrent aux **bollards**. Les **bollards** étaient solidement implantés dans le quai et pouvaient facilement retenir le navire.

Dans le premier exercice, vous avez utilisé vos connaissances syntaxiques et sémantiques pour prédire le sens des mots que l'auteur de la bande dessinée a remplacés par **schtroumpf**. Le contexte sert dans ce cas-ci à saisir le sens du texte mais vous n'avez pas nécessairement acquis de connaissances nouvelles.

Dans le deuxième exercice, vous avez probablement accordé au mot **bollard** une signification qui répond à l'essentiel de la définition du dictionnaire : « un gros fût cylindrique en acier coulé et à tête renflée implanté dans un quai pour l'amarrage des navires ». Le rôle du contexte est ici assez différent de celui qu'il assumait dans le premier exemple. En effet, le contexte facilite, dans ce cas, l'acquisition de connaissances nouvelles. Signalons que le lecteur peut apprendre le sens de mots nouveaux sans être pour autant en mesure de les prononcer correctement.

On a souvent tendance à penser qu'une fois que les enfants ont acquis un certain savoir-lire, ils utilisent spontanément les indices offerts par le contexte pour dégager le sens d'un mot qui ne fait pas partie de leur vocabulaire parlé. Mais l'observation des stratégies utilisées par les enfants nous amène souvent à constater que ces derniers ont besoin d'être sensibilisés aux possibilités du contexte dans la recherche de significations nouvelles.

Une façon simple de faciliter l'utilisation du contexte pour trouver le sens de mots nouveaux consiste à faire une démonstration à laquelle les enfants participent activement. Par exemple, à l'occasion de la lecture d'un texte qui contient un mot dont la signification fait problème, écrivez le texte au tableau et expliquez comment on peut utiliser le ou les indices livrés par le contexte pour dégager le sens du mot inconnu. Présentez ensuite un autre exemple qui justifie l'utilisation du même indice mais, cette fois-ci, remplacez le mot inconnu par un tiret. Les enfants essaient de fournir un terme approprié et le comparent ensuite à celui de l'auteur. Si le mot proposé est un synonyme, on peut en conclure que les enfants savent comment utiliser cet indice pour trouver le sens d'un mot nouveau.

Par exemple, si vous voulez mettre en relief l'utilisation de mots-synthèse, vous pouvez écrire une phrase de ce type :

> Lorsque Pierre entendit le bruit, ses genoux commencèrent à trembler. Ses mains étaient froides. Il avait l'impression de ne plus pouvoir bouger. Il était *terrifié*.

Le mot **terrifié** étant celui dont les enfants ignorent le sens, vous pouvez expliquer qu'il **résumait** les émotions décrites dans les phrases précédentes et qu'il est possible d'en dégager le sens à partir des indices en présence.

Présentez ensuite un nouvel exemple du type :

> Devant cet événement rare, les yeux fixés, le souffle coupé, figé sur le sol, Henri regardait l'avion s'écraser. Il était ______________________ .

L'adjectif employé par l'auteur est **médusé** ; mais l'objectif de l'exercice est moins d'amener les enfants à trouver le mot exact que de leur montrer à tenir compte des indices qui apparaissent dans la phrase précédente pour trouver un mot qui les résume.

Il existe de nombreuses listes d'indices impliquant l'utilisation du contexte dans la découverte du sens d'un mot nouveau. Les indices les plus souvent mentionnés sont les définitions, les synonymes, les mots-synthèse, les comparaisons, les exemples, les oppositions, les antonymes, les regroupements (tableau III).

Tableau 3 : Principaux indices contextuels qui permettent de dégager le sens de mots nouveaux.

Type	Définition commentée	Exemple
1. Les définitions	La définition est l'aide la plus évidente qui vient du contexte. Elle est largement utilisée dans les manuels dont le but est de transmettre de l'information (ex : géographie, sciences). Cependant, la définition n'est pas toujours dans la même phrase que le mot nouveau.	Le sismographe est l'instrument qui mesure les tremblements de terre. Vous avez tous entendu parler du **caméléon**, ce curieux lézard prend la couleur de l'endroit où il se trouve. Sur la terre brune, il est brun. Allongé sur une feuille verte, il devient vert.
2. Les synonymes	Les synonymes permettent au lecteur de faire référence à un mot qu'il connaît déjà et qui a le même sens.	Il avançait sans bruit, à pas **feutrés.**
3. Les mots-synthèse	Le mot nouveau peut résumer ce qui vient d'être lu.	Lorsque Pierre entendit le bruit, ses genoux commencèrent à trembler. Ses mains étaient froides. Il avait l'impression de ne plus pouvoir bouger. Il était **terrifié**.
4. Les comparaisons	Les figures de style qui comparent deux choses très différentes peuvent clarifier le sens d'un mot.	Les fleurs étaient de différentes **teintes**. Elles étaient aussi colorées qu'un arc-en-ciel.
5. Les exemples	Les exemples sont plus explicites que les comparaisons.	Jean était un garçon très égoïste. Par exemple, il ne voulait jamais que ses camarades jouent avec ses jouets ou regardent ses livres.
6. Les oppositions	Les oppositions sont, en fait, de brèves définitions et jouent le même rôle que ces dernières mais d'une façon opposée.	Ce sont des sortes de fourmis ailées qui vivent dans des **termitières**, analogues à nos fourmilières mais grosses comme des tonneaux.

Tableau 3 : Principaux indices contextuels qui permettent de dégager le sens de mots nouveaux. (suite)

Type	Définition commentée	Exemple
7. Les antonymes	Les antonymes, comme leur nom l'indique, contribuent à la découverte du sens de mots nouveaux au moyen de contrastes.	Je me demande si l'argent est un bienfait ou une **calamité**.
8. Les regroupements	Le fait d'être placé dans une série de mots peut suffire à attribuer une certaine classification à un mot.	Sur le papier peint, il y avait du jaune, du bleu et du **vermillon**.

En résumé, les stratégies fondées sur l'utilisation du contexte ont longtemps été négligées dans l'enseignement de la lecture. Sans les considérer comme les seules stratégies possibles, il est important de leur redonner une certaine primauté sur les stratégies orientées vers des aspects plus formels de la langue.

LE VOCABULAIRE VISUEL

Le lecteur adulte n'analyse pas systématiquement tous les mots qu'il rencontre, il commence par essayer de les lire globalement. Cela implique qu'il possède un bagage de mots qu'il peut reconnaître rapidement. Le vocabulaire visuel est justement cet ensemble de mots que le lecteur reconnaît globalement et instantanément.

Au début de son apprentissage, le jeune lecteur ne possède que peu de mots qu'il peut reconnaître par écrit. Un des objectifs de l'enseignement de la lecture sera de faire passer dans le vocabulaire visuel les mots qui sont dans le vocabulaire oral de l'enfant. Il s'agit bien ici d'une reconnaissance globale qui n'implique nullement que l'enfant connaisse les syllabes ou les correspondances lettres-sons de ce mot.

Pourquoi enseigner un vocabulaire visuel au début de l'apprentissage ? D'abord parce que l'enfant est déjà familier avec le mot dans son langage oral, alors qu'il est encore étranger au fait que les mots peuvent se diviser en phonèmes et en syllabes. Ensuite parce que, avec l'apprentissage de quelques mots entiers, l'enfant peut déjà faire de véritables lectures. Cette activité ressemble plus à l'idée de ce que l'enfant se faisait de l'apprentissage de la lecture que la lecture de syllabes. Ce dernier aspect est crucial en ce qui a trait, d'une part, à la motivation et, d'autre part, à la compréhension du sens de la lecture.

Bref, si nous recommandons l'emploi du vocabulaire visuel de base, c'est que nous estimons qu'il convient de partir de ce que l'enfant sait déjà et de le placer le plus tôt possible dans une véritable situation de lecture. Ceci n'implique pas naturellement que tout l'apprentissage de la lecture se fera de façon globale.

Mécanismes de reconnaissance globale des mots chez l'enfant

Quand on parle de vocabulaire visuel, il est très important de faire la distinction entre deux habiletés, toutes deux reliées à la mémoire, mais fort différentes l'une de l'autre. Il s'agit de la **reconnaissance**, qui consiste à reconnaître un objet parmi d'autres dès que nous le voyons (par exemple, on peut reconnaître un ami dans une foule), et du **rappel**, qui consiste à se souvenir de certains éléments relatifs à un objet, mais en l'absence de ce dernier (par exemple, on peut se rappeler les traits d'une personne et être capable de la décrire en son absence), (Schank, 1982).

De façon générale, la reconnaissance est plus aisée que le rappel. On peut illustrer cette affirmation fort simplement. Si l'on vous demande à brûle-pourpoint quelle est la capitale de la Hongrie, vous ne pourrez probablement pas répondre à cette question, mais si l'on vous demande d'identifier la capitale parmi les noms suivants : Paris, Grenoble, Rome, Budapest, vous pouvez facilement trouver la réponse.

Ces deux habiletés, la reconnaissance et le rappel, se manifestent de manière différente dans le langage écrit. C'est grâce à la reconnaissance que le lecteur pourra identifier un mot qu'il rencontre dans un texte mais c'est grâce au rappel qu'il pourra l'écrire correctement. De fait, il n'y a pas de lien direct entre ce qu'un enfant peut lire et ce qu'il peut écrire. On ne pourra s'attendre à ce qu'un enfant puisse écrire ce qu'il sait lire, parce que ces deux activités ne font pas appel aux mêmes habiletés. Par exemple, à la fin de la 1re année, en général, les enfants orthographieront correctement moins d'une centaine de mots alors qu'ils pourront en lire plus d'un millier. Dans ce chapitre, nous nous limiterons à la reconnaissance de mots appris globalement en tentant de dégager les principes en cause dans cet apprentissage.

Disons d'abord que l'enseignement global consiste tout simplement à présenter un mot écrit à l'enfant et à l'identifier pour lui. On s'attend ordinairement que l'enfant, à la suite de cet apprentissage, connaisse à la fois la prononciation et la signification du mot. De ces deux aspects, la signification est le plus important. En effet, lorsqu'un lecteur ne sait pas prononcer un mot, mais en connaît la signification, ce mot est considéré comme appris.

Pour que la présentation des mots du vocabulaire visuel soit efficace, certaines règles doivent être respectées. Il faut d'abord que l'enfant regarde le mot et ensuite qu'il utilise de bons indices.

A) L'ENFANT DOIT REGARDER LE MOT PENDANT QUE L'ENSEIGNANT L'IDENTIFIE

L'apprentissage du vocabulaire visuel ne se fera qu'à la condition que l'enfant porte attention au mot que l'on identifie pour lui. Que penser alors de la technique d'étiquetage rencontrée dans certaines classes ? Si l'enseignant confectionne les étiquettes devant les enfants et utilise certaines stratégies pour inciter ces derniers à examiner les mots, l'activité peut être fort utile. Cependant, le simple fait d'apposer des étiquettes sur des objets comme le pupitre ou la porte n'assure pas l'apprentissage. Ces étiquettes deviennent rapidement partie intégrante de l'environnement et ne sont plus regardées.

B) L'ENFANT DOIT UTILISER DE BONS INDICES

La reconnaissance d'un mot s'effectue toujours à partir de certains indices. Durkin (1976) distingue deux types d'indices : les bons indices, qui misent sur des traits essentiels des mots et qui assurent la permanence de la reconnaissance, et les mauvais indices, qui ne reflètent pas les véritables caractéristiques du mot et ne conduisent, de ce fait, qu'à une identification temporaire.

1. Les bons indices

L'indice le plus pertinent pour distinguer les mots les uns des autres est la séquence des lettres dans ces mots. Pour attirer l'attention des enfants vers la séquence des lettres, le procédé du contraste est probablement le plus efficace.

Étant donné que les mots qui risquent d'être confondus le plus souvent sont ceux qui se ressemblent le plus, il conviendra de faire ressortir à la fois les ressemblances et les différences entre ces mots en disposant ces derniers d'une façon appropriée.

Exemple : p o m m e
s o m m e
c o m m e
h o m m e

On peut, dans cet exemple, écrire d'une couleur différente la première lettre des mots de façon à mettre en évidence les différences entre ceux-ci.

Les différences peuvent également se situer, non pas dans la première lettre, mais dans la séquence entière, comme dans les mots suivants :

s o n   n o s
s a   a s
1 e s   s e 1

Pour faciliter l'observation du mot, on peut aussi demander à l'enfant de nommer les lettres du mot dans la séquence appropriée. On ne recourt à ce procédé que si l'enfant peut identifier les lettres instantanément. Il importe de préciser qu'il ne s'agit pas d'enseigner à l'enfant qu'il faut regarder toutes les lettres pour lire un mot ; il s'agit simplement de lui donner un moyen de différencier des mots qui se ressemblent.

2. Les mauvais indices

Un mauvais indice est celui qui ne permet pas une reconnaissance stable du mot et qui peut même porter à confusion. Il faut se rappeler que lorsqu'un enfant utilise un mauvais indice, ce n'est pas toujours parce que l'enseignant en a donné le modèle. Mais il arrive aussi, en classe, que l'on utilise des indices plus ou moins appropriés ; en voici quelques exemples.

- L'utilisation de cartons de formes ou de couleurs différentes. Si vous présentez à l'enfant le mot **étoile** sur un carton bleu et le mot **école** sur un carton rouge, il y a de fortes chances que l'enfant associe le mot à la couleur du carton plutôt qu'à la séquence des lettres. Si vous changez ensuite la couleur des cartons, vous verrez que l'enfant ne reconnaît plus les mots.
- L'attention portée à la configuration du mot conduit souvent à des confusions. Par exemple, encadrer le mot pour faire ressortir les lettres ascendantes et descendantes s'avère très vite inutile, car on rencontre assez tôt des mots qui présentent la même configuration.

  Exemple :

- La référence à l'image explicite peut également s'avérer un indice non désirable. Nous faisons référence ici aux situations dans lesquelles on présente une illustration accompagnée d'un mot la décrivant. Par exemple, on présente à l'enfant le dessin d'un sapin sous lequel sont inscrits les mots *un arbre*. Un lecteur débutant choisira de façon naturelle l'indice le plus facile pour trouver le sens de ces deux mots et cet indice, quand on a six ans et peu de savoir-lire, c'est l'image. C'est donc à partir de l'image que l'enfant effectuera sa lecture, c'est pourquoi il dira aussi bien **un sapin** que **un arbre** devant cette situation de lecture. Même si les deux réponses sont acceptables en ce qui regarde le sens, la première nous révèle que l'enfant a exploité l'image plutôt que le mot et qu'il est fort probable que ce mot ne sera pas reconnu ultérieurement. (Giasson-Lachance et Leduc, 1981).

La présentation du vocabulaire visuel

Doit-on introduire les mots un par un, de façon graduelle ? Doit-on plutôt les introduire à l'intérieur d'un contexte ? La réponse n'est pas simple. En effet, d'une part, le lecteur doit pouvoir reconnaître instantanément certains mots pour être apte à émettre des hypothèses à partir du contexte. D'autre part, la lecture inscrite dans un contexte permet au jeune lecteur d'enrichir son bagage de vocabulaire visuel. En d'autres mots, le vocabulaire visuel s'acquiert par le biais du contexte et l'acquisition de ce vocabulaire facilite l'exploitation du contexte. En pratique, il serait souhaitable d'introduire les mots dans un contexte, même bref, puis, si nécessaire, de les isoler et des les étudier de façon plus détaillée pour ensuite les réintroduire dans leurs contextes respectifs.

Non seulement faut-il présenter les mots à l'intérieur d'un contexte mais encore faut-il que ce contexte soit significatif. Par exemple, un calendrier serait une présentation naturelle du mot **septembre**. En revanche, une série de cartons indiquant les 12 mois de l'année serait une situation artificielle par rapport à la première. Mais il faut accepter le fait que la situation idéale n'est pas toujours réalisable et que, pour être réaliste, il faut introduire des situations qui sont structurées de façon à accélérer l'acquisition d'un certain bagage de mots. C'est alors que se posera le problème de la sélection des mots à présenter. C'est dans cette optique que la prochaine partie propose certains critères présidant à ce choix.

Critères dans la sélection des mots

Pour qu'un apprentissage du vocabulaire global soit efficace, il est important de se donner les meilleures chances de réussite possibles en sélectionnant des mots que les enfants sont le plus susceptibles d'apprendre facilement. Les principaux critères à prendre en considération dans le choix des mots sont 1) les mots qui font partie du langage oral, 2) les mots concrets, 3) les mots émotifs et 4) les mots fréquents.

A) Les mots qui font partie du langage oral

Au début de l'apprentissage de la lecture, l'enfant est devant la tâche difficile de reconnaître par écrit ce qu'il connaît dans le langage oral. Cette tâche est déjà assez complexe pour que l'on évite d'introduire de surcroît des mots dont il ne connaît pas la signification. On misera donc, au point de départ, sur le vocabulaire oral de l'enfant. À cet égard, on distingue le vocabulaire actif et le vocabulaire passif. Le vocabulaire actif est composé des mots que l'enfant utilise dans la langue parlée et le vocabulaire passif regroupe des mots dont l'enfant connaît la signification mais qu'il n'utilise pas, ou uniquement dans des circonstances particulières.

En ce qui touche l'analyse du vocabulaire actif, il n'existe que deux études relatives à la fréquence de vocabulaire oral des enfants québécois et susceptibles de servir de guide dans le choix des mots. La première, celle de Vinette (1949), effectuée à la demande de la Commission des Écoles Catholiques de Montréal, rapporte un éventail de mots recueillis auprès d'écoliers fréquentant les classes de la troisième à la neuvième année. La deuxième, qui nous semble la plus utile en ce qui a trait au lecteur débutant, est l'œuvre de Préfontaine et Préfontaine (1963) et s'intitule «*L'échelle de vocabulaire oral des enfants de 5 à 8 ans au Canada français*».

Quant au vocabulaire passif, une bonne façon de le découvrir est probablement par l'exploitation des thèmes. Par exemple, un enfant n'utilise pas spontanément tous les noms de vêtements qu'il connaît mais, si l'on planifie une activité autour de ce thème, plusieurs noms de vêtements seront mentionnés, bien qu'ils n'apparaissent pas habituellement dans le vocabulaire actif.

B) Les mots concrets

À l'intérieur de ces deux catégories, vocabulaire actif et passif, on retrouve des mots appelés concrets ou abstraits. Les mots concrets sont ceux qui suscitent une image sensorielle chez l'enfant. Plusieurs chercheurs ont montré que les mots concrets étaient appris plus facilement que les mots abstraits et qu'on les retenait mieux (Wolpert, 1972; Hargis, 1978). La longueur des mots est un facteur moins important que leur aspect concret. On apprend plus rapidement des mots longs mais concrets que des mots courts mais abstraits.

Pour vérifier vous-même le pouvoir évocateur des mots, faites l'exercice suivant: cotez chacun des mots de 1 à 3 selon le degré de représentation concrète qu'ils suscitent en vous. Pour vous faciliter la tâche, demandez-vous si le mot peut être illustré ou non. Accordez la cote 1 pour les mots qui n'évoquent que faiblement une image et la cote 3 pour les mots qui suscitent l'image la plus concrète.

	1	2	3
1. ballon			
2. cet			
3. pomme			
4. cloche			
5. justice			
6. comme			
7. saison			
8. soleil			
9. même			
10. chat			

Vous avez sans doute réalisé que certains mots étaient très concrets, certains tout à fait abstraits et d'autres plus ou moins abstraits selon vos expériences personnelles.

Poursuivez l'expérience, mais cette fois-ci avec une liste de mots tirés des premières pages d'un manuel de lecture.

	1	2	3
1. élu			
2. île			
3. léa			
4. léo			
5. lié			
6. lili			
7. bu			
8. bébé			
9. boa			
10. bêle			
11. bobo			
12. lobe			
13. obéi			
14. obole			
15. nue			
16. une			
17. nié			
18. béni			
19. lune			
20. nina			

Vous avez probablement réalisé que cette liste contenait peu de mots concrets. Comment les enfants réagissent-ils, d'après vous, devant des mots qu'ils ne peuvent se représenter concrètement, surtout si ce sont les premiers qui leur sont présentés ?

C) Les mots émotifs

Plus les mots sont reliés aux intérêts des enfants, plus ils sont faciles à apprendre. Les mots seront appris encore plus rapidement s'ils renvoient à un référent personnel. Tous ceux qui ont travaillé avec de jeunes enfants savent que ces derniers sont très motivés quand ils apprennent à écrire et à lire leur propre nom et celui des personnes de leur famille. Les mots qui suscitent des émotions dans la langue parlée conservent cette caractéristique à l'écrit. Il existe des mots qui suscitent des émotions positives, d'autres qui suscitent des émotions négatives et d'autres qui sont neutres.

Si vous voulez voir de façon plus nette pourquoi il est possible d'affirmer que certains mots écrits suscitent des émotions, faites l'exercice suivant : attribuez une cote de 1 à 3 à chacun des mots selon le degré d'émotion qu'ils suscitent chez vous. La cote 1 correspond aux mots qui n'éveillent aucune émotion et la cote 3 à ceux qui suscitent une forte émotion positive ou négative.

	1	2	3
1. Noël			
2. dégoût			
3. mouchoir			
4. table			
5. cadeau			
6. meurtre			
7. papier			
8. bonheur			
9. désastre			
10. soulier			

Cet exercice vous a probablement fait réaliser que certains mots écrits suscitent chez le lecteur des émotions positives, d'autres des émotions négatives et d'autres encore laissent indifférent.

Reprenez l'exercice mais cette fois avec les premiers mots présentés dans un manuel de lecture.

	1	2	3
1. papa			
2. pape			
3. opale			
4. épilé			
5. pilé			
6. pipe			
7. pile			
8. épi			
9. épié			
10. épie			
11. poli			
12. lili			
13. lie			
14. lié			
15. élie			
16. titi			
17. petite			
18. été			
19. pâté			
20. pâtée			

Combien de mots que l'on pourrait qualifier d'émotifs avez-vous retrouvés dans cette liste ? Quelle sera la réaction des enfants devant la lecture si les premiers mots qu'on leur présente sont aussi peu susceptibles de susciter chez eux des réactions émotives ?

D) Les mots fréquents

La fréquence d'usage des mots joue un rôle dans l'apprentissage des mots chez le lecteur débutant. Selon Vikis-Frébergs (1974), les mots fréquents sont plus facilement perçus et mieux reconnus que les mots rares ; le rappel de mots fréquents est en général supérieur à celui des mots moins utilisés, ces mots sont également plus riches de significations différentes et sont plus aptes à évoquer des associations. Ces données concernent ce que l'on appelle dans la langue les mots de contenu, c'est-à-dire ceux qui ont une signification par eux-mêmes (noms, verbes, adjectifs, adverbes). Mais lorsque l'on consulte la liste des mots les plus fréquents dans la langue française, on constate qu'il s'agit dans la plupart des cas de mots-fonctions que l'on nomme également **mots-outils**. Les mots de fonction n'ont pas de signification en eux-mêmes : ils tirent leur signification de leur rôle dans la structuration de la phrase (article, préposition, conjonctions, pronoms ou adjectifs relatifs, auxiliaires). Les mots de contenu du lexique sont certes plus faciles à apprendre mais, à cause de leur rôle dans la phrase, les mots de fonction doivent être enseignés très tôt (ex. : à, le, de). L'enseignant devra donc porter une attention particulière à ces mots ; d'abord parce qu'ils sont indispensables à la lecture et ensuite parce qu'ils sont difficiles à apprendre, en raison de leur caractère abstrait et de leur ressemblance visuelle.

On peut dégager une certaine progression dans le degré de difficulté des mots. À une extrémité, on retrouve les mots fréquents et concrets, et à l'autre extrémité, les mots rares et abstraits. Les autres mots se situent quelque part sur cette échelle.

Concrets	**Abstraits**
Fréquents	**Non fréquents**

Les études sur la langue française ont révélé que la plupart des textes puisaient en grande partie à une même banque de mots fréquents. Plus précisément, une soixantaine de mots constituent à eux seuls plus de la moitié des textes pour enfants ou pour adultes.

Le tableau qui suit présente la liste de ces mots fréquents. Elle fut établie en combinant une série de 32 mots qui composent 44% des textes courants et une autre de 35 mots qui constituent 10% des textes (Ters, Mayer, Reichenbach, 1977).

1. à, au, aux	35. ne...pas
2. aller	36. ne...que
3. autre	37. notre, nos
4. avec	38. nous
5. avoir (verbe)	39. on
6. avoir (nom)	40. ou

7. bien
8. bon
9. c', ce, cet, cette, ces
10. comme
11. d', de, du, des
12. dans
13. deux
14. dire
15. donner
16. elle, elles
17. en
18. enfant
19. et
20. être (verbe)
21. être (nom)
22. faire
23. femme
24. grand
25. il, ils
26. homme
27. j', je, m', me, moi
28. jour
29. l', le, la, les
30. leur, leurs
31. lui
32. mais
33. mon, ma, mes
34. n', ne
41. où
42. par
43. pas (adverbe)
44. petit
45. plus
46. pour
47. pouvoir (verbe, nom)
48. prendre
49. qu', que
50. qui
51. s', se
52. sans
53. savoir
54. si
55. soi
56. son, sa, ses
57. sur
58. t', te, tu, toi
59. ton, ta, tes
60. tout (tous)
61. un, une, uns, unes
62. venir
63. voir
64. votre, vos
65. vouloir
66. vous
67. y

Figure 36 : Liste des mots les plus fréquents de la langue française.

Une solution de rechange à la sélection des mots : les mots-clés

En théorie, l'enseignant accepte facilement le principe que les mots qui seront présentés à l'enfant au début de la lecture seront des mots significatifs, insérés dans un contexte et proches de la réalité de l'enfant. Mais certaines études montrent clairement que, tout compte fait, l'enseignant conserve le pouvoir de déterminer quels seront les premiers mots, même si l'enfant est invité à participer au choix. L'utilisation des mots-clés est une façon concrète d'inclure réellement l'enfant dans le choix des mots à apprendre. Le mot-clé, c'est celui que l'on va chercher dans l'esprit de l'enfant, qui a du sens pour lui, qui reflète sa pensée et ses émotions. On doit ce concept à Ashton-Warner, enseignante néo-zélandaise qui a consacré plus de 25 ans de sa vie à enseigner à lire à des enfants. Dans un petit livre, paru en 1963, l'auteur décrit d'abord l'enseignant comme un être chaleureux, doué d'émotions et apte à les exprimer, et fait ensuite ressortir que l'enfant est également un être doté de sentiments, qui a des choses à dire et qu'il devrait pouvoir les dire. La relation maître-élève, vue dans un tel contexte, se transforme, et l'auteur affirme que les mots de l'enfant, ceux qui viennent de sa propre pensée, sont des mots vivants, les mieux adaptés au début de l'apprentissage de la lecture.

La notion de **mot senti**, de **mot ressenti**, de **mot-à-soi** est une avenue pour l'apprentissage de la lecture qui se distingue passablement des listes de mots. On demande à un enfant quel mot il aimerait le plus lire, un mot qui renvoie à une image (bonne ou mauvaise), à une idée ou à une sensation ; il importe d'accepter ce mot, même si on ne l'apprécie pas, et de l'utiliser comme point de départ : il devient alors une source de motivation encore plus profonde que celle décrite par la formule « il faut partir des besoins de l'enfant ». Dans la stratégie de Ashton-Warner, c'est chaque enfant qui révèle son besoin et le mot qu'il dit est considéré par l'enseignant comme acceptable et désirable en vue d'une tâche de lecture. L'enfant est donc invité à dire le mot qu'il désire le plus lire et le maître l'écrit devant l'enfant pour qu'il le voit ; il prend soin de nommer chaque lettre qu'il écrit et l'enfant trace ensuite le mot avec son doigt. De cette façon, le « meilleur » mot de l'enfant est déjà intégré au processus de lecture.

Pour démontrer l'impact d'une telle approche, Pines (1969) rapporte la scène suivante, survenue dans une classe de Ashton-Warner : un garçon, qui avait mis quatre mois à apprendre des mots simples comme **venir** et **regarder** (lesquels se trouvaient dans un manuel traditionnel), ne mit que quatre minutes pour retenir son propre vocabulaire-clé dans lequel figuraient **police, couteau, tirer, prison** et **pompier**. Ces mots reflétaient les expériences de l'enfant.

En s'appuyant sur les travaux d'Ashton-Warner, Noble (1981) entraîna un groupe d'enfants à lire un nombre égal de mots choisis par l'enfant et par l'adulte dans le but de vérifier quelle approche influait le plus sur la capacité de l'enfant à se rappeler les mots enseignés. La comparaison des résultats indique que les enfants n'ont reconnu que 44 des 75 mots proposés par l'enseignant, soit 59%, tandis qu'ils donnaient 59 bonnes réponses, soit 79%, sur 75 mots choisis par eux. Ces résultats font donc ressortir l'impact motivationnel de cette stratégie.

Pour faciliter l'utilisation de cette technique du mot-clé, voici quelques suggestions tirées du travail de Veatch et al (1973).

1. Découvrir le « mot-clé » de chaque enfant

Le mot qu'un enfant donne doit avoir une signification émotionnelle pour lui ; autrement, il ne pourra probablement pas le retenir. Le maître explique ce qu'il entend par le **meilleur mot** : un mot qui exprime nos joies, nos peurs, notre agressivité, ou bien un mot drôle ou effrayant. On devra accepter tous les mots. Si le maître croit que le mot choisi ne traduit pas un affect de l'enfant, il lui demande pourquoi il aime ce mot en particulier et pourra alors le guider vers un mot qui a une charge émotionnelle.

2. Écrire le mot

On suggère que l'enfant chuchote le mot à l'oreille du maître ; cette technique ajoute au caractère intrigant de l'activité et constitue pour certains enfants un facteur de sécurité. Le maître écrit alors le mot sur un carton assez grand (8 cm × 11 cm). Pendant qu'il écrit, l'enfant regarde par-dessus son épaule et nomme les lettres qu'il connaît ; le maître identifie celles qui sont inconnues de l'enfant. C'est ainsi que commencent plusieurs étapes du processus de lecture : l'identification des lettres suivie de la lecture globale du mot.

3. L'enfant suit du doigt la forme des lettres

L'enfant est ensuite invité à retracer le mot avec son doigt ; le maître veille à la régularité du mouvement horizontal (de gauche à droite) et vertical (de bas en haut) et corrige immédiatement s'il y a des erreurs. Cette pratique assure le **confort** de l'enfant vis-à-vis du mot et des lettres qui le composent.

4. L'enfant fait quelque chose avec le mot

L'enfant peut écrire le mot, faire un dessin qui s'y rapproche, le copier au tableau. L'enfant fait lui-même le choix de son activité.

5. Faire une révision des mots avec l'enfant

On mélange les mots, chaque enfant doit retrouver le sien et l'apporter au maître pour le lui dire. Si la reconnaissance n'est pas instantanée, le maître peut dire « Ce n'était peut-être pas un bon mot, tu penseras à un meilleur mot aujourd'hui ou demain ». Les mots dont il ne se souvient pas ne sont pas significatifs pour l'enfant.

Pour que cette technique soit efficace, il importe d'accepter les mots de l'enfant de façon inconditionnelle. Le maître prêtera attention à ses remarques, à ses attitudes, à sa mimique, au ton de sa voix, etc. C'est son jeu et on doit le respecter.

La pratique du vocabulaire visuel

On ne peut pas s'attendre à ce que les enfants apprennent les mots nouveaux après les avoir rencontrés une seule fois. Pour essayer de vous mettre à la place d'un enfant qui est devant une dizaine de mots nouveaux, imaginez que vous assistez à une réunion au début de laquelle on vous présente chacun des dix participants. Il y a de fortes chances que vous ne reteniez qu'un nom ou deux. Au cours de la réunion, vous vous apercevez que, si vous désirez entrer en contact de manière plus personnelle avec l'un des participants, vous apprendrez son nom plus rapidement. Vous vous rendrez compte également que vous confondez certains noms. Vous aurez probablement besoin de plus d'une rencontre pour être capable de les nommer tous par leurs noms. Chaque mot a un visage et la rétention du mot appris nécessite qu'on le revoie souvent. Le but de la pratique est d'assurer une réponse stable aux mots présentés globalement. Il est important de rappeler que cette pratique s'impose à tous les niveaux de l'élémentaire. Les élèves du deuxième cycle ont également besoin d'automatiser leur lecture de mots nouveaux.

Activités suggérées

Pour terminer cette partie consacrée à l'acquisition du vocabulaire visuel, nous présentons une liste d'activités possibles.

A) Étaler les mots sur le plancher

On place les mots des enfants (ceux d'un groupe ou d'une moitié de la classe) sur le sol, du côté de la face écrite. Au signal, chaque enfant retrouve un mot et le dit aux autres.

B) À qui appartient ce mot ?

Le maître sélectionne un mot, le montre au groupe ; son « propriétaire » vient le chercher.

C) L'histoire spontanée

L'enfant est invité à parler, à raconter une petite histoire autour de son mot.

D) Le lien de parenté

Le but de cette activité est d'habituer les enfants à voir les mots des autres et à réaliser qu'il peut exister des liens entre les mots. Par exemple : un enfant a le mot **gâteau**, un autre le mot **couteau** et un troisième **chandelle** : le maître peut alors poser des questions du genre : « Qu'est-ce qui peut aller sur le gâteau ? » « Y a-t-il des mots des copains qui peuvent s'utiliser avec **gâteau** ? », « Un **couteau** et un **gâteau**, est-ce que ça peut aller ensemble ? ».

E) Apprendre le mot de son copain

En équipe de deux, chacun apprend le mot de l'autre.

F) Les co-auteurs

Deux enfants, ou plus, combinent leurs mots et leurs idées pour faire un mot plus long ou pour écrire une histoire autour des mots originaux.

G) Les classifications

Demandez aux enfants d'étaler leurs cartons sur la table et de les classer de différentes manières, par exemple : les desserts, les mots drôles, les mots effrayants, les animaux, les jouets, les aliments, les personnes, etc. On peut vérifier les classifications en demandant à l'enfant de lire ses mots devant les autres enfants.

On peut proposer aux enfants de placer les cartons dans des boîtes, ou des bocaux sur lesquels apparaissent les thèmes de classification, ou encore, on peut utiliser, pour classer les mots, une grande feuille de carton, pourvue d'une pochette, que l'on épingle sur le mur.

Si vous êtes à la recherche d'autres activités relatives au vocabulaire visuel, sans doute trouverez-vous dans *Lecture. Activités de vocabulaire visuel* (Giasson-Lachance, 1981) plusieurs suggestions concrètes.

Voici maintenant, sous forme de conseils, un résumé de ce que nous venons de voir en ce qui a trait au vocabulaire visuel comme stratégie d'identification des mots.

1. Reconnaissez, dès les débuts de l'apprentissage, l'utilité d'un vocabulaire visuel fonctionnel ; ce vocabulaire visuel est intimement associé aux besoins immédiats de l'enfant, il est donc individualisé ; il assure un sentiment de réussite et maintient la motivation dans l'apprentissage de la lecture.
2. Faites apprendre à l'enfant des mots significatifs, concrets, liés à ses expériences émotives.
3. Attirez l'attention de l'enfant sur les bons indices, amenez-le à utiliser plus que la première lettre comme indice. Exploitez les contrastes pour introduire des mots difficiles.
4. De la variété ! N'hésitez pas à présenter le mot dans différents contextes.
5. Mettez l'accent sur la compréhension plutôt que sur l'identification de mots.

6. Encouragez l'enfant à lire avec un objectif, une intention.
7. Développez chez l'enfant une attitude qui l'empêchera de décoder les mots qu'il sait déjà lire globalement.

L'ANALYSE DES ÉLÉMENTS DU MOT

Grâce à la connaissance qu'il a du lien de convention qui unit le phonème et sa représentation graphique, le lecteur réussit parfois à déchiffrer un mot qu'il ne connaît pas. L'analyse du mot, dans cette perspective, se subdivise habituellement en deux niveaux : 1) l'analyse phonique, c'est-à-dire les correspondances plus ou moins régulières entre les lettres et les sons, et 2) l'analyse morphologique, qui étudie les parties du mot comme la syllabe, les suffixes et préfixes, les terminaisons de verbes.

L'analyse phonique ou les correspondances graphèmes/phonèmes

Cette partie du chapitre traitera d'une stratégie dont la caractéristique est d'avoir été longtemps considérée comme la seule stratégie qui convienne au lecteur débutant. Cette technique consiste essentiellement à retrouver la prononciation d'un mot en associant les symboles graphiques à leur correspondance orale ; elle porte différents noms, comme **décodage, déchiffrement, déchiffrage, analyse visuelle, analyse phonique, association sons-graphies, correspondances lettres-sons, correspondances graphèmes-phonèmes.**

Avant d'expliquer pourquoi et quand cette stratégie peut être utile dans l'apprentissage de la lecture, il serait bon de préciser la définition des termes «graphèmes» et «phonèmes» et de rappeler certaines données fondamentales en ce qui touche les relations entre les deux codes.

A) DÉFINITIONS

Même si l'on utilise parfois l'expression «correspondance lettres-sons», les termes graphèmes et phonèmes sont plus appropriés lorsque l'on parle des relations entre la langue orale et la langue écrite.

Phonème : « *Le phonème est la plus petite unité de son capable de produire un changement de sens par simple commutation sans avoir de sens lui-même* ». (Genouvrier, 1970, p. 37) Par exemple, je peux dire le mot **roi** en roulant ou non le **r** mais, quelle que soit la façon de prononcer ce mot, il n'y a pas de changement de sens. Il s'agit donc toujours du même phonème. Cependant, si au lieu de **roi** je dis **loi**, il y a un changement de sens ; le **r** et le **l** sont donc des phonèmes différents, dans la langue française.

Graphème : Lettres ou suites de lettres traduisant un phonème. Ainsi, dans le mot **château**, il y a sept lettres mais quatre graphèmes [**ch / â / t /eau**] correspondant aux quatre phonèmes du mot.

B) COMPLEXITÉ DES CORRESPONDANCES GRAPHÈMES/PHONÈMES

Il existe dans la langue française 36 phonèmes représentés par plus de 500 graphèmes. Le tableau IV présente un relevé exhaustif des différentes graphies associées aux phomèmes dans notre langue. Ce tableau est une synthèse des différentes analyses de Clas *et al.* (1968). Si l'on constate facilement dans ce tableau qu'un même phonème peut être traduit de plusieurs façons, il ne faut pas oublier qu'un même graphème peut également se prononcer de différentes façons. Cette analyse sommaire (Figures 37 et 38) permet déjà de voir la complexité des correspondances lettres-sons.

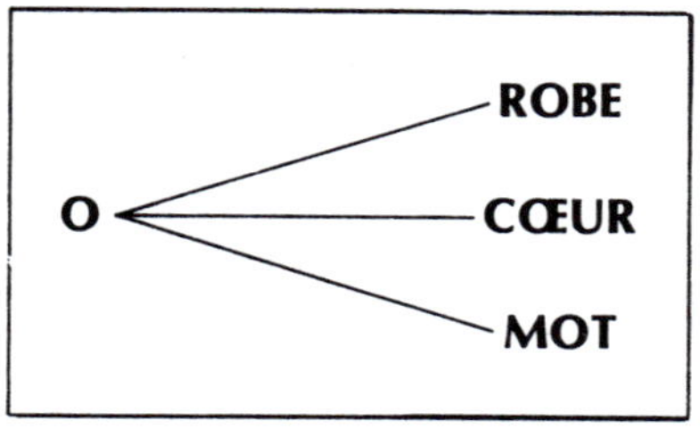

Figure 37 : Illustration d'un graphème (O) qui se prononce différemment selon le mot.

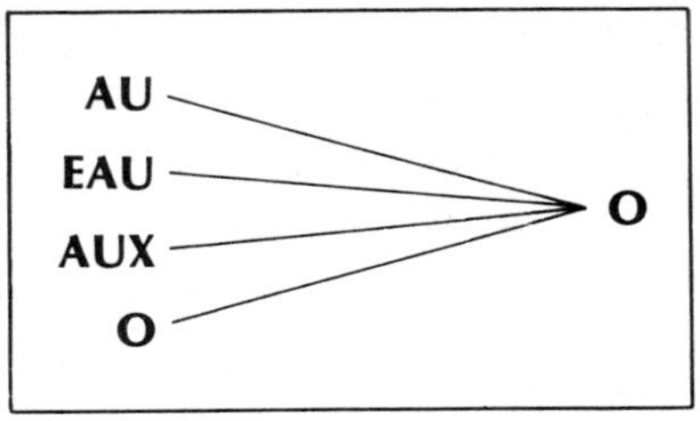

Figure 38 : Illustration de différerits graphèmes qui se prononcent de la même façon.

Tableau 4 : Inventaire des correspondances entre les phonèmes et les graphèmes de la langue française.

[ɛ̃]	in în im yn ym ain aim ein en hin inct incts ing ings ingt ingts ins inq int ainc aincs ains aint aints aîms eing eings eins eint eints ens ent ien eim
[ɛ]	e è ê ai aî ay ei ey haies hais he hè ect ects efs egs es est et ets ès et aid aids aie aies aient ais ait aits aix
[o]	o ô eau au hau heau hô aun oc ocs od op ops os ost ot ots ôt ôts aul auld ault aulx aux aud auds aut auts eaux ao
[ã]	an am en em aon aen han ham hen anc ancs and ands ang angs ans ant ants end ends eng engs ens ent ents emp emps empt empts aons
[u]	ou où oû houx houe ouc oucs oue ouent oues oud ouds oul ould ouls oup oups ous oux out outs oûl oûls oût oûts aoul aouls août
[e]	e é ai aî oe ai hé aie aies ais ait ay ays ey eys ed eds ef efs er ers et ez ée és éent és
[i]	i î ï y hi hy ic ics ict icts id ids ie ies il ils is ist it its ix ez ît ïe ys
[o]	a à â e oi ha ac ach achs acs ap aps as at ats ât oids oie oies oigt oigts ois oit oits oix
[k]	c cc ch ck cqu q qu k x cu chs cks cs cque cques qs que ques xe xes
[r]	r rr rh rc rcs rd rds re res rf rfs rs rg rgs rps rt rts rre rres rrhes
[ɔ̃]	on om hon onc oncs ond onds ons ong ongs ont onts omb ombs oms omp omps ompt ompts
[y]	u û eu eû hu ue uent ues us ut uts ux ût ûts eus eut eût
[ø]	eu eû oeu eue eues eus eux eut eur eurs oeud oeuds oeufs oeux
[j]	i y il ile ille ill y hi ye yes ils illes
[s]	s ss sc c ç t sse sses ce ces x z ls
[a]	a â oi ois hâ acs as at ats az ât âts
[t]	t tt th te tes ts tte ttes th ths

[g]	g gu gg gh x c gue gues gs cs
[n]	n nn nh nne nnes ns ne nes mne
[f]	f ff ph fe fes fs ffe ffes phes
[ʃ]	ch schs sh che ches sch sche sches
[ɥ]	u(i) u(is) u(it) hu(i)
[œ̃]	un um hun hum uns unt unts ums
[l]	l ll le les ls lle lles
[m]	m mm me mes ms mme mmes
[ɔ]	a au ô u(m) ho hô
[w]	ou oi w h oy qu
[p]	p pp pps ps pe pes
[b]	b bb bh be bes bs
[Z]	z s ze zes se ses
[d]	d dd dh de des ds
[ʒ]	j g gi ge ges
[ə]	e ai on ent es
[œ]	eu oe oeu heu
[v]	v w ve ves
[ɲ]	gn gne

Une analyse un peu plus détaillée permet de préciser les nombreuses distortions qui existent entre le plan des graphèmes et celui des phonèmes. Genouvrier (1970) propose une classification intéressante.

1. a) Graphème simple traduisant un phonème complexe
   Exemple : le **x** dans **excuse** qui se prononce KS.

   b) Graphème complexe transcrivant un phonème simple
   Exemple : le **ch** qui se prononce ʃ.

2. a) Graphèmes **synonymes** transcrivant un phonème identique
   Exemple : ai, ei se prononcent de la même façon

   b) Graphème « homographe » transcrivant des phonèmes différents
   Exemple : « ill » dans « ville » et « fille »

3. a) Graphème incomplet transcrivant un mot (plusieurs phonèmes)

   Exemple : **M.** pour **Monsieur**

   b) Graphème plein transcrivant un phomème zéro (non prononcé)

   Exemple : **ct** dans **aspect**

La complexité des relations graphèmes-phonèmes est de nature à renforcer l'idée qu'il est préférable d'aborder la lecture par des unités signifiantes plutôt que par l'analyse du mot.

Pourquoi enseigner les correspondances lettres/sons ?

Nous avons mis l'accent dans les pages qui précèdent sur l'importance de l'utilisation du contexte et sur la reconnaissance immédiate de mots. Cependant, il y a des circonstances où ces stratégies ne sont pas suffisantes. Prenons l'exemple suivant : « Nadine ouvrit la boîte et trouva un magnifique ________________. » Même si le lecteur attend un nom masculin, un objet pouvant tenir dans une boîte, il a quand même besoin d'indices supplémentaires pour trouver le sens de la phrase en lisant le mot nouveau.

Les correspondances lettres-sons, en combinaison avec d'autres stratégies, sont des indices fort utiles pour le lecteur débutant. Lisez le texte qui suit pour juger du rôle des correspondances lettres-sons.

> Dans un village, vivait un paysan qui avait un fils nommé Jean, mais que tout le monde appelait Jacques. Or, Jacques était un farceur incorrigible, qui adorait jouer des tours à ses voisins. Ils avaient beau faire, jamais ils ne parvenaient à lui rendre la monnaie de sa pièce.
> Un pxu xn dxhors du villagx sx drexssait un châtxau xntourx d'un grand xtang, où lxs villagxois allaixnt fairx boirx lxurs chxvaux. Un jour dx grossx chzlxur, un pxux zvznt lz grossx moisson, Jzcquxs mxnznt son chxvzl z l'xtzng, vit un gzmin dzns unx bzrquxttx. Commx Jzcquxs lx rxgzrdzvt, lx gzmvn crvz : « Lx lutvn dxs xzux xst vxnu pour m'xmportxr ! » Xt, zvxc un grznd plouf, « vl tombz z l'xzu xt dvspzrut dzns lxs prqfqndxurs. Jzcquxs, szns pxrdrx dx txmps szutz dx sqn chxvzl xt nzgxz vxrs l'xndrqvt qù zvzvt dvspzrut lx gzmvn. Vl lx szvsvt pzr lxs chxvxyx zy mqmxnt qy vl rxzppzrzvsszvt pqyr lx trqvsvxmx fqvs.

Vous avez pu constater à la lecture du texte ci-dessus que le lecteur n'utilise pas toutes les lettres pour trouver le sens des mots puisque vous avec lu une bonne partie du texte alors que les lettres réelles avaient systématiquement été remplacées par d'autres lettres. Par contre, vous avez également réalisé qu'à partir d'un certain endroit dans le texte, les indices visuels devenaient trop réduits pour être utilisés de façon efficace en combinaison avec le contexte.

L'indice grapho-phonétique est donc utile au lecteur. Il n'est cependant pas nécessaire d'insister sur cet aspect auprès des enseignants ; au contraire, il est souvent profitable de montrer que cet indice n'est pas aussi utile que l'on avait tendance à le croire. En effet, l'enseignement des correspondances lettres-sons a longtemps été, et est encore dans bien des classes, le premier indice donné aux enfants comme stratégie d'identification des mots.

Les limites de l'analyse phonique

Même si l'analyse phonique peut servir à l'identification de mots, elle n'apporte pas nécessairement de contribution directe à la compréhension. En effet, un lecteur peut fort bien être capable de décoder un mot mais ignorer complètement sa signification. Quelle est alors l'utilité d'enseigner l'analyse phonique aux enfants ? En fait, on espère que la prononciation du mot suggèrera au lecteur un mot familier dans sa forme orale et, partant, fournira la signification recherchée. L'utilité de l'analyse phonique est donc directement proportionnelle à l'étendue du vocabulaire oral de l'enfant.

En fait, seuls les mots d'une syllabe avec une épellation régulière peuvent être lus correctement avec la seule aide de l'analyse phonique. Pour ce qui est des mots de plusieurs syllabes, cette stratégie ne sert d'appui que pour lire les syllabes comme si elles étaient isolées. C'est le degré de familiarité avec le mot qui permet de préciser la prononciation.

L'utilisation du contexte et la flexibilité doivent donc renforcer la simple analyse phonique.

Quand faut-il entreprendre l'enseignement des correspondances lettres-sons ?

Traditionnellement, on initiait les enfants à la lecture en leur présentant, dès la première leçon, des correspondances lettres-sons, ce qui était, en fait, la voie la plus abstraite. Aujourd'hui, cet apprentissage ne constitue plus l'introduction à la lecture, il ne sera abordé que lorsque certaines conditions seront respectées. Smith et Robinson (1980) énoncent ces conditions de la façon suivante :

1) les enfants doivent déjà avoir développé un goût pour la lecture et un désir d'apprendre à lire.
2) Les enfants doivent avoir déjà acquis l'habitude de chercher du sens dans leur lecture avant de s'orienter vers une analyse de mots qui peut les distraire du sens.
3) Les enfants doivent être déjà familiers avec l'utilisation de l'indice contextuel pour trouver le sens d'un texte.
4) Les enfants doivent avoir acquis un vocabulaire de lecture assez important pour que l'on puisse retrouver dans les mots qu'ils connaissent les correspondances lettres-sons à apprendre.

Différentes approches dans l'apprentissage des correspondances graphèmes/phonèmes

Il y a deux approches différentes qui conduisent toutes deux à l'apprentissage des relations entre le système écrit et le système oral : l'approche inductive et l'approche déductive.

A) L'APPROCHE DÉDUCTIVE

Faire une déduction, c'est partir d'une règle connue pour l'appliquer à un cas particulier. Quand on enseigne aux enfants les correspondances lettres-sons d'une façon déductive, on leur explique les règles dès le début, c'est-à-dire qu'on leur montre directement les correspondances lettres-sons.

On leur dira, par exemple, que le son de la lettre **F** est /f/. On leur apprendra ensuite à fusionner les sons connus pour en faire des syllabes.

L'enfant fait donc la synthèse des éléments isolés pour former une syllabe. C'est pourquoi cette approche est souvent appelée synthétique. Il est facile, en feuilletant les premières pages d'un manuel de lecture, de vérifier si les correspondances lettres-sons sont enseignées de façon isolée. Vous verrez, par exemple, dans ce cas des illustrations de ce type :

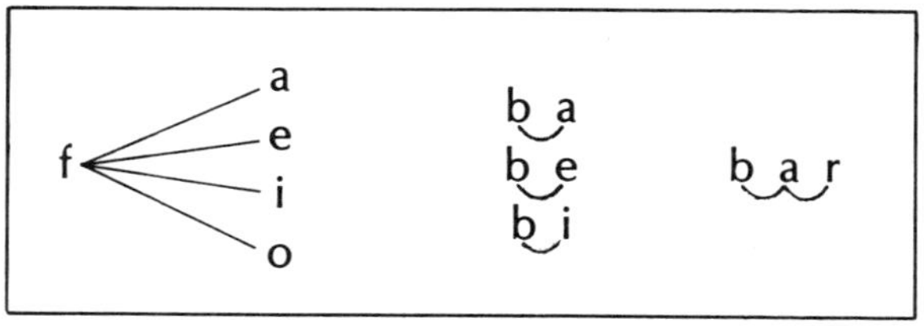

Parce que les sons, dans l'approche déductive, sont enseignés de façon isolée, il faut que cet enseignement soit complété par celui de la fusion syllabique, activité de synthèse qui consiste à savoir réunir un son-consonne et un son-voyelle de manière à énoncer le son de la syllabe orale correspondante. La fusion syllabique est donc indispensable aux enfants qui ont appris les correspondances lettres-sons de façon isolée. En effet, lorsqu'un enfant a appris les sons correspondant au **c**, au **a** et au **r**, il lui reste encore à apprendre à réunir ces sons pour former la syllabe **car**. Il arrive souvent que les enfants connaissent bien le son des lettres mais n'arrivent pas à réunir deux sons pour produire une syllabe.

B) L'APPROCHE INDUCTIVE

L'approche inductive, elle, part de cas individuels et tend vers la généralisation. L'enfant n'a pas à appliquer une règle mais plutôt à la découvrir. Ainsi, l'enfant qui apprend les correspondances lettres-sons au moyen d'une approche inductive, apprend d'abord des mots de façon globale, puis les analyse pour y trouver des constantes. Voilà pourquoi cette approche est souvent connue sous le nom d'approche analytique. Le rôle du professeur n'est pas de donner la règle, c'est-à-dire la correspondance lettre-son, mais de fournir à l'enfant l'ensemble des mots qui lui permettra de découvrir les correspondances lettres-sons.

Dans une approche inductive, la leçon du /f/ pourrait se dérouler comme suit. Le professeur écrit au tableau les noms des enfants de la classe qui commencent par **F**. Les enfants connaissent ces mots globalement.

François
Frédéric
Fannie

Le professeur dit aux enfants « Si vous regardez bien, vous verrez quelque chose de semblable au début de chacun de ces mots. Maintenant, écoutez les mots et essayez de trouver ce que l'on entend de pareil au début des mots quand on les dit. »

Ou encore le professeur écrit au tableau une liste de mots commençant par « m ». Il explique qu'il y a quelque chose de semblable dans tous ces mots et demande aux enfants d'entourer les lettres qui sont semblables. Il peut écrire plusieurs fois la liste de mots au tableau et donner différentes directives aux enfants par exemple : « souligne », « encercle », « fait un grand rectangle », etc.

m aman	(m) aman	maman
m arin	(m) arin	marin
m idi	(m) idi	midi
m iroir	(m) iroir	miroir

En même temps, le professeur fait remarquer que l'on entend quelque chose de semblable au début de chaque mot. Il peut mettre l'accent sur la consonne vedette, mais non pas l'isoler.

Pour l'enfant qui a appris les correspondances lettres-sons de façon inductive, la fusion syllabique n'est pas toujours nécessaire. Prenons l'exemple d'un enfant qui rencontre le mot « car » pour la première fois, mais qui a appris globalement les mots suivants :

par	café
bar	coco
babar	canari

Si l'enfant a réussi à extraire le son /ar/ de la première liste et le son /k/ de la seconde, il pourra lire le mot **car** sans avoir à fusionner les sons.

Quelle approche doit-on privilégier ?

Il est bien certain qu'une initiation à la lecture fondée sur la signification ne peut se faire qu'à travers une approche globale ; l'enfant déduit les correspondances graphèmes-phonèmes à mesure qu'il rencontre des mots qui présentent des ressemblances. Mais ne doit-on utiliser que l'approche inductive ?

Pour répondre à cette question, nous endossons le point de vue de Durkin (1978). De façon générale, on peut dire que l'approche inductive est plus apte à faire comprendre au lecteur débutant la relation qui existe entre les lettres et les sons. Toutefois, il faut beaucoup de temps pour qu'un enfant découvre chacune des relations lettres-sons. À ce point de vue, l'approche déductive est de beaucoup plus rapide. Nous suggérons donc un mouvement de va-et-vient continuel entre les deux approches. Les premières relations peuvent être découvertes par l'enfant ; ensuite, lorsque le besoin s'en fait sentir, le professeur peut signaler directement certaines correspondances.

En guise de conclusion sur le choix d'une approche pour l'enseignement des correspondances graphèmes-phonèmes, nous vous proposons la synthèse personnelle de Cohen (1982).

> « La découverte et l'usage du code ne sont en aucune façon antinomique d'une approche intuitive et globale du message écrit. Au contraire, l'enfant peut faire appel, simultanément ou successivement, à des stratégies différentes : toutes, si elles sont stimulées de manière appropriée, convergeront vers une efficience plus grande et il ne faut en exclure aucune.
>
> L'enfant peut appréhender un texte globalement (...) mais il peut aussi, simultanément, avoir une approche plus analytique dans laquelle les opérations logiques permettent un décodage ; il peut saisir intuitivement le sens général d'un texte, d'une phrase ou d'un mot mais en même temps remarquer les analogies ou les différences des symboles écrits, leurs combinaisons : double démarche qui le mènera à la découverte du code. Une approche n'exclut pas l'autre ». (Cohen, 1982, p. 121).

Est-il préférable de ne présenter que des correspondances régulières au début de l'apprentissage ?

Au début de l'apprentissage, est-il préférable de n'enseigner à l'enfant que des relations lettres-sons simples, c'est-à-dire de ne lui enseigner qu'une façon de transcrire les phonèmes (ex. donner seulement la lettre **o** pour le phonème /o/) et qu'une seule façon de réagir à une lettre (ex. : ne présenter au début que le **c** dur comme dans **café** ou **col**) ? On trouve des méthodes qui présentent des correspondances régulières au début de l'apprentissage, tandis que d'autres optent franchement pour les correspondances irrégulières.

La position qui favorise la régularité des correspondances lettres-sons a été soutenue par des linguistes, Bloomfield entre autres, qui estiment qu'il faut amorcer l'apprentissage de la lecture en ne présentant à l'enfant que des correspondances simples pour introduire graduellement les exceptions en les classant par catégories. À l'inverse, les tenants de l'approche psycholinguistique pensent qu'il est dangereux de s'en tenir à des correspondances simples car le risque est grand de ne fournir ainsi à l'enfant qu'un matériel de lecture peu significatif. En effet, un enfant qui n'a appris que les voyelles et les consommes **b** et **n** risque de se retrouver devant des phrases comme celles-ci :

Nina a une banane.
Nina a obéi.

Ackerman (1973) a étudié de façon expérimentale la question de la régularité des correspondances lettres-sons. Il a enseigné à un groupe d'enfants une série de mots dans laquelle les lettres n'avaient qu'une valeur et à un deuxième groupe, des mots formés de lettres se prononçant différemment selon le mot. Les résultats ont montré que les enfants qui avaient appris la série de mots incluant des correspondances variables apprenaient plus rapidement une deuxième liste du même type. Fait intéressant à noter, les enfants qui n'avaient appris que des correspondances régulières tendaient plus souvent à ne pas donner de réponse du tout devant certains mots de la deuxième liste contenant des correspondances variables. Ceux qui avaient déjà été préparés à l'irrégularité des correspondances avaient tendance à risquer une nouvelle réponse, si la première n'était pas exacte, plutôt que de renoncer comme les sujets du premier groupe.

Ces résultats, appuyés par des recherches similaires, nous portent à croire qu'un certain degré d'irrégularité dans les correspondances lettres-sons au début de l'apprentissage ne serait pas préjudiciable à l'enfant, mais pourrait au contraire faciliter l'apprentissage ultérieur.

La pratique de l'analyse phonique

Si l'enseignement des correspondances lettres-sons se fait à travers des mots déjà connus, pour les exercices, en revanche, on recourt à des mots nouveaux. Il faut que l'enfant saisisse dès le début que les correspondances lettres-sons sont une aide devant des mots nouveaux. Si l'on fait décortiquer aux enfants des mots qu'ils connaissent déjà ils risquent de croire qu'il faut analyser tous les mots, même ceux que l'on sait déjà lire.

Pendant les exercices, laissez à l'enfant le temps d'utiliser les connaissances qu'il a acquises. Ne lui donnez pas immédiatement la réponse s'il possède tous les éléments pour répondre correctement. Lorsque les enfants ont déjà assimilé quelques correspondances lettres-sons, il n'est plus nécessaire d'identifier tous les mots pour eux. Il est important de tirer parti de situations quotidiennes pour les amener à exploiter les connaissances qu'ils ont acquises.

Supposons que les enfants aient déjà appris la correspondance F/f/. Vous voulez profiter de l'anniversaire d'un des enfants pour écrire « **Bonne fête** » au tableau. Au lieu de présenter l'expression globalement, écrivez quelques mots au tableau.

Ex. : bonne
fête
surprise

Dites aux enfants : « *Vous ne savez pas encore lire les mots qui sont au tableau, mais vous pouvez trouver le mot qui veut dire* **fête**. *Écoutez bien comment commence le mot* **fête**. *Pensez à la lettre qui produit ce son. Cherchez le mot qui commence par cette lettre* ».

Ou encore, vous pouvez dire : « *Je veux écrire* **Bonne fête** *au tableau. Par quelle lettre est-ce que je vais commencer pour écrire le mot* **fête** ? »

Comme la lecture de tous les jours est reliée à un contexte et ne repose pas uniquement sur des mots isolés, l'enseignement et la pratique de l'analyse phonique doivent dépendre d'un contexte, c'est-à-dire renvoyer à une situation qui reflète la réalité. De cette façon, les apprentis-lecteurs seront encouragés à utiliser une **combinaison** de stratégies et ne s'appuieront pas seulement sur l'analyse du mot.

En résumé, utiliser l'analyse phonique pour lire un mot nouveau, c'est recourir à un processus de résolution de problème. La bonne solution n'est pas toujours la première qui se présente. L'enfant doit apprendre très tôt que les connaissances qu'il acquiert sur le code ne mènent pas à une solution infaillible. Par conséquent, la première règle que l'on doit enseigner en ce qui touche l'utilisation des correspondances lettres-sons est celle de la flexibilité. Chacun aborde les mots nouveaux à sa manière, mais tous procèdent par essais. Le professeur a avantage à démontrer lui-même ce processus en montrant concrètement aux enfants quelles sont les différentes réponses qui peuvent se présenter avant la découverte de la solution.

Il convient finalement de se rappeler que le temps consacré à l'apprentissage des correspondances lettres-sons ne doit pas excéder celui qui est effectivement requis pour mettre les enfants à l'aise devant cette stratégie.

L'analyse de la structure du mot

Alors que l'analyse phonique s'intéresse aux phonèmes qui composent les mots, l'analyse de la structure du mot se centre sur des éléments comme la syllabe, les racines, les préfixes, les suffixes, les terminaisons de verbes. Toutes ces composantes de la langue sont utiles à la fois pour lire des mots nouveaux et pour en comprendre le sens.

A) La syllabe

Une syllabe est un son ou un groupe de sons prononcé en une seule émission de voix. Selon qu'un mot contient une, deux, trois ou plusieurs syllabes, on aura des mots monosyllabiques, dissyllabiques, trisyllabiques ou polysyllabiques.

Le lecteur adulte utilise à l'occasion l'indice de la syllabe pour déchiffrer des mots qui ne peuvent être lus globalement, parce que peu familiers ou trop longs ; par exemple, le mot **polytétrafluoréthylène**. Pour le lecteur débutant, la syllabe peut également être un indice utile. Il est même préférable d'orienter le jeune lecteur vers l'analyse du mot en syllabes plutôt que vers l'analyse phonémique. Ainsi, l'enfant tentera plutôt de reconnaître des syllabes dans des mots sans chercher à prononcer les **sons** de façon isolée.

La connaissance des syllabes ne permet toutefois pas au lecteur d'effectuer un bon découpage du mot. En fait, pour que le découpage soit exact, il faut que le mot ait d'abord été lu. Par contre, la connaissance des syllabes aide le lecteur à émettre certaines hypothèses. C'est par un processus de résolution de problèmes que le lecteur arrivera à trouver la prononciation exacte du mot. Plus le lecteur est habile, plus il aura de la facilité à utiliser la syllabation qui demeure, il faut l'avouer, une stratégie passablement intuitive.

B) Les racines

Par racines, nous entendons l'unité de base du mot. La plupart des mots de la langue française sont issus du latin. Mais le lexique français emprunte aussi des racines au grec, à l'allemand et à l'italien.

Si l'utilisation de la racine d'un mot peut faciliter la compréhension de ce dernier, il ne faudrait pas confondre la capacité de trouver la racine du mot avec celle qui consiste à **trouver le petit mot dans le grand**. Il arrive souvent que l'on demande aux lecteurs débutants d'analyser un mot de façon à y trouver un **petit mot** comme, par exemple, **il** dans **fille, ma** dans **maison**. Cette activité n'aide pas l'enfant à lire le mot et peut même souvent lui nuire. En effet, l'enfant qui isole le **ma** de **maison** n'est pas sur la bonne voie pour lire le mot.

C) Les suffixes

Les suffixes sont des lettres qui, ajoutées à la fin de la racine du mot, donnent naissance à un autre mot. Les suffixes peuvent être a) des suffixes proprement dits, c'est-à-dire des particules composées d'une ou de plusieurs syllabes (ex. : -able, -ier, -tion, etc.) ou b) des mots d'origine latine ou grecque (Dubois et al, 1961). Les suffixes peuvent former des noms, des adjectifs, des verbes et des adverbes.

S'il désire aider les enfants à utiliser les suffixes pour comprendre ou former des mots nouveaux, l'enseignant doit posséder une bonne connaissance de ces éléments.

Vérifiez vos propres connaissances sur les suffixes :

a) Suffixes d'origine grecque

Suffixes	*Sens*	*Exemple*
nomie	____________________	astronomie
pathe	____________________	névropathe
pédie	____________________	encyclopédie
scope	____________________	télescope
therme	____________________	isotherme
phile	____________________	francophile

b) Suffixes d'origine latine

Suffixes	*Sens*	*Exemple*
cide	____________________	infanticide
fuge	____________________	transfuge
pède	____________________	bipède
fère	____________________	mammifère
fique	____________________	frigorifique
vore	____________________	carnivore

À titre d'information, voici une liste de suffixes servant à former des noms, des adjectifs et des verbes.

ace-asse	péjoratif	paperasse	populace
ade	action, collectif	bourgade	parade
age	état, collectif	ramassage	cordage
aie	plantation de	pommeraie	orangeraie
ail	instrument	vitrail	épouvantail
aille	péjoratif, collectif	trouvaille	pierraille
ain-en	origine	américain	canadien
aine	collectif	centaine	douzaine
aire	agent	commissaire	incendiaire
a(tion)	action	production	augmentation
ance	résultat	romance	appartenance
ard	péjoratif	cagoulard	vantard
at	profession	doctorat	professorat
âtre	péjoratif	mulâtre	bellâtre
a(ture)	action, instrument	fermeture	dorure
aud	péjoratif	nigaud	
cule-ule	diminutif	groupuscule	ovule
eau-elle	diminutif	traîneau	radicelle
ée	contenu	cuillerée	pelletée
er	agent, métier	boulanger	laitier
érie	qualité	singerie	poltronnerie
erie	local	épicerie	pâtisserie
esse	qualité	maladresse	gentillesse
et, ette	diminutif	pauvret	tablette
eté	qualité	naïveté	
eur	agent	violeur	voyeur
ateur	agent, métier	réparateur	aviateur
ie	état	courtoisie	folie
ien	profession	opticien	musicien
illon	diminutif	portillon	médaillon
is	état	hachis	éboulis
ise	qualité	gourmandise	
isme	doctrine	humanisme	existentialisme
iste	profession	fleuriste	biologiste
iste	adepte de	surréaliste	socialiste
ite	état maladif	névrite	appendicite
ité	qualité	mondanité	
itude	qualité, état	solitude	servitude
ment	action, état	follement	gentiment
oir	instrument	arrosoir	parloir
oire	instrument	balançoire	bouilloire
ole	diminutif	banderole	
on-eron	diminutif	chaton	moucheron
on	physique	neutron	proton
ot-ille	diminutif	chariot	brindille
sion	action	compromission	
son	action	pendaison	

Suffixes servant à former des adjectifs

able, ble	possibilité	soluble
ais, ois, an	habitant, origine	portugais, québécois
al	qualité	végétal, digital
aire	qui appartient	scolaire, populaire
asse, ard	péjoratif	blondasse, vantard
âtre	diminutif, péjoratif	noirâtre
aud	péjoratif	lourdaud, pataud
iel	qui appartient	potentiel
el	qui cause	fonctionnel
et, elet	diminutif	pauvret
eux	dérive d'un nom	boiteux
ier, ière	qualité	hospitalier
if	qualité	craintif, intensif
in	diminutif	enfantin
ique, atique	qui a rapport	informatique
ot	diminutif	pâlot
u	qualité	têtu, ventru

Suffixes servant à former des verbes

ailler	péjoratif	rimailler
asser	péjoratif	rêvasser
eler	dérive du nom	bosseler
er	dérive du nom	loger, boxer
ifier	qui cause	modifier
iller	diminutif	mordiller
iner	diminutif	trottiner
ir	dérive d'un adjectif	rougir, jaunir
iser	qui fait	franciser
ocher	péjoratif	effilocher
oter	péjoratif	vivoter
onner	péjoratif	crayonner
oyer	état	foudroyer

D) LES PRÉFIXES

Les préfixes sont des particules qui, placées devant un nom, un adjectif, un verbe ou un participe, modifient le sens du mot primitif en y ajoutant une idée secondaire (Grévisse, 1975). Certains préfixes sont séparables, en ce sens qu'ils peuvent s'employer comme mots indépendants : **avant, mal, sous, sur**, etc. D'autres préfixes sont dits inséparables parce qu'ils n'ont pas d'existence propre : ces derniers proviennent du latin ou du grec : **in, pré, anti**, etc.

Vérifiez vos connaissances sur les préfixes :

a) Préfixes d'origine grecque

Préfixes	*Sens*	*Exemple*
penta	____________________	pentagone
ortho	____________________	orthopédie
tachy	____________________	tachymètre
théo	____________________	théocratie
hexa	____________________	hexagone
macro	____________________	macrocéphale

b) Préfixe d'origine latine

Préfixes	*Sens*	*Exemple*
in	____________________	infiltrer
octa	____________________	octagone
vice	____________________	vice-consul
intra	____________________	intramusculaire
per	____________________	percolateur
juxta	____________________	juxtaposer

Voici une liste de préfixes suivis de quelques exemples :

a, ab, abs	loin de	absence
a, ad	vers	advenir
a, an	privé de	aphone
ante, anti (latin)	avant	antichambre
anti (grec)	contre	antipathique
archi	au plus haut degré	archidiacre
bi, bis	deux	bissectrice
cata	de haut en bas	catastrophe
circon, circum	autour	circonférence
co, com, con	avec	coefficient, compatriote
de, des, dis	séparé de	désespoir, discorde
dia	à travers	diamètre
dys	avec difficulté	dysplasie
e, ef, ex	hors de, qui n'est plus	effacer, exclure
en, in, un	dans	enterrer, inconscient
entre, inter	entre	interdisciplinaire
épi	sur, vers	épitaphe
extra	en dehors, augmentatif	extra-terrestre, extra-fort
for, hors	hors de	forclore, hors-la-loi
hémi	demi	hémisphère
hyper	au-dessus	hyperactif
hypo	au-dessous	hypothénuse
in, il, im, ir	privé de	indocile, illicite
infra	au dessous	infrastructure
intra, intro	au-dedans	intracellulaire
male, maux	mal	malhabile
méta	changement	métaphysique
mi	moitié	mi-voix
mono	un	monologue
outre, ultra	au-delà	outremer, ultrason
par, per	à travers	parfaire, perméable
para	à côté de	paravent
péri	autour	périmètre
post	après	postface
pré	avant	préface
pro, por, pour	en avant	proposer, pourchasser
re, ré	de nouveau	revenir
rétro	en arrière	rétrograde
sous, sou, sub	sous	souligner, subdiviser
sur, super, supra	au-dessus	superfin, suprasensible
sy, sym, syn	avec, ensemble	symétrie, synchronie
trans, tra, tré	au-delà, à travers	transplanter
tri, tris	trois	trifolié
uni	un seul	unilatéral
vi, vice	à la place de	vicomte, vice-roi

En guise de conclusion à ce que nous venons de voir au sujet des stratégies d'analyse phonique et d'analyse de la structure du mot, nous vous proposons une série de questions préparées par Durkin (1977) pour évaluer la qualité de l'enseignement du décodage.

1. Est-ce que j'enseigne le décodage de façon à le rendre utile pour la lecture, ou est-ce que je l'enseigne comme une fin en soi ?
2. Est-ce que j'ai bien clarifié au départ que le décodage est un type de résolution de problème dans lequel le décodeur doit rechercher activement une solution, ou est-ce que j'ai présenté les généralisations comme des règles infaillibles ?
3. Est-ce que je prends soin d'utiliser des exercices qui présentent des mots nouveaux insérés dans un contexte, ou bien est-ce que j'utilise des cahiers d'exercices où l'on fait décoder aux enfants des listes de mots connus ?
4. Est-ce que j'ai défini le décodage de façon à faire ressortir l'importance des indices tant contextuels que visuels, ou est-ce que j'ai mis l'accent sur l'analyse du mot comme premier indice ?
5. Est-ce que j'ai suffisamment compris l'apport du vocabulaire oral au décodage pour essayer constamment de l'enrichir, ou est-ce que je suis tellement occupé à enseigner le décodage que je n'ai plus de temps pour les autres aspects de l'enseignement de la lecture ?
6. Est-ce que je suis assez sûr de moi face au décodage pour exploiter de façon critique le matériel didactique suggéré ou est-ce que j'en sais si peu sur l'analyse du mot que je m'en remets aveuglément aux manuels.

En bref, le lecteur, devant un texte, doit d'abord se demander à quel type de texte il a affaire et pourquoi il le lit. Il peut ensuite exploiter les indices contextuels, c'est-à-dire les indices syntaxiques et sémantiques.

La connaissance intuitive de la syntaxe permet au lecteur d'utiliser les terminaisons de mots, les mots-fonctions et l'ordre des mots comme indices pour l'identification des mots. Ces indices syntaxiques sont complétés par les indices sémantiques, c'est-à-dire le sens des mots et les relations entre les mots et les phrases. Le lecteur utilise non seulement les indices sémantiques et syntaxiques présents dans le texte, mais aussi son expérience du langage et de la vie. Évidemment, la lecture ne peut exister sans les indices grapho-phonétiques, les lettres et les mots sur la page et la connaissance intuitive des relations lettres-sons. Le lecteur dispose donc également d'indices reliés plus directement à la structure du mot lui-même : les indices morphologiques et les indices grapho-phonétiques.

Chapitre VII
Vitesse et flexibilité

Dans ce chapitre, vous verrez les rôles respectifs de la vitesse et de la flexibilité dans la lecture. Vous vous demanderez à quel moment et jusqu'à quel point il faut tenir compte de la vitesse chez le lecteur débutant. Vous prendrez ensuite connaissance de techniques particulières de lecture : le repérage et le survol. Finalement, vous comprendrez que la flexibilité est un objectif important chez le jeune lecteur.

LA VITESSE DANS LA LECTURE

«*À quelle vitesse devraient lire mes élèves ?*» Voilà une question que posent souvent les enseignants. Il arrive également que des lecteurs adultes se demandent s'ils peuvent augmenter leur vitesse de lecture ou s'ils devraient s'inscrire à des cours de lecture rapide. Cet intérêt pour la vitesse est justifiée si l'on considère la quantité de textes écrits à laquelle nous sommes exposée quotidiennement.

Mais une question comme «*À quelle vitesse devrais-je lire ?*» sous-entend que le lecteur n'utilise qu'une seule et même vitesse pour toutes ses lectures. En réalité, le lecteur accompli varie sa vitesse de lecture en fonction de son intention et de la difficulté du texte. On parlera de flexibilité pour qualifier la capacité d'adapter sa vitesse de lecture selon le type de texte et le but poursuivi. De façon générale, le lecteur augmente sa vitesse quand le texte est facile ou que la compréhension des détails n'est pas importante, mais il diminue sa vitesse lorsque le texte est plus difficile ou que le rappel des détails est nécessaire. On pourrait comparer ce comportement à celui du chauffeur qui peut accélérer quand la route est droite ou s'il est pressé, mais qui ralentit dans les courbes ou s'il cherche à repérer un nom de rue.

L'objectif poursuivi dans l'enseignement ne sera pas la vitesse en elle-même mais la flexibilité. Toutefois, il est évident que pour pouvoir varier sa vitesse de lecture, le lecteur doit être capable de lire rapidement : un lecteur qui n'a pas développé l'aptitude à lire rapidement ne pourra choisir entre différentes vitesses selon les circonstances. C'est pourquoi nous nous pencherons d'abord sur la vitesse pour ensuite aborder la flexibilité.

La vitesse et la compréhension

La vitesse de lecture en soi est une donnée incomplète si elle n'est pas reliée à la compréhension. On devrait plus justement parler de «vitesse de compréhension» (Bond et Tinker, 1967). La vitesse ne sera donc jamais évaluée seule, mais toujours en regard de la compréhension.

On peut être porté à croire qu'une lecture rapide est susceptible de nuire à la compréhension. Les recherches ont montré qu'au contraire les lecteurs rapides comprennent mieux que les lecteurs lents, surtout s'il s'agit de textes faciles. Mais ce n'est pas la vitesse elle-même qui cause une meilleure compréhension ; un lecteur est rapide parce qu'il possède les habiletés nécessaires à une compréhension claire et aisée.

La vitesse dans la lecture orale et dans la lecture silencieuse

Chez le lecteur débutant, les processus de lecture orale et de lecture silencieuse sont assez similaires. Cette ressemblance se reflète dans la vitesse de lecture qui est identique dans les deux situations. L'apprenti-lecteur lit silencieusement à la même vitesse qu'il lit oralement.

La vitesse de la lecture orale atteint assez rapidement un plafond situé autour de 150 mots/minute, ce qui représente le débit moyen d'une conversation. Il s'agit là d'une limite physiologique du système phonatoire. La vitesse dans la lecture silencieuse continue de progresser et peut atteindre deux à trois fois la vitesse de la lecture orale. C'est ordinairement vers la troisième ou la quatrième année que les enfants commencent à lire silencieusement plus vite qu'oralement. C'est probablement durant la quatrième année scolaire que l'on pourra constater la plus forte accélération de la vitesse de lecture à l'école.

La vitesse comme indice d'habileté dans la lecture

Avec les apprentis-lecteurs, la vitesse n'est pas un objectif à atteindre en lecture orale mais elle peut être un indice global de l'habileté à lire. Prenons l'exemple de deux enfants de deuxième année qui lisent oralement, l'un à 30 mots/minute et l'autre à 120 mots/minute. Bien que la vitesse soit une donnée partielle, on peut déjà s'interroger sur les habiletés de l'enfant qui lit très lentement. On peut se demander si cette lenteur ne trahit un manque de vocabulaire visuel instantané, une utilisation lacunaire du contexte, un manque d'intérêt pour le texte. Si la vitesse en lecture orale peut être utile pour distinguer une lecture très hésitante d'une lecture courante, elle n'est plus d'aucune utilité pour distinguer une lecture courante d'une lecture expressive. En effet, le fait de savoir qu'un enfant lit 120 mots/minute et un autre 150 mots/minute ne nous permet pas de faire une comparaison valable entre les deux lecteurs.

Bref, la vitesse en lecture orale n'est qu'un **indice** des stratégies de lecture de l'enfant et doit être utilisée comme telle. Cet indice est surtout utile au début de l'apprentissage de la lecture et il perd toute sa signification lorsque l'enfant a atteint une vitesse de lecture orale qui rejoint celle de la conversation. Il n'y a donc rationnellement aucune justification à la déplorable habitude d'évaluer la vitesse dans la lecture orale des élèves du deuxième cycle : on retrouve dans ce type d'évaluation des résultats de l'ordre parfois de 250 mots/minute, ce qui implique que la lecture a été faite à un débit tout à fait incompréhensible pour l'auditeur. Donc, la vitesse dans la lecture orale est certes un indice, mais sa portée se limite au lecteur débutant.

En lecture silencieuse, par contre, la vitesse peut constituer un critère efficace, même avec le lecteur adulte. Mais, dans tous les cas, la vitesse doit être considérée comme une indication et non comme un but qu'il importe d'atteindre.

La subvocalisation

La subvocalisation est une trace de la lecture orale et peut se présenter sous forme de murmure, de mouvements des lèvres ou des organes phonatoires ou encore sous forme de discours, intérieur pendant la lecture silencieuse. Plus la lecture est lente, plus il y a de subvocalisation.

Observez un enfant de première année qui lit silencieusement. Sauf exception, vous verrez l'enfant articuler à peu près tous les mots. Ou encore, entrez dans une classe de deuxième année pendant la période de lecture silencieuse, vous entendrez un murmure constant monter des pupitres.

Doit-on tenter de faire disparaître les signes évidents de subvocalisation comme le murmure ou le mouvement des lèvres ? La réponse à cette question dépend du niveau d'habileté du lecteur. Il est inutile de demander à un enfant de ne pas subvocaliser tant que sa vitesse de lecture silencieuse ne dépasse pas celle de la lecture orale. Passé ce stade, la subvocalisation peut ralentir indûment la lecture et mérite qu'on s'y attarde. On commencera d'abord par tenter d'améliorer l'habileté générale dans la lecture ; on ne traitera directement la subvocalisation que chez un bon lecteur qui par « surapprentissage », subvocalise devant des textes faciles.

Chez l'adulte, la lecture silencieuse est souvent accompagnée d'une certaine forme de discours intérieur. Le lecteur a l'impression de prononcer intérieurement les mots en lisant alors qu'en fait il lit beaucoup trop rapidement pour pouvoir prononcer tous les mots. On ne peut donc assimiler le discours intérieur à la subvocalisation, mais des recherches ont démontré que les bons lecteurs utilisent moins le langage intérieur que les lecteurs moins avancés (Weaver, 1980). Il y aurait donc lieu de poursuivre les recherches sur le rôle du discours intérieur en lecture silencieuse.

Quelle part doit-on accorder à la vitesse dans l'enseignement de la lecture ?

Il n'est pas approprié de mettre l'accent sur l'enseignement de la vitesse dans les trois premières années du primaire. Au deuxième cycle, cependant, la vitesse de lecture doit être prise en considération : elle doit être perçue comme la manifestation de l'habileté à lire. Les exercices d'entraînement à la vitesse sont à déconseiller si l'enfant lit rapidement et comprend peu et s'il lit lentement et comprend peu. Par contre, chez un enfant qui lit lentement et comprend bien, il peut s'agir d'une simple habitude ; dans ce cas, des exercices pourraient éventuellement rendre ce lecteur plus efficace.

A) Comment évaluer la vitesse dans la lecture

Rappelons qu'il n'y a jamais une mesure unique de la vitesse pour un enfant : en effet, un même enfant peut présenter des écarts importants dans les résultats de deux évaluations faites au moyen de textes de niveau de difficulté différents. Cependant, il peut être utile de brosser un tableau de la vitesse de lecture des élèves de la classe. Il est bien entendu que l'on parle ici de lecture silencieuse.

1) L'élaboration du test

Choisissez un texte adapté au niveau de lecture de la classe. Calculez le nombre de mots et préparez une série de dix questions de compréhension.

2) Le déroulement du test

Expliquez aux enfants le but de l'évaluation. Demandez-leur de lire rapidement, mais à une vitesse qui n'entrave pas la compréhension du texte, et de répondre par la suite à certaines questions de compréhension. Vous pouvez procéder de différentes façons pour évaluer la vitesse de lecture de la classe.

a) Vous pouvez accorder une période de temps identique pour tous (par exemple, trois minutes) puis calculer le nombre de mots lus par chacun. Cette façon de procéder offre l'avantage d'être simple d'application, mais elle présente le désavantage d'amoindrir la mesure de la compréhension, car les élèves qui n'ont lu qu'une partie du texte ne peuvent de toute évidence répondre aux questions de compréhension.

b) Vous pouvez aussi demander aux enfants d'indiquer par un trait de crayon sur leur texte l'endroit où ils sont rendus chaque fois que vous faites entendre un signal (un bruit, un mot). Vous répétez le signal à toutes les trente secondes jusqu'à ce que le dernier élève ait terminé sa lecture. Vous calculez ensuite le nombre de mots jusqu'au dernier trait, divisez ce total par le nombre de traits (ce qui vous donne le nombre de mots lus par trente secondes) puis vous multipliez par deux pour obtenir le nombre de mots/minute.

Exemple : Un élève a lu 520 mots jusqu'au dernier trait : sa feuille compte 6 traits.
$520 \div 6 \times 2 = 173$ mots/minute.

c) Vous pouvez enfin utiliser une façon de procéder qui indique aux élèves combien de temps s'est écoulé depuis le début de la lecture. Préparez une série de fiches sur lesquelles vous inscrivez au crayon feutre des multiples de cinq (25, 30, 35, 40, 45, etc.). À mesure que le temps s'écoule, vous mettez en évidence la carte correspondant au nombre de secondes écoulées. L'enfant qui a fini de lire son texte, lève les yeux et note sur sa feuille le nombre de secondes indiqué sur la fiche que vous tenez à la main.

B) COMMENT UTILISER LES RÉSULTATS DE L'ÉVALUATION

Lorsque le test est terminé et que vous avez calculé les résultats, vous pouvez écrire ces derniers au tableau mais en respectant l'anonymat des élèves. Discutez alors avec les élèves de l'interprétation des résultats que vous aurez regroupés en quatre catégories :

1. vitesse élevée — bonne compréhension ;
2. vitesse élevée — faible compréhension ;
3. vitesse lente — bonne compréhension ;
4. vitesse lente — faible compréhension.

Amenez les élèves à réaliser que, les lecteurs du premier groupe ont lu à une vitesse élevée mais qui leur permettait de comprendre le texte ; que ceux du deuxième groupe ont lu trop rapidement car ils n'ont pas compris le texte, que ceux du troisième groupe ont bien compris le texte mais auraient probablement pu lire plus vite, et que les autres lecteurs ont probablement trouvé le texte trop difficile.

Si vous utilisez régulièrement une technique d'évaluation de la vitesse, assurez-vous de choisir des textes du même niveau de difficulté. Proposez aux élèves de tracer un graphique à partir de leurs résultats. L'enfant est alors comparé à lui-même et le graphique qui confirme ses réussites personnelles est un excellent moyen de motivation (figure 39).

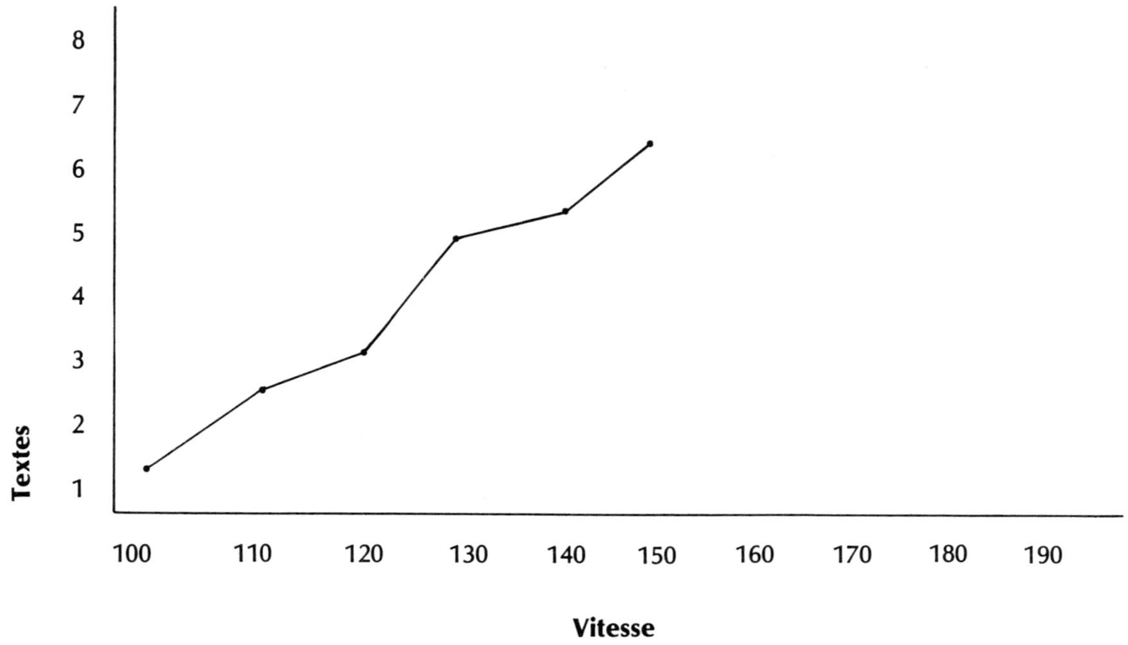

Figure 39 : Graphique illustrant l'augmentation de la vitesse de lecture.

La vitesse et les différents types de lecture

On peut associer la vitesse de lecture à différents types de lecture. On s'entend ordinairement pour classer en quatre catégories les diverses façons d'aborder un texte en ce qui concerne la vitesse : 1) la lecture très lente, 2) la lecture lente, 3) la lecture rapide et 4) le balayage. Le tableau V illustre cette classification.

Tableau 5 : Les différents types de lecture

Type de lecture	Intention du lecteur	Type de matériel
Balayage a) repérage	• Localiser de l'information.	Dictionnaires, encyclopédie.
b) survol	• Trouver de quoi parle un texte.	Un article qui sera lu plus tard en profondeur.
Lecture rapide	Lire pour le plaisir ou pour trouver l'idée principale d'un texte facile.	Journal, histoires, romans.
Lecture lente	Lire pour retenir certaines informations.	Manuel scolaire (ex : histoire, géographie), article scientifique.
Lecture très lente	• Lire pour suivre une directive précise. • Lire un matériel très difficile.	Recettes, Poème, lecture à haute voix.

A) Les lectures rapide, lente, très lente

Les lectures rapide, lente et très lente font référence à des habiletés similaires mais utilisées en fonction d'objectifs différents. Ces différentes lectures sont celles qui sont le plus souvent utilisées traditionnellement au primaire. On remarquera que dans ces trois types de lecture, **lire** consiste toujours à commencer par le début du texte et à en suivre le déroulement. Le lecteur essaie dans ce cas de découvrir précisément ce que l'auteur veut dire, en respectant la structure du texte et sans omettre de parties. L'objectif général de ce type de lecture consiste à organiser l'information perçue et à se rappeler l'essentiel de ce qui est dit.

B) Le balayage

Il existe d'autres stratégies de lecture que l'on pourrait englober sous le terme de balayage. Il ne s'agit plus de lire un texte du début à la fin mais d'aller directement aux éléments qui répondent à la question de départ ou de se faire une idée générale du texte. Nous distinguerons, dans le balayage, deux types de lecture : le repérage et le survol.

1) Le repérage

Il s'agit d'un processus de localisation rapide d'un mot, d'une phrase, d'un fait dans le texte sans qu'on se fixe comme objectif de connaître le texte dans sa totalité.

a) Les deux types de repérage

- On distinguera le repérage qui consiste à localiser un symbole particulier ou un groupe de symboles, tels une formule, une date ou un nom. Le lecteur sait à quoi ressemble le symbole et il réalise qu'il a trouvé la réponse cherchée lorsqu'il rencontre le symbole. Cette activité est donc surtout visuelle ; elle se caractérise par un balayage rapide combiné à un examen plus minutieux à l'occasion. Le lecteur n'est alors pas tenu de respecter la structure du texte. L'information traitée n'est pas retenue à long terme et il n'est même pas nécessaire qu'elle soit comprise, puisque la tâche consiste essentiellement à associer l'information recherchée et l'information contenue dans le texte. Lorsque le lecteur rencontre une information très différente visuellement de celle qu'il recherche, cette information est rapidement rejetée ; par contre si l'information visuelle du texte se rapproche de celle que le lecteur recherche, ce dernier doit examiner le texte plus en détail. Un bon exemple de ce type de lecture serait le repérage d'un numéro de téléphone dans un annuaire. Observez votre propre stratégie dans l'exercice suivant qui consiste à chercher le nom de Roger Bourgeault dans une page de l'annuaire.

Bourgault	Lorenzo 360 d'Aiguillon	842-3645
Bourgault	Luc 3491 Loyola Gfard	661-8293
Bourgault	Lucien H 3 PcSamuel-Holland	626-8916
Bourgault	M 7-3399 Maricourt Ste-Foy	628-7632
Bourgault	Marc 1252 Borduas Ste-Foy	663-9918
Bourgault	Maurice 870 CtBédard NDLaur	623-2854
Bourgault	Michel 1408 Israël Bélair	623-2340

Bourgault	Michel 1281 JeanDequen Ste-Foy	688-9375
Bourgault	R 430-B St-Léon	626-8250
Bourgeais	Albert 164 Bourget Vllnve	667-4137
Bourgeau	Albert Mme 152 delaMarine	659-2216
Bourgeault	André 1066 Wolfe Ste-Foy	842-3469
Bourgeault	C 36 duCalvaire Ste-Brigitte-de-La	661-7003
Bourgeault	H 453 Fraser	628-0032
Bourgeault	L 1-129 Ducharme Ville-Vanier	872-3816
Bourgeault	Marcel G 250 Garceau BaseVlcr	875-3379
Bourgeault	Raymond 811 Cherbourg Ste-Foy	647-3197
Bourgeault	Richard 129 desCormorans Lauz	661-7209
Bourgeault	Roger 101 del'Hôpital Loret	524-5062
Bourgeault	Roland 9-1405 deLongueil	628-5648
Bourgeault	S 261-2360 Nicolas-Pinel Ste-Foy	627-0618
Bourgeault	Serge Pluraminc	875-3852
Bourgelas	Gilles 2 ChdelaFenière LacBprt	525-8097
Bourgelas	Guy 4451-H desBosquets St-Aug	667-9264
Bourgelas	R 123 St-Luc	872-5533
Bourgeois	B 240 r Notre-Dame Bchat	872-8373
Bourgeois	Bernard 178 BlValcartier Loret	523-5620
Bourgeois	Bernard 9405 Bourret Chsbrg	849-4162
Bourgeois	Blaise 14 Boutet Bprt	887-6664
Bourgeois	C 1457 Champlain AncLoret	623-9424
Bourgeois	C 413-3455 Dumas	667-7463
Bourgeois	C 85 Giroux Loret	827-4639
Bourgeois	C 11279 Royale Bpré	681-7134
Bourgeois	Camille 220 Georges-Muir N-D-Lac	663-4392
Bourgeois	Carol 326 Ader Bprt	843-4875
Bourgeois	Carol 1-24 Ste-Angèle	842-3735
Bourgeois	Cécilia Mme 371 Taschereau	661-4251
Bourgeois	Charles 205 Boutet LacSgt	827-2442
Bourgeois	Charles Mme 54 CtdeCourville	527-6726
Bourgeois	Charles 8-674 Dalquier Ste-Foy	842-7176
Bourgeois	Charles 77 St-Louis Loret	522-2871

- On distingue également dans le repérage une activité plus exigeante qui consiste pour le lecteur à essayer de localiser de l'information, sans savoir toutefois sous quelle forme se présentera cette information. La tâche n'est donc plus purement visuelle car le lecteur doit demeurer à l'affût de mots qui se situent dans le même champ sémantique que le mot recherché (Pugh, 1978).

Vérifiez votre façon de repérer de l'information dans l'exercice suivant qui consiste à localiser rapidement dans le texte le nom du fidèle compagnon de Don Quichotte.

> Dans une bourgade de la Manche, province située à cheval sur l'Aragon et la Castille, vivait un gentilhomme d'un certain âge nommé Don Quichotte. Maigre et sec de visage, il passait son temps à lire d'absurdes romans de chevalerie. Il ne tarda pas à perdre le jugement. Il décida de se faire chevalier et de parcourir le monde pour redresser les torts et acquérir une superbe renommée. Il se composa une armure, enfourcha son cheval Rossinante et entraîna avec lui Sancho Pança, un gros paysan débonnaire, monté sur un âne. Après une série d'aventures désastreuses, il se précipita sur un moulin à vent, croyant qu'il s'agissait d'un géant, perça l'aile d'un coup de lance, mais le vent fit tourner le moulin. L'aile emporta cheval et chevalier et les fit rouler dans la poussière.
>
> La sierra de los Molinos avec ses trente moulins rappelle les combats épiques de don Quichotte. Il fallut bien d'autres incidents, un combat contre des mules et une armée de moutons, pour que notre héros, enfin assagi, rentrât dans son village natal avec Sancho Pança.

Vous avez sans doute constaté que vous avez fixé spontanément votre attention sur les noms propres. Vous ne connaissiez pas le mot recherché, mais vous saviez qu'il s'agissait d'un mot commençant par une majuscule et vous avez repéré tous les noms jusqu'à ce que l'information recherchée soit localisée.

b) L'enseignement du repérage

L'enseignement de cette technique peut accompagner les débuts de l'apprentissage de la lecture. Il sera toujours préférable cependant, avec les tout jeunes lecteurs, de pratiquer le repérage avec un texte déjà lu par les enfants. Pour enseigner cette technique, il importe de faire comprendre à l'enfant qu'il n'est pas toujours nécessaire de lire un texte au complet pour trouver une réponse à une question. Il est important que l'enfant sache bien ce qu'il doit chercher et qu'il ne cherche qu'une chose à la fois.

L'annuaire téléphonique est une source inépuisable d'activités. L'année prochaine, lors du changement des annuaires, pensez à en recueillir un certain nombre que vous utiliserez pour des activités en petits groupes.

Exemples d'activités :

- Annuaire téléphonique (pages blanches) :
  — quel est le numéro des pompiers ?
  — à quel page se trouve le numéro de la commission scolaire, de l'école ?
  — à quel page trouves-tu ton propre numéro de téléphone ?
  — quelle est l'adresse de Pierre, de Sylvie ?
- Annuaire téléphonique (pages jaunes) :
  — tu veux acheter un lapin, trouve l'adresse d'un magasin d'animaux.
  — tu veux acheter des skis usagés, trouve l'adresse d'un magasin où l'on fait l'échange des articles de sport.
- Journal (annonces classées, pages consacrées aux arts et aux spectacles)
  — Y a-t-il un film à l'affiche cette semaine qui porte sur les extra-terrestres ?
  — quel est le prix d'une bicyclette à 10 vitesses ?
  — à quelle heure est diffusée l'émission « *La petite maison dans la prairie* » ?

2) Le survol

Ce processus de lecture rapide d'un texte consiste à retirer l'information générale en sélectionnant des sources d'information pertinentes comme les titres, les index ou les résumés.

a) La distinction entre le survol et le repérage

Pendant le survol, l'examen général rapide du texte se combine à des périodes de lecture minutieuse. Le lecteur respecte la progression de l'auteur et utilise même cette structure pour retenir l'information. Cette tâche est plus complexe que celle du repérage parce qu'elle exige que le lecteur organise et retienne l'information transmise par l'auteur. Un lecteur, par exemple, fera le repérage d'un article scientifique pour trouver un renseignement particulier mais il survolera cet article pour voir si ce dernier peut lui être utile ; le cas échéant, il lira plus tard cet article minutieusement, dans le cas contraire, il le rejettera.

Le survol n'est donc pas une simple lecture accélérée mais plutôt une compétence particulière. Quand on fait allusion à la lecture rapide, de l'ordre de 2000 mots/minute, on ne parle pas de lecture intégrale mais de survol.

b) L'enseignement du survol

Si le repérage peut être utilisé avec les lecteurs débutants, le survol sera réservé, en principe, aux lecteurs qui ont déjà acquis une certaine rapidité dans la lecture, soit vers la troisième ou la quatrième année scolaire. Le survol d'un texte en facilite la lecture tout en éveillant l'intérêt du lecteur pour le texte et en le familiarisant avec les concepts de l'auteur et l'organisation textuelle. Le survol prépare le lecteur à une lecture plus rapide et mieux comprise.

La technique du survol exige un enseignement particulier qui portera notamment sur la manière d'exploiter les titres, les sous-titres, les indices visuels, le premier et le dernier paragraphes.

Au début de l'enseignement de cette stratégie, livrez-vous à un sondage auprès des élèves afin d'identifier les indices qu'ils utilisent déjà et ceux qu'ils n'exploitent pas encore (voir questionnaire à la page suivante). Proposez-leur ensuite un texte qui se prête bien à l'exploitation de cette technique. Les enfants sont toujours étonnés de la quantité d'information qu'ils ont pu retenir après un survol.

Pour qu'un jeune lecteur soit motivé lorsqu'il apprend à utiliser les différentes parties d'un livre, il doit en avoir pressenti l'utilité ; il doit constater que leur exploitation judicieuse permet 1) de retirer plus d'informations du livre, 2) de décider si c'est un livre qui peut nous être utile et 3) de sauver du temps.

On aura avantage à orienter la discussion à ce sujet sur des questions-types relativement à chacune des parties :

1) Quel est le nom de cette partie ?
2) Pourquoi est-elle incluse dans le livre ?
3) Quand peut-on l'utiliser ?
4) Où est-elle située habituellement ?
5) Comment l'utilise-t-on ?

QUESTIONNAIRE DESTINÉ AUX ENFANTS

Lorsque tu feuillettes un livre pour décider s'il te sera utile ou non, quels sont les éléments de la liste suivante que tu utilises pour prendre ta décision ?

Écris un O à côté des éléments que tu utilises et un N à côté de ceux que tu n'utilises pas.

- ☐ Le titre du livre
- ☐ Le nom de l'auteur
- ☐ La table des matières
- ☐ Les titres de chapitre
- ☐ Les sous-titres
- ☐ Les résumés à la fin des chapitres
- ☐ La couleur, les mots soulignés
- ☐ Les graphiques ou tableaux
- ☐ Les appendices
- ☐ Autres

Pour faire la synthèse de la discussion, amenez les enfants à imaginer ce que le livre aurait l'air si cette partie n'existait pas.

Les enfants peuvent ensuite fabriquer leur propre livre en incluant chacune des parties travaillées.

LA FLEXIBILITÉ

La flexibilité doit être développée chez le lecteur dès le primaire même si l'on a souvent tendance à repousser cet apprentissage jusqu'au secondaire. Il ne faut pas oublier que cette habileté est longue à acquérir et qu'elle sera un objectif durant plusieurs années.

L'évaluation de la flexibilité

Pour évaluer si un lecteur recourt à différentes stratégies selon le type de texte lu, vous pouvez vous servir de l'observation, de l'autoévaluation ou de l'évaluation systématique. Pour préparer une évaluation structurée, il convient de choisir des textes différents mais de même longueur. Pour chacun des textes, proposez une intention au lecteur (ex. : lire pour retenir des détails, lire pour comprendre l'idée générale) et calculez le temps requis pour la lecture de chacun des textes.

Après l'évaluation, placez les résultats anonymes au tableau et discutez avec les élèves de l'importance de la flexibilité. Faites-leur remarquer que certains font varier la vitesse en fonction de la tâche : en effet, ces lecteurs ont lu plus lentement pour retenir des détails que pour comprendre l'idée générale. Par contre, d'autres auront probablement lu tous les textes à la même vitesse.

L'enseignement de la flexibilité

Traditionnellement, on définit la flexibilité comme la capacité de faire varier sa vitesse de lecture en fonction de la difficulté du texte et du but poursuivi. Hoffman (1979) en propose cependant une définition plus complète. Selon lui, un lecteur flexible est celui qui applique les stratégies les plus pertinentes à la **situation** de lecture. La **situation** est définie comme le résultat de l'interaction entre des variables telles

— le but de la lecture ;
— la difficulté du texte en relation avec le niveau d'habileté à lire du lecteur ;
— la structure et l'organisation du texte ;
— l'adéquation des expériences et des intérêts du lecteur avec ceux de l'auteur ;
— la présence d'aide extérieure disponible ;
— la situation dans laquelle se déroule la lecture (les interactions avec d'autres personnes) ;
— les contraintes de temps.

Sous chacune de ces catégories, on peut retrouver un nombre considérable de conditions. Pour se faire une idée du nombre de **situations** possibles, il suffit de penser à toutes les possibilités de combinaisons entre les catégories.

Hoffman (1979) propose une stratégie en deux temps pour amener les élèves à choisir les stratégies convenant le mieux à la **situation** de lecture donnée. Il recommande ainsi 1) l'analyse du contexte et 2) la sélection de la stratégie.

1. *Analyse du contexte :* Cette première étape a comme objectif d'amener les élèves à se faire une appréciation générale du contexte. Cette analyse peut être dirigée par le maître ou proposée par l'élève.

But de la lecture :

- Pourquoi lit-on ce texte ?
- Qu'est-ce que je suis censé être capable de faire après cette lecture et que je n'étais pas capable de faire auparavant ?
- Pourquoi l'auteur a-t-il écrit ce texte ?
- Comment l'auteur pensait-il que ce texte serait utilisé ?

Difficulté :

Jusqu'à quel point ce texte semble-t-il difficile par rapport à mes compétences ? Y-a-t-il plusieurs mots que je ne sais pas lire ou dont je ne comprends pas le sens ?

Structure et organisation :

Quel type de texte est-ce ? Une histoire ? Une pièce ? Un chapitre extrait d'un manuel de géographie ? Comment ce texte est-il organisé pour la lecture ? Quels sont les indices que l'auteur fournit en ce qui regarde la structure du texte ?

Adéquation du contenu et des intérêts :

Suis-je familier avec ce sujet ? Est-ce un sujet qui m'intéresse particulièrement ?

Aides :

Quel type d'aide aurai-je pour lire ce matériel ? Le professeur ? Est-ce que le dictionnaire sera utile pour comprendre ce texte ?

Situation sociale :

Est-ce que ce texte sera lu en groupe avec le professeur ? En petits groupes ? Individuellement ?

Temps :

Y-a-t-il un temps imparti pour lire ce texte ? Si oui, combien de temps par rapport à la quantité de texte ? Si non, combien faudra-t-il de temps pour lire ce texte en tenant compte du but proposé ?

Il est évident que cette analyse varie d'une situation à l'autre. Des questions peuvent être éliminées si elles ne s'avèrent pas utiles.

2. *Sélection de la stratégie :* Il peut sembler que, lorsqu'on a analysé le texte, le choix de la stratégie s'impose de soi. Tel n'est pas le cas. Dans la plupart des situations, le lecteur aura besoin d'une combinaison de stratégies. La flexibilité peut donc inclure non seulement le choix des stratégies mais aussi l'ordre dans lequel elles seront appliquées.

En résumé, les notions de VITESSE et de FLEXIBILITÉ sont étroitement reliées : en effet, le lecteur ne sera flexible dans sa façon d'aborder les textes que s'il peut varier sa vitesse de lecture. L'objectif à long terme dans l'enseignement de la lecture sera donc la flexibilité, et la vitesse ne sera considérée que comme un moyen d'atteindre à la flexibilité.

Chapitre VIII
Attitudes, intérêts et habitudes à l'égard de la lecture

Dans ce chapitre, vous ferez la distinction entre les attitudes, les intérêts et les habitudes à l'égard de la lecture. Vous vous familiariserez avec des instruments permettant d'évaluer chacune de ces dimensions de l'apprentissage de la lecture. Vous vous sensibiliserez à l'importance de développer des attitudes positives face à la lecture, d'élargir l'éventail des intérêts et d'assurer l'acquisition d'habitudes de lecture permanentes chez les lecteurs de tous les niveaux.

L'ATTITUDE DEVANT LA LECTURE

Tout programme de lecture doit poursuivre deux objectifs : enseigner à lire et amener les enfants à aimer lire. Dans cette perspective, les attitudes deviennent un facteur dont il faut tenir compte dès le début de l'apprentissage de la lecture.

Les attitudes sont fondamentalement des réactions émotives : elles ne sont pas raisonnées, elles sont l'expression des goûts et des aversions des individus. Les attitudes ne s'acquièrent ni ne se modifient par l'information, mais par l'expérience. Ainsi un enfant acquerra une motivation ou adoptera une attitude positive face à la lecture, non pas parce qu'on lui aura démontré que la lecture peut être avantageuse pour lui, mais parce qu'il aura eu des expériences positives de lecture.

Les facteurs responsables des attitudes négatives

Pour qu'une expérience soit positive, il faut qu'elle soit significative pour l'enfant. Le jeune enfant qui arrive à l'école est bien disposé à apprendre car, pendant cinq ans, il a cherché sans cesse à apprendre, à donner du sens à ce qui l'entoure (Smith, 1975) : il a appris à marcher, à parler, à entrer en interaction avec l'environnement, etc. Malheureusement, la situation que l'on présente à cet enfant à son entrée à l'école n'est pas toujours significative : si l'enfant n'arrive pas à trouver un sens à ses expériences de lecture, il s'en désintéressera. Aussi voit-on nombre d'enfants qui s'éloignent de plus en plus de la lecture tout au long de leur cours primaire. De plus, pour qu'une expérience de lecture soit positive, il faut également que le lecteur retire de la situation plus de plaisir qu'il n'y met d'effort. Un enfant qui est constamment devant des textes trop difficiles pour lui aura peine à trouver la tâche agréable. On a même démontré à l'aide de mesures physiologiques que l'enfant en train de lire un texte trop ardu manifeste des signes physiques d'anxiété. Vous pouvez aisément observer des indices d'anxiété comme la bougeotte, les toussotements, etc., lorsqu'un enfant n'est pas devant un texte convenant à son niveau, c'est-à-dire un texte dont il ne peut retirer le sens.

Vous savez tous par expérience qu'il est beaucoup plus facile de rendre détestable un objet ou une situation à l'enfant que de défaire cet apprentissage négatif. Il suffit souvent d'une seule expérience négative pour qu'une situation demeure longtemps une source de déplaisir. Tâchons donc de ne pas rendre la lecture « indigeste » à l'enfant, surtout au début de l'apprentissage alors que tout est nouveau et complexe pour lui. Tous les enseignants savent à quel point il est difficile de redonner le goût de la lecture à un enfant qui a appris à la détester parce qu'elle constituait pour lui une tâche aride et dépourvue de signification.

De façon générale, les enfants qui réussissent bien en lecture manifestent une attitude positive face à elle alors que les enfants dont le rendement est plutôt faible ont une attitude négative. Cependant, il peut être intéressant d'analyser plus en détail les motivations des enfants qui réussissent bien en lecture tout en manifestant une attitude négative et celles des enfants qui ont un rendement faible mais dont l'attitude n'en est pas moins positive. C'est ce qu'a fait Roettger (1980) en se fondant sur les résultats obtenus à partir des échelles d'attitude. Les entrevues ont révélé que les enfants faibles en lecture mais fortement motivés considéraient la lecture comme un moyen de survie. Pour ces enfants, le fait de pouvoir lire est un élément important dans l'image qu'ils se font d'eux-mêmes. Par contre, en ce qui regarde les enfants qui réussissaient bien en lecture tout en affichant une attitude négative, l'entrevue a montré qu'à leurs yeux, réussir et apprendre étaient des facteurs importants mais qu'ils n'utilisaient la lecture que pour des intérêts précis sans l'intégrer à leurs loisirs.

À la fin des entrevues, l'auteur a demandé à chaque enfant ce qu'il suggérerait au professeur par rapport à la lecture. L'ensemble des commentaires pourrait se résumer ainsi :

1) Il faudrait consacrer plus de temps à la lecture et laisser du temps pour parler de ce qu'ils ont lu, surtout pour les enfants dont le rendement est faible et la motivation élevée ;

2) Présenter des livres nouveaux et en expliquer le contenu, surtout aux élèves qui ont un bon rendement en même temps qu'une attitude négative.

Les échelles d'attitudes

Il n'est certes pas facile d'évaluer précisément l'attitude d'un enfant devant la lecture. Notre intention n'est pas de fournir des instruments standardisés mais plutôt des guides à valeur générale, des questionnaires qui peuvent servir à identifier plus rapidement l'enfant qui a besoin d'un contact plus positif avec la lecture.

Il existe en fait deux façons d'évaluer les attitudes relativement à la lecture : la première consiste à observer l'enfant, la deuxième à l'interroger sur ses attitudes. Vous trouverez dans les pages suivantes un exemple de listes de comportements qu'on peut observer ainsi que des échelles d'attitude que l'enfant remplit lui-même. Des échelles de ce genre peuvent être versées au dossier de chaque enfant et revues périodiquement. Les données recueillies permettront de mieux évaluer la motivation des enfants par rapport à la lecture.

A) La grille d'observation des attitudes

Pour utiliser l'observation comme moyen d'évaluer les attitudes des enfants face à la lecture, il faut avoir eu l'occasion d'observer ces derniers dans des situations variées. Par conséquent, il est préférable d'observer un groupe d'enfants que l'on connaît bien. Lorsque l'on utilise l'observation comme moyen d'évaluation, on peut prendre des notes sur les comportements observés ou encore remplir une grille d'observation déjà établie. L'avantage de la grille est son emploi rapide et peu complexe : en effet, il est toujours plus facile d'observer quand on sait sur quoi doit porter notre attention.

Vous trouverez à la page suivante un exemple de fiche d'observation qui pourrait être utilisée à tous les niveaux au primaire (Heathington, et Alexander 1972).

B) Le questionnaire d'attitudes

On a vu que l'observation des comportements était indiquée lorsque l'on connaissait bien les enfants ; cependant, au tout début de l'année, avec un nouveau groupe, le questionnaire d'attitudes peut se

FICHE D'OBSERVATION DES ATTITUDES

Dans les deux dernières semaines,

	OUI	NON
1. L'enfant a-t-il semblé heureux durant les activités de lecture ?	______	______
2. A-t-il demandé spontanément à lire à voix haute en classe ?	______	______
3. A-t-il lu un livre durant les périodes libres ?	______	______
4. A-t-il mentionné qu'il avait lu un livre à la maison ?	______	______
5. A-t-il choisi la lecture à la place d'autres activités (jeux de cartes, coloriage, conversation, etc.) ?	______	______
6. A-t-il demandé la permission d'aller à la bibliothèque ?	______	______
7. A-t-il emprunté des livres à la bibliothèque ?	______	______
8. A-t-il lu la plupart des livres jusqu'au bout ?	______	______
9. A-t-il mentionné des livres qu'il a à la maison ?	______	______

révéler un outil précieux. Ce questionnaire devrait toucher à trois sphères d'activités : 1) la leçon de lecture, 2) la lecture dans les autres matières scolaires et 3) la lecture en dehors de l'école.

Si on l'utilise dans une perspective globale touchant la lecture au primaire, et si on l'effectue à divers niveaux du cheminement de l'enfant, ce questionnaire peut révéler l'évolution des attitudes de l'enfant devant la lecture et devenir ainsi un outil permettant à l'enseignant d'orienter son action en fonction des succès ou des difficultés de l'enfant en ce qui regarde la lecture.

Voici, à titre d'illustration, une échelle dont la présentation est simple et qui peut s'utiliser autant avec des lecteurs débutants qu'avec des lecteurs plus avancés. Avec de très jeunes lecteurs, il serait préférable de lire les directives.

Nom ______________________________

Date ______________________________

Trace un cercle autour du clown qui dit ce que tu ressens ou penses.

1. Quand mon professeur lit une histoire pour toute la classe, je me sens comme...

2. Quand je reçois un livre en cadeau je me sens comme...

3. Quand je lis des livres pour me distraire à la maison, je me sens comme...

4. Quand on me demande de lire à haute voix devant la classe, je me sens comme...

5. Quand je dois lire à haute voix devant mon professeur, je me sens comme...

6. Quand je rencontre un mot nouveau dans le texte que je lis, je me sens comme...

7. Quand je dois travailler dans mon cahier d'exercices, je me sens comme...

8. Quand je pense à la manière dont je lis, je me sens comme...

9. Quand mes amis pensent à la lecture, je crois qu'ils se sentent comme...

10. Quand je lis, mon professeur se sent comme...

11. Quand je lis à haute voix devant mes amis, je pense qu'ils se sentent comme...

12. Quand je serai plus grand(e), je pense que j'aimerai la lecture comme...

C) L'ÉCHELLE D'ATTITUDES DEVANT UN TEXTE PARTICULIER

S'il est intéressant de connaître la motivation générale d'un enfant à propos de la lecture, il peut être également fructueux d'analyser son attitude devant différents types de textes. On a avantage à évaluer l'attitude devant des lectures particulières afin de dégager un profil plus précis de l'enfant. Le questionnaire pourrait prendre la forme suivante (Smith et Barrett, 1979).

Tu inscris un X dans le carré qui indique ta réponse. ☐

1. J'ai aimé lire ce texte :	— complètement d'accord	☐
	— d'accord	☐
	— incertain(e)	☐
	— pas d'accord	☐
	— absolument pas d'accord	☐
2. Ce texte est ennuyeux :	— complètement d'accord	☐
	— d'accord	☐
	— incertain(e)	☐
	— pas d'accord	☐
	— absolument pas d'accord	☐

3. Ce texte m'a intéressé(e) :
— complètement d'accord ☐
— d'accord ☐
— incertain(e) ☐
— pas d'accord ☐
— absolument pas d'accord ☐

4. J'ai détesté lire ce texte :
— complètement d'accord ☐
— d'accord ☐
— incertain(e) ☐
— pas d'accord ☐
— absolument pas d'accord ☐

Si l'on accorde les cotes « 5 », « 4 », « 3 », « 2 » et « 1 » aux questions formulées de façon positive (1 et 3) et les cotes « 1 », « 2 », « 3 », « 4 » et « 5 » aux autres questions (2 et 4), un résultat de 20 indiquera le total le plus élevé tandis que le plus bas sera de « 4 ». On peut comparer les réponses 1 et 3 avec les réponses 2 et 4, pour juger de leur degré de cohérence.

On ne peut pas s'attendre à ce que les élèves réagissent positivement à tous les textes. Mais des réponses négatives très fréquentes indiquent le peu d'attrait qu'exerce la lecture sur l'élève. On exagérerait en recourant à ce genre de questionnaire après chaque lecture. On peut cependant identifier certaines situations propres à être évaluées et établir ainsi un profil de l'élève.

LES INTÉRÊTS RELATIVEMENT À LA LECTURE

L'intérêt peut se définir comme la manifestation de ce que l'on aime, de ce qui nous importe ou nous est utile. L'intérêt est très relié au réseau des motivations de l'individu. Les intérêts des enfants sont déterminés par l'environnement et ses besoins fondamentaux (Staiger, 1973), et ils changent avec l'âge et l'expérience (Woodruff, 1951). En ce qui regarde la lecture, les intérêts reflètent plus spécifiquement une attitude positive à l'égard d'un contenu particulier.

On sait que les enfants comprennent mieux les textes qui les intéressent, d'où l'importance de leur proposer des textes qui répondent à leurs intérêts. Lorsque l'on veut miser sur les intérêts des enfants, il faut tenir compte de deux considérations particulières. La première est que les intérêts des enfants sont plus vastes que les ressources d'une classe. Au deuxième cycle, par exemple, il n'est pas rare de rencontrer un enfant qui en sait plus que le professeur sur les mœurs des oiseaux, l'identification des papillons ou les soins à apporter à un lapin. La deuxième considération dont il faut tenir compte est qu'il existe souvent un gouffre entre ce que le professeur croit être adéquat pour les enfants et ce que les enfants choisissent d'eux-mêmes. Souvent les adultes imposent aux enfants «ce qu'ils devraient lire» sans tenir compte de leurs intérêts. Signalons que ce gouffre existe souvent aussi entre les préférences des lecteurs et les prix décernés par un jury aux meilleurs livres de littérature enfantine.

Les intérêts particuliers

Il semble que les intérêts relativement à la lecture soient très semblables à ceux qui apparaissent dans la vie quotidienne. Les inventaires sur la vie de l'enfant ont révélé ce que celui-ci aime lire :

- des histoires donnant de l'information sur l'environnement, sur la vie de tous les jours ;
- des histoires où l'on retrouve des personnages qui leur ressemblent ;
- des histoires où les animaux, les jouets, certains objets sont personnifiés ;
- des histoires qui relatent des situations émotionnelles rappelant leur propre vie ;
- des histoires inspirées des films qu'ils aiment ;
- des histoires drôles qui finissent bien ;
- des livres portant sur le bricolage, la fabrication d'objets ;
- des histoires fantastiques, mystérieuses, etc. ;

Bref, les intérêts des enfants sont très variés et couvrent toute la gamme des possibilités entre le réel et l'imaginaire.

Les facteurs qui influencent le choix des livres

Il est important, pour favoriser la motivation à la lecture, que le maître connaisse les facteurs qui influencent le choix des livres chez les enfants. Maxwell (1979) a effectué une enquête auprès d'enfants de 6e année et a identifié les facteurs suivants : 1) la recommandation d'un ami, 2) la longueur du livre, 3) la typographie, 4) la couverture, 5) le titre, 6) les titres des chapitres et 7) le contenu de la première page. Ross (1978), dans un sondage qu'il a mené auprès d'élèves fréquentant les premières classes secondaires, a trouvé des facteurs similaires de même que certains facteurs complémentaires : 1) un livre facile à lire, 2) une histoire moderne, 3) un personnage principal de leur âge et de leur sexe, 4) un livre dont ils ont entendu parler, 5) un livre de poche, 6) un sujet d'intérêt personnel et 7) une histoire qui fait entrer dans le vif de l'action sans infliger « d'ennuyeux » chapitres d'introduction. Wendelin et Zinck (1983), après avoir effectué une recherche auprès de lecteurs de la 5e à la 8e année, signalent d'autres facteurs qui influencent le choix des livres : 1) les élèves se fient plus aux suggestions des compagnons qu'à celles du professeur, 2) la télé et les films sont des sources de suggestions pour les lectures et 3) les élèves ont tendance à relire les mêmes livres et à lire plus d'un livre du même auteur.

Si l'on garde à l'esprit l'ensemble de ces facteurs, on sera en mesure de mieux guider les enfants dans le choix de leurs livres.

L'inventaire d'intérêts

L'intérêt pour un texte découlerait donc du fait que le lecteur y satisfait d'une certaine manière sa curiosité, sa fantaisie, sa recherche d'information. Pour déterminer les lectures qu'il convient de proposer aux élèves, pour varier le contenu et assurer une certaine progression dans le choix des textes, il importe de connaître ce que l'enfant aime. Il est donc important de savoir ce que l'enfant fait à la maison durant ses loisirs avec ses parents ou ses amis, de savoir quels sont ses animaux préférés, ses mets favoris, ses jeux de prédilection, etc.

Parler à l'enfant de ses intérêts, s'informer de ses goûts, exploiter les inventaires d'intérêts sont autant de moyens qui permettent de mieux connaître l'enfant. La façon la plus courante de connaître les goûts des enfants est de procéder à un inventaire sous forme de questions ou de phrases à compléter.

Il existe plusieurs modèles d'inventaires d'intérêts, en voici un qui trace de manière globale les goûts et les aspirations de l'élève.

Inventaire d'intérêts

Nom ______________________________
Date : ______________________________

1. Mon animal préféré est ______________ parce que ______________.
2. Le meilleur livre que j'ai lu est ______________.
3. Mon sport préféré est ______________.
4. Quand j'ai du temps libre, je ______________.
5. Mon émission de télévision préférée est ______________.
6. Le jour de la semaine que j'aime le plus est ______________ parce que ______________.
7. La personne que j'admire le plus est ______________ parce que ______________.
8. Lire, c'est ______________.
9. J'aime lire des histoires à propos de ______________.
10. La matière que je préfère à l'école est ______________ parce que ______________.
11. La matière que j'aime le moins à l'école est ______________ parce que ______________.
12. Lorsqu'il pleut, je ______________.
13. Lorsque je serai grand(e), je serai ______________ parce que ______________.
14. La poésie, c'est ______________.
15. Les bibliothèques sont ______________.
16. Si je pouvais faire trois vœux, ce serait :
    1. ______________.
    2. ______________.
    3. ______________.
17. Mon met préféré est ______________.
18. Je n'aime pas visiter ______________ parce que ______________.
19. Si je pouvais être n'importe où dans le monde en ce moment, j'aimerais être ______________ parce que ______________.
20. Si je pouvais faire ce que j'aime, je ______________.

Le relevé des types de lecture

Pour compléter le questionnaire d'intérêts, il peut être intéressant d'utiliser un graphique individuel qui permet de visualiser les lectures préférées de l'enfant. Ce graphique peut prendre la forme d'un cercle à la périphérie duquel on retrouve les divers types de textes. L'enfant colorie l'intérieur du cercle au fur et à mesure de ses lectures. On pourrait également représenter les intérêts de l'enfant sous forme d'histogrammes. En fait, si ces techniques servent à évaluer les intérêts des enfants quant à la lecture, leur utilisation a souvent pour effet de motiver les enfants à élargir leurs intérêts et à diversifier leurs lectures.

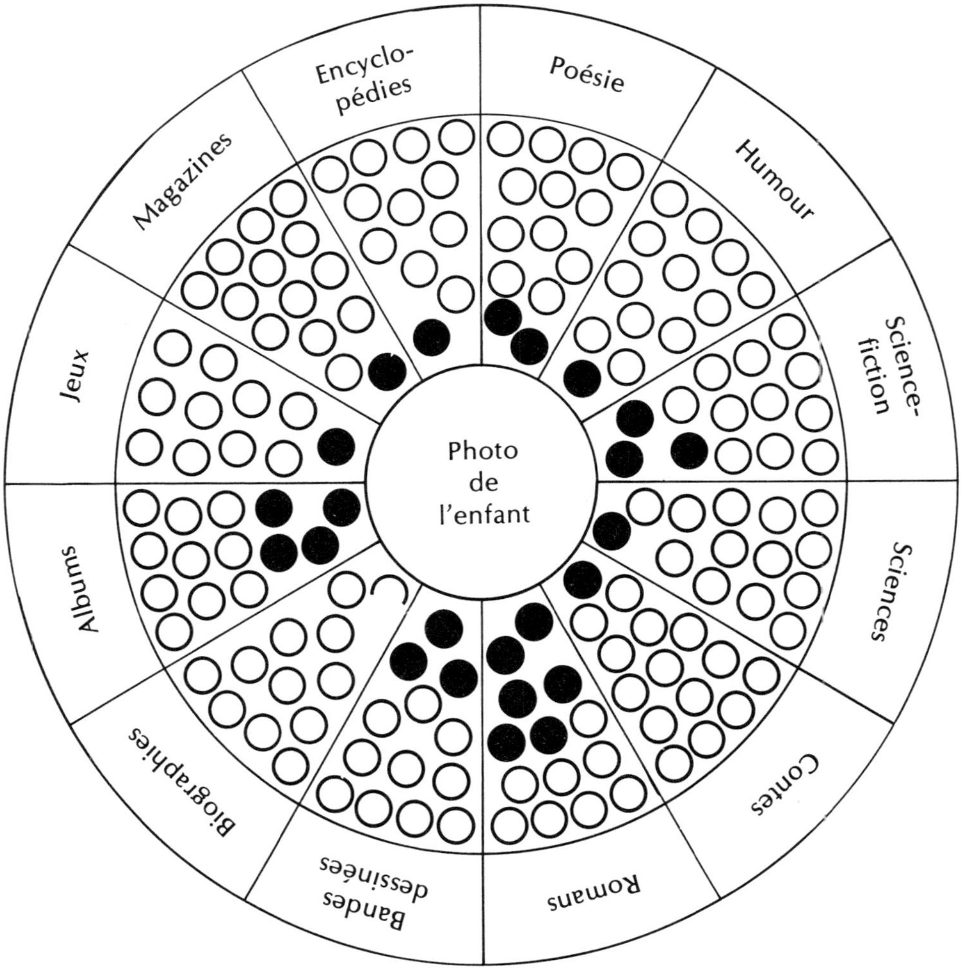

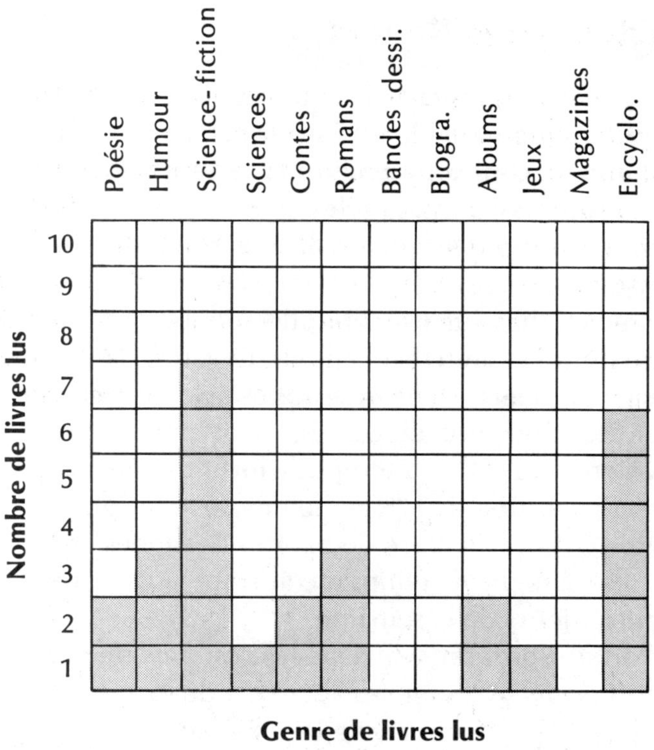

LES HABITUDES DE LECTURE

Un des objectifs de l'enseignement de la lecture est de développer chez les enfants des habitudes stables de lecture, qui les incitent à intégrer la lecture dans les loisirs. Plusieurs recherches ont tenté d'établir des corrélations entre la lecture-loisir et certains facteurs comme l'âge, le sexe, le niveau socio-économique, le rendement en lecture, la méthode d'enseignement, le temps consacré à regarder la télé et la disponibilité du matériel écrit. Pour chacun de ces facteurs, on peut résumer les résultats obtenus en quelques points :

- C'est vers la fin du primaire que les enfants passent le plus de temps à lire, il se produit ensuite une diminution quant au temps que l'enfant consacre à la lecture-loisir.
- Les filles lisent plus que les garçons.

- Il y a une relation entre le milieu familial et la lecture : les milieux favorisés consacrent ordinairement plus de temps à la lecture.
- Les lecteurs habiles lisent plus que les lecteurs moins avancés.
- Quant à l'influence de la télé sur le temps consacré à la lecture, les résultats ne sont pas significatifs : il semblerait que les enfants qui ont toujours connu la télévision, ont trouvé des moyens de combiner les périodes où ils la regardent avec d'autres types d'activités.

Une des recherches sur les habitudes de lecture qui nous semble particulièrement intéressante est celle de Greaney (1980), qui compare le temps consacré à la lecture de livres au temps consacré à la lecture de bandes dessinées chez 920 élèves de la 5e année. Les résultats de l'enquête révèlent que 5,4% du temps de loisir des élèves est consacré à la lecture. Une proportion de 62% du temps de lecture est consacrée à la lecture de livres, 31% à la lecture de bandes dessinées et 7% à la lecture de journaux. Le samedi, le temps de lecture augmente du tiers par rapport aux autres jours de la semaine.

Relève-t-on des différences, dans les résultats de cette recherche, entre les lecteurs de livres et les lecteurs de bandes dessinées ? La différence la plus notable concerne le sexe : les filles lisent plutôt des livres et les garçons plutôt des bandes dessinées. Par contre, les lecteurs de livres et les lecteurs de bandes dessinées ne se différencient pas en ce qui touche le rendement dans la lecture : il y a une relation positive entre le temps consacré à lire des livres et le rendement dans la lecture, et la relation entre le temps consacré à lire des bandes dessinées et le rendement en lecture est également positive. En fait, ceux qui ont des résultats faibles en lecture ne lisent ni livres, ni bandes dessinées. Il n'existe pas non plus de relation entre le fait de regarder la télé et le fait de lire des livres ou de lire des bandes dessinées : les lecteurs de bandes dessinées ne sont pas nécessairement les enfants qui regardent le plus la télé. Si le fait de regarder la télé ne semble pas empêcher les enfants de lire, l'auteur de la recherche fait remarquer que la période que les enfants consacrent le plus souvent à la lecture est le soir, au lit, avant de s'endormir, c'est-à-dire la période où, ordinairement, les enfants n'ont pas la permission de regarder la télé.

En conclusion, retenons que les attitudes positives et les intérêts pour la lecture fonctionnelle ou récréative peuvent se développer, et ce développement tient à l'intérêt de l'enseignant à présenter des textes, des activités de lecture et des livres répondant en quantité, en qualité et en variété aux besoins de l'enfant.

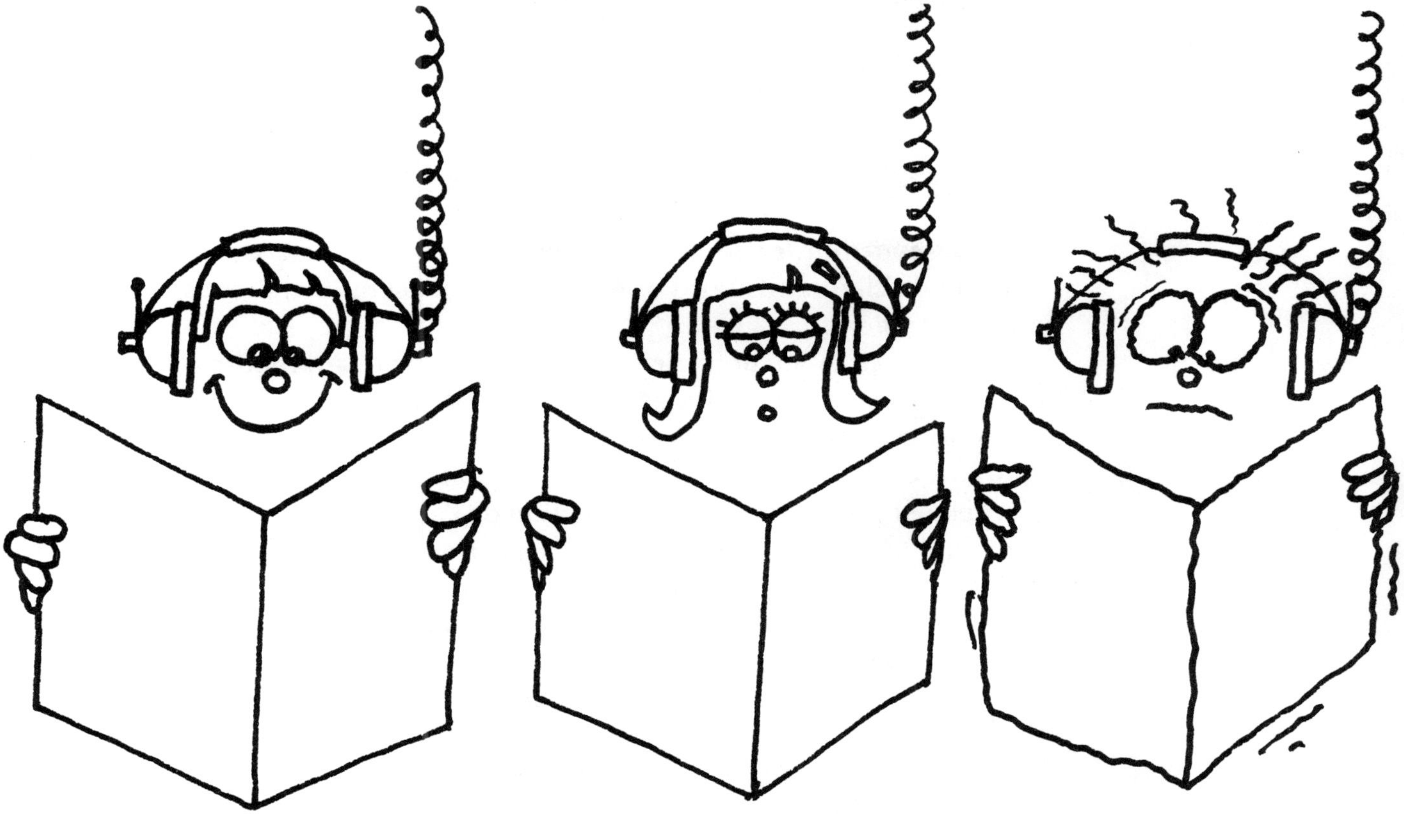

Chapitre IX
Activités de lecture

Dans ce chapitre, vous trouverez des données qui vous permettront de comprendre les rôles respectifs de la lecture à haute voix et de la lecture silencieuse. Vous évaluerez la situation de lecture à haute voix à tour de rôle et prendrez ensuite connaissance d'une technique de lecture silencieuse continue.

La dernière partie de ce chapitre orientera votre réflexion sur ce que l'on entend par des activités signifiantes en lecture et vous sensibilisera à quatre façons d'amener le lecteur débutant à « apprendre à lire en écoutant ». Une dernière série d'activités de lecture est finalement présentée dans le but d'éveiller votre propre imagination à la création d'activités de lectures variées et stimulantes.

APPRENTISSAGE ET ENSEIGNEMENT

Avant d'aborder les stratégies d'enseignement de la lecture, il importe de clarifier d'abord brièvement les concepts d'apprentissage et d'enseignement.

Même si le dictionnaire accorde au verbe **apprendre** le sens d'acquérir et celui de faire acquérir (par exemple, apprendre à lire et apprendre à un enfant à lire) il serait plus juste de réserver le terme **apprendre** pour parler du processus d'acquisition de la lecture et celui d'enseigner pour parler de l'intervention de l'adulte. En fait, on enseigne à quelqu'un et, lorsqu'on enseigne, ordinairement, l'autre apprend.

À l'école, l'apprentissage concerne l'élève et l'enseignement, le maître (figure 45). C'est l'élève qui apprend et cet apprentissage se manifeste par un changement dans les comportements de celui qui apprend. L'apprentissage s'effectue dans la tête de celui qui apprend et se manifeste par de nouveaux comportements, de nouvelles habiletés, par un changement dans les valeurs, les attitudes, la symbolique (Woodruff, 1951).

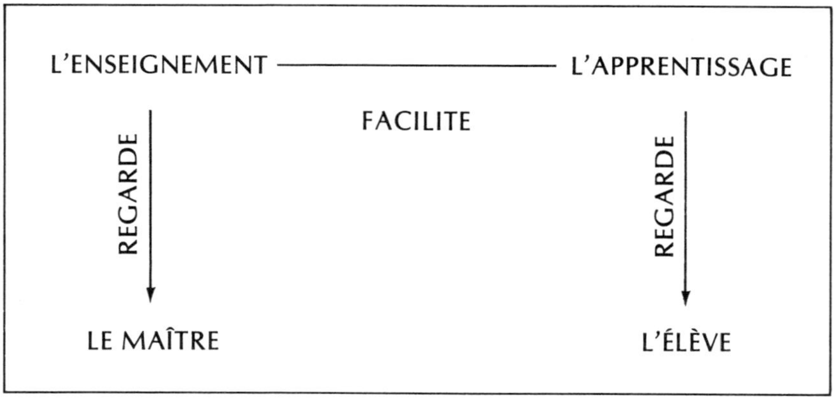

Figure 40 : Schéma des concepts **apprentissage** et **enseignement**.

L'élève peut apprendre par essais successifs en extorquant l'information présente dans un environnement organisé et planifié par l'enseignant et il peut être guidé ou recevoir directement l'information de l'enseignant. Celui qui organise, met en place les conditions qui facilitent l'apprentissage, enseigne. Le maître est donc concerné par l'enseignement défini comme un ensemble qui regroupe procédés, méthodes, matériel pédagogique, attitudes positives pouvant faciliter l'apprentissage de l'élève, etc. Le maître enseigne la lecture et l'élève apprend à lire.

Mais penser l'enseignement et l'apprentissage en fonction de deux pôles, le rôle de l'un étant de donner et l'autre de changer, indiquerait que l'on fait fi de la dynamique interne de chacune des personnes concernées et des mécanismes d'interaction qui permettent aux structures intellectuelles de s'organiser et de se réorganiser par le biais des expériences. Selon Foucambert (1976), les apprentissages sont des processus mentaux individuels et originaux, qui ne sont jamais limités dans le temps, qui évoluent et qui ne peuvent s'exercer isolément ; dans cette perspective, l'enseignement est une aide à l'apprentissage.

Dans l'apprentissage de la lecture, on s'attend donc à ce que l'école présente des stratégies d'enseignement qui favoriseront l'acquisition et le développement de comportements de lecteur.

LECTURE À HAUTE VOIX/ LECTURE SILENCIEUSE

La différence importante entre la lecture à haute voix et la lecture silencieuse ne tient pas à leur nature mais elle vient du fait que la lecture silencieuse est centrée sur le plaisir personnel alors que la lecture à haute voix est centrée sur le plaisir d'un auditoire. (Holdaway, 1979).

La nature de la lecture à haute voix

Étant donné que le lecteur adulte utilise beaucoup plus souvent la lecture silencieuse que la lecture à haute voix, l'enseignement mettra l'accent sur la lecture silencieuse bien que l'apport de la lecture à haute voix ne doive toutefois pas être sous-estimé. Ainsi, au début de l'apprentissage, la lecture à haute voix peut être un bon moyen de démontrer la relation entre le langage oral et le langage écrit. Elle peut également servir à confirmer à un lecteur débutant qu'il **sait** lire. Plus tard, la lecture à haute voix peut être utilisée pour partager le contenu d'un texte avec des camarades ou simplement pour apprécier les effets sonores d'un poème. Il ne faut pas oublier non plus le rôle de la lecture à haute voix dans l'identification des difficultés de lecture.

Avant tout, il est important de faire la distinction entre la lecture à haute voix utilisée dans une situation de communication et la lecture à haute voix utilisée dans une situation d'évaluation. Lorsque son but est de communiquer, la lecture à haute voix doit être préparée et elle doit se faire devant un véritable auditoire. Par véritable auditoire, on entend des auditeurs qui n'ont pas le texte en main et qui sont vraiment intéressés à entendre ce que le lecteur a à présenter. Par contre, lorsque la lecture à haute voix sert à évaluer l'habileté à lire de l'enfant, elle ne doit pas être préparée et elle doit se faire seulement en présence du professeur et de l'enfant. (Durkin, 1978).

	Présence d'un auditoire	Préparation de la lecture
Communication	+	+
Évaluation	—	—

La lecture à haute voix à tour de rôle

Dans la plupart des classes du premier cycle, la leçon de lecture comporte un tour de classe de lecture à haute voix. Cette façon de procéder est largement répandue et se perpétue depuis des années : elle était probablement utilisée quand vous avez appris à lire.

Pourquoi continue-t-on à utiliser cette façon de procéder aujourd'hui alors que dans les ouvrages spécialisés, on rejette cette technique de façon unanime ? Quels avantages croit-on y trouver ? En réponse à cette question, les enseignants affirment la plupart du temps que la lecture à tour de rôle leur permet de contrôler les progrès de l'enfant et ils ajoutent souvent qu'ils ne savent pas par quelle activité ils pourraient remplacer la lecture à haute voix.

La lecture à haute voix à tour de rôle permet-elle vraiment d'évaluer les habiletés des enfants ? Si l'on veut évaluer la compréhension du texte, il serait difficile de prétendre que cette situation soit celle qui convient le mieux. En effet, il arrive très fréquemment qu'un enfant mette tellement d'énergie à bien oraliser un texte qu'il néglige complètement le sens. Tous les enseignants ont déjà rencontré des enfants qui après avoir lu un texte de façon fort expressive se sont révélés tout à fait incapables de se souvenir ne serait-ce que de l'idée générale du texte. D'autant plus que, la plupart du temps, l'enfant dont c'est le tour ne lit qu'un paragraphe, qu'une phrase et parfois même qu'une ligne qui ne contient pas de sens en soi. Quant aux compétences reliées au décodage, la lecture à haute voix à tour de rôle n'est pas la meilleure façon de les évaluer non plus, car des facteurs externes, comme la timidité et l'anxiété, modifient souvent considérablement la performance du lecteur.

On pourrait résumer en cinq points l'ensemble des raisons qui militent en faveur du rejet de la lecture orale à tour de rôle (Johnson, 1982 ; Standal, 1982 ; True, 1979).

1. La plupart du temps, il n'y a pas d'enseignement durant la lecture à tour de rôle.
2. Plusieurs enfants, surtout les lecteurs moins habiles, se sentent le point de mire de la classe durant leur lecture ; cette situation peut contribuer à développer chez eux une attitude négative face à la lecture.
3. La situation manque complètement d'intérêt pour la plupart des enfants.
4. L'élève qui lit un mot incorrectement est aussitôt corrigé. Pour ne pas se retrouver dans la même situation, l'élève se concentrera sur le déchiffrage des mots au détriment de la compréhension.
5. Il est difficile de maintenir l'attention des enfants. Certains comptent le nombre de compagnons qui vont passer avant eux et le nombre de phrases à lire pour préparer leur lecture (pour ne pas trébucher sur les mots difficiles) tout en ayant l'air très attentifs, d'autres regardent ailleurs, parlent à leurs compagnons, etc. ; bref, la situation entraîne souvent des problèmes de comportement.

La lecture à haute voix dans une situation de communication

La lecture à haute voix aura sa place dans les activités de lecture si elle se fait dans une véritable situation de communication, c'est-à-dire si elle répond aux critères de préparation de la lecture et de présence de l'auditoire.

A) La préparation de la lecture à haute voix

Comment vous sentez-vous personnellement lorsque vous avez à lire un texte à brûle-pourpoint devant un auditoire ? Êtes-vous à l'aise ? Lisez-vous tous les mots ? Vous rappelez-vous tout ce que vous avez lu ? Pour l'enfant, la tâche n'est pas plus facile. C'est pourquoi la préparation est si importante.

Lorsqu'on demande à l'enfant de préparer sa lecture, on fait trop souvent comme s'il savait ce qu'est une bonne lecture à haute voix. Mais le lui a-t-on déjà enseigné ? Quelles sont nos exigences pour cet exercice ? Notre première recommandation est de ne pas exiger la perfection. Certains enfants liront avec beaucoup d'expression alors que d'autres n'atteindront qu'un niveau moyen. Plusieurs facteurs interviennent qui ne dépendent pas de la compétence en lecture : la personnalité, le timbre de voix, etc. Il est inutile de faire répéter sans relâche la même phrase pour obtenir une intonation parfaite. Il existe d'autres moyens pour amener les enfants à s'améliorer, en voici quelques-uns.

1. Donnez vous-même l'exemple ; faites particulièrement attention à votre façon de lire à haute voix en classe. Vous pouvez également fournir des modèles de lecture sur cassettes. L'enfant pourra enregistrer sa lecture et la comparer à un bon modèle.
2. Donnez à vos élèves une liste de points à observer lorsqu'ils font l'auto-évaluation de leur lecture (voir exemple ci-dessous).
3. Faites préparer par vos élèves une pièce de marionnettes. Demandez-leur d'enregistrer le texte et faites-leur évaluer leur lecture avant de présenter la pièce.

4. Pour les plus timides, la lecture en chœur est un moyen intéressant : elle leur permet de s'abriter derrière le groupe pour pratiquer la lecture à haute voix. Il ne faudrait pas, ici, gâcher le plaisir de la lecture par des exigences trop élevées.

5. Préparez de petites phrases et demandez aux élèves de les lire en variant l'expression.

   Par exemple, faites comparer les phrases suivantes dites par un parent qui donne un ordre mollement et par un autre qui exige vraiment :

   Va te coucher tout de suite.
   Finis ton assiette.
   Je t'ai dit de cesser cela.

En terminant, ajoutons que si les enfants doivent savoir comment préparer leur lecture, ils devraient également pouvoir décider à quel moment ils se sentent prêts à lire devant le groupe.

B) NÉCESSITÉ D'UN AUDITOIRE

Pour bien comprendre cette caractéristique de la lecture orale, pensons au bulletin de nouvelles de la télévision. L'annonceur a préparé son texte avant l'émission ; quand il le lit, il communique avec quelqu'un et son attitude, le ton de sa voix indiquent qu'il veut être écouté. La lecture à haute voix est la transmission d'un contenu à un auditeur. Si on la pratique alors que tout le monde a le texte en main, on ne peut prétendre s'adresser à un véritable auditoire.

C) ÉVALUATION DE LA LECTURE À HAUTE VOIX

L'intention de la lecture à haute voix étant de communiquer un contenu à un auditoire, il est important que le message soit bien transmis. C'est dans ce sens que l'on amènera les enfants à auto-évaluer leur lecture orale. L'exemple suivant pourrait être utilisé à cette fin.

LECTURE ORALE
AUTO-ÉVALUATION

Lorsque je lis à voix haute, est-ce que

	OUI	NON
1. Je prononce tous les mots correctement ?	______	______
2. Je lis sans arrêter lorsqu'il n'y a pas de raison de s'arrêter ?	______	______
3. Je lis assez fort pour être facilement entendu ?	______	______
4. Je lis avec assez d'expression pour aider mes auditeurs à comprendre et à aimer ce que je lis ?	______	______

Points que j'ai à travailler :

L'importance de la lecture silencieuse

Même si la lecture à haute voix apporte une certaine contribution à l'enseignement de la lecture, il n'en demeure pas moins que la lecture silencieuse est très certainement le type de lecture à privilégier et ce, à tous les niveaux scolaires. Dans les prochaines pages, nous présentons deux façons de favoriser la lecture silencieuse en classe, soit la technique L.S.C. et le coin de lecture.

La lecture silencieuse continue (L.S.C.)

Il semble aller de soi que les enfants ont besoin de pratiquer par eux-mêmes ce qu'ils ont appris en faisant des lectures personnelles. Même si tous les enseignants sont d'accord avec ce principe, il n'est pas toujours chose aisée de s'assurer que les enfants bénéficient d'une période de lecture silencieuse continue. Dans les dernières années, une technique de lecture silencieuse continue a fait ses preuves dans les classes du primaire. Proposée à l'origine par Hunt (1970), cette technique connaît un nouvel essor depuis quelque temps (McCracken, 1978 ; Gambrell, 1981). Pour implanter la L.S.C. avec succès, il est important de suivre des étapes assez systématiques. Nous proposons ici un certain consensus qui se dégage des recherches sur ce type d'activité.

A) La nature de la L.S.C.

La L.S.C. est une activité structureée qui offre à tous les élèves une période déterminée de lecture silencieuse d'un livre de leur choix. Il n'y a pas d'interruption pendant la séance. L'échange du matériel n'est pas permis mais l'élève n'a pas à rendre compte de sa lecture. Le professeur lit lui-même pendant la L.S.C. et la période se termine par une conversation sur les lectures.

Cette technique se distingue de la période de lecture à la bibliothèque ou au coin de lecture parce que là les enfants peuvent passer d'un livre à l'autre durant la période. La L.S.C. est centrée sur la lecture continue d'un même texte.

B) Comment implanter la L.S.C. ?

Pour assurer le succès de la lecture silencieuse continue, l'enseignant doit appliquer certaines règles.

1. Avant l'implantation, il faut piquer la curiosité des élèves par une campagne de **promotion**. Expliquez le sens de la L.S.C. et insistez sur le plaisir d'une période où chacun peut vraiment lire quelque chose de son choix.
   Vous pouvez profiter de cette période pour écrire avec les élèves une charte des règlements de la L.S.C. Pourquoi ne pas la rédiger en termes positifs ?
2. Le matériel de lecture doit être **varié**. Que la bibliothèque ne soit pas la seule source. Il est possible d'intéresser à la cueillette des livres les parents, les librairies, les maisons d'édition, les clubs sociaux. Par exemple, écrivez un mot aux parents pour leur expliquer les buts de la L.S.C. et demandez-leur des livres usagés. Vous pouvez utiliser avec avantage les productions des élèves. Assurez-vous qu'il y a suffisamment de livres illustrés, de magazines et de livres faciles pour les lecteurs lents.
3. Le fait de **prévoir** un moment dans la journée pour choisir le matériel évite le brouhaha avant la période de lecture. Vous pouvez faire entendre de la musique comme indice du début de la L.S.C. : un indicatif chanté invitera à sortir les livres et sa version instrumentale, à commencer la lecture silencieuse.

Rappelons un point capital : que l'élève fait lui-même son choix et que l'enseignant n'intervient pas pour critiquer ce choix. De plus, l'élève ne choisit qu'un seul livre.

4. Il importe que **l'enseignant lise lui-même** durant la L.S.C. Profitez-en pour lire les articles que vous désirez lire depuis longtemps ou des livres que vous voulez proposer à vos élèves.

5. Comme les enfants n'apprennent pas automatiquement à lire en silence, pendant une période assez longue, il est nettement préférable de commencer par une **courte période**, par exemple de 3 à 5 minutes, et d'augmenter graduellement par étapes de deux minutes.

   Placez une minuterie bien en vue pour les enfants. Si vous donnez vous-même le signal de fin de période, vous risquez que les enfants interrompent souvent leur lecture pour vous demander combien il reste de temps.

6. Il n'y a pas de compte rendu des lectures mais, lorsque la technique est bien implantée, le professeur termine la séance en commentant sa propre lecture. Il peut par exemple montrer qu'il en a tiré une idée pour une nouvelle activité. Graduellement, les enfants sont amenés à parler de ce qu'ils ont lu.

7. Une fois l'intérêt suscité, il faut prévoir des activités qui **maintiendront l'enthousiasme.**

   Ex. :
   - création d'un bulletin dans lequel les enfants donnent des commentaires sur les livres ;
   - dîner avec un auteur ;
   - invitation à différentes personnes pour la période de L.S.C.

C) QUELS RÉSULTATS FAUT-IL ATTENDRE DE CETTE TECHNIQUE ?

En général, l'utilisation de la L.S.C. produit un effet positif sur l'attitude face à la lecture. Elle améliore également la compétence en lecture lorsqu'elle accompagne un programme régulier. On a remarqué également qu'elle produisait un effet calmant sur les enfants et diminuait les problèmes de comportement.

Il ne faudrait cependant pas croire que la L.S.C. s'implante sans difficulté. Dans les classes où l'expérience n'a pas été fructueuse, les principales causes d'échec furent les suivantes :

- le manque de matériel ;
- le professeur qui ne lit pas lui-même pendant les périodes de L.S.C. mais qui corrige ou prépare du matériel ;
- l'impatience du professeur à voir les résultats.

QUE PENSES-TU DE LA LECTURE SILENCIEUSE CONTINUE ?

J'aimerais que tu répondes à quelques questions à propos de la période de lecture silencieuse continue. Tu as le choix entre trois réponses pour chaque question. Encercle le chiffre 1 si tu n'es pas du tout d'accord, le chiffre 2 si tu es moyennement d'accord et le chiffre 3 si tu es tout à fait d'accord.

	1	**2**	**3**
	Pas du tout d'accord	**Moyennement d'accord**	**Tout à fait d'accord**
1. J'aimerais qu'il y ait des bandes dessinées et des revues dans la classe pour lire durant la L.S.C.	1	2	3
2. Je trouve qu'il est difficile de trouver des livres intéressants à lire pendant la L.S.C.	1	2	3
3. Il m'arrive de lire après la classe des livres que j'ai commencé durant la L.S.C.	1	2	3
4. J'avais l'habitude de lire à la maison avant que nous commencions la L.S.C.	1	2	3
5. Pendant la L.S.C., le bruit causé par les autres élèves de la classe m'empêche de lire.	1	2	3
6. Le bruit en dehors de la classe pendant la L.S.C. m'empêche de lire.	1	2	3
7. Je lirais mon livre après l'école même si nous n'avions pas de L.S.C. à l'école.	1	2	3
8. Je trouve que la L.S.C. est un bon moment pour essayer différents livres, pour voir si on les aime et si on a le goût de les finir.	1	2	3
9. Je pense que la L.S.C. est une détente et je suis content(e) que notre classe la fasse.	1	2	3

D) Questionnaire sur les attitudes des élèves face à la L.S.C.

Même si un enseignant utilise les grandes lignes de la technique L.S.C., il planifiera toutefois l'organisation à sa manière. Il n'y a pas deux façons identiques d'utiliser la L.S.C. : ce sont les variations personnelles qu'il faut analyser pour trouver les forces et faiblesses de l'activité. Avant d'abandonner l'utilisation de la L.S.C. à cause de tel ou tel problèmes, nous vous suggérons d'utiliser le questionnaire d'attitude présenté à la page précédente. Inspiré de Halpern (1981), son but est justement de mieux connaître les attitudes des enfants face à cette technique de façon à pouvoir remédier aux faiblesses éventuelles et poursuivre la L.S.C.

Le coin de lecture

L'organisation d'un coin de lecture est une autre façon pertinente d'amener les enfants à lire silencieusement. Il ne s'agit pas de faire un choix entre le coin de lecture et la technique de lecture silencieuse continue (L.S.C.) : les deux situations se complètent et peuvent s'intégrer harmonieusement dans la même classe.

Le coin ou salon de lecture se définit comme un espace assez fermé, situé à l'intérieur de la classe, et qui a pour but d'inciter l'élève à lire d'une façon gratuite à certains moments de la journée. L'idée que plus l'enfant est en contact avec l'écriture, plus il augmente son intérêt pour la lecture, recueille de plus en plus l'appui des chercheurs, et c'est dans cet esprit que le coin de lecture est proposé comme stratégie de support à l'écrit. Cependant, selon une étude de Morrow (1982) ce coin ne donne pas toujours les résultats escomptés parce que certains critères quant à son organisation, au choix du contenu des textes de même qu'à son mode de fonctionnement ne sont pas connus ou respectés. Voici une série de questions dans le but de vous aider à organiser ou à analyser le rôle du coin de lecture.

- Le coin de lecture est-il placé dans un endroit tranquille ?
- Est-il facilement accessible, les textes sont-ils à la vue de l'enfant ou dans une armoire ?
- Est-il bien éclairé ?

- Y a-t-il un certain confort dans le coin de lecture ?
- Est-ce qu'on y retrouve des coussins ?
  des oreillers ?
  des sièges confortables ?
  un tapis ?
- L'enfant a-t-il contribué à planifier et à organiser le coin de lecture ?
- Les textes sont-ils variés : romans, histoires, bandes dessinées, illustrés, magazines pour la jeunesse, etc.
- Est-ce que l'on y retrouve : des histoires enregistrées et des écouteurs ?
  des affiches ?
  des étagères pour les livres ?
  un tableau d'affichage pour des découpures au sujet de la littérature ?
  des marionnettes ?
  etc.
- Le matériel du coin de lecture est-il en ordre ?
- Y a-t-il un système de classement ?
- Le coin de lecture a-t-il un nom ?
- Y a-t-il une rotation dans les livres ?
- Cette rotation s'effectue à quel rythme ?
- D'autres classes participent-elles à cette rotation ?
- L'enfant connaît-il bien les règles d'utilisation du coin de lecture ?
- A-t-il participé à leur établissement ?
- Les enfants ont-ils la possibilité d'y aller tous les jours ?
- Les enfants sont-ils responsables du fonctionnement du coin de lecture ?
- Quelle est mon attitude d'adulte à l'égard de ce coin ?
- Est-ce que je veille à maintenir la motivation ?
- Est-ce que je crois que le coin de lecture est un bon support à l'activité de lecture ?
- Est-ce que je me passionne pour l'écrit et pour les activités du coin de lecture ?
- Est-ce que j'encourage l'enfant à fréquenter le coin de lecture ?
- Comme enseignant, est-ce que je vais lire de temps à autre dans ce coin de lecture ?

- Est-ce que je m'informe sur ce que l'enfant a fait ?
- Si les enfants ne fréquentent pas le coin de lecture, est-ce que je cherche à savoir pourquoi ?

En conclusion, soulignons qu'il est essentiel que l'enseignant accorde une valeur spéciale à l'organisation et au rôle du coin de lecture et qu'il veille à une certaine continuité qui permettra de maintenir un haut niveau de motivation à l'égard de cette activité.

STRATÉGIES D'INTERVENTION EN LECTURE

Comment réagissez-vous devant une méprise en lecture à haute voix, devant un blocage ? Observez un adulte, enseignant, père ou mère qui écoute une lecture à haute voix. Si l'enfant substitue un mot à un autre, neuf fois sur dix l'adulte réagira avec des commentaires du genre « regarde mieux », « relis le mot », « lis plus lentement », etc. ; ce comportement est fortement ancré chez la plupart des adultes parce que nous conservons tous le modèle de notre « institutrice » de première année qui ne tolérait aucune erreur, si minime fût-elle, dans la lecture. Il n'y a pas lieu de nous étonner ou de nous sentir coupables si, spontanément, nous reproduisons ce modèle. Il n'y a rien de plus difficile que de changer notre façon de réagir aux méprises en lecture d'un enfant.

Classification des interventions

Spiegel et Rogers (1980) ont observé les réactions de professeurs de 2e année, face aux erreurs de lecture à haute voix de leurs élèves. Les réponses données par les professeurs, lorsqu'un enfant ne déchiffrait pas correctement un mot, ont été classées en huit catégories : 1) dire le mot, 2) indice visuel, 3) contexte visuel, 4) sons, 5) épeler, 6) sens, 7) analyse structurale et 8) référence à une utilisation antérieure.

1. Dire le mot

(a) Le professeur corrige en prononçant simplement le mot.

(b) Le professeur dit le mot à l'enfant qui demande de l'aide ou fait une pause.
(c) Le professeur permet à un autre enfant de donner le mot.

2. Indice visuel

Le professeur indique à l'enfant qu'il doit regarder le mot plus attentivement soit en a) pointant le mot, b) en demandant à l'enfant de regarder encore, c) en répétant un ou plusieurs mots avant la méprise mais sans donner d'indice sémantique.

3. Contexte visuel

Le professeur répète un mot ou plus avant la méprise et enchaîne avec « quoi ? ».

Ex. : le petit écureuil saute dans le talus (texte)
Enfant : le petit écureuil saute dans le ....
Professeur : le petit écureuil saute dans quoi ?

Même si certains indices syntaxiques et sémantiques apparaissent grâce à la répétition des mots qui précèdent la méprise, l'intention du professeur est d'aider l'enfant à localiser la méprise plutôt que de l'orienter vers le sens.

4. Sons

Le professeur encourage l'enfant à utiliser les correspondances lettres-sons pour lire le mot.

5. Épeler

Le professeur épelle le mot mais sans faire appel aux sons.

6. Sens

Le professeur oriente l'enfant vers le sens.

7. Analyse structurale

Le professeur aide l'enfant à diviser le mot en parties ou en syllabes.

8. Référence à une utilisation antérieure

Le professeur rappelle à l'enfant que ce mot a déjà été rencontré.

Les résultats de cette recherche indiquent que dans 50% des cas, les enseignants « disent le mot». Les catégories **Indices visuels, Contexte visuel** et **Épellation**, qui sont toutes orientées vers l'analyse perceptuelle du mot, comptent pour 29% des réponses. Seulement 5% des réponses orientent les enfants vers le sens.

Modification des interventions

Si l'enseignant est résolu à améliorer les indices qu'il donne aux enfants, il peut, dans une première étape, enregistrer plusieurs leçons et essayer d'évaluer son comportement (Martoncik et Erickson, 1982).

1. Est-ce que j'interromps l'enfant souvent ?
2. Est-ce que j'attends que l'enfant ait le temps de donner une réponse ?
3. Quel est le type d'indice que je donne le plus souvent ? (Graphophonétique ? Syntaxique ? Sémantique ?)

Une deuxième étape consisterait à se préparer pour la prochaine leçon de lecture à haute voix en se fixant pour but de ne modifier qu'une seule attitude. Par exemple, on peut s'entraîner à attendre quelques secondes avant de poser une autre question, ou à orienter l'enfant vers le contexte, ou encore à ne pas interrompre l'enfant avant la fin du passage.

La troisième étape est de préparer les enfants à votre changement d'attitudes. Par exemple, expliquez aux enfants que vous ne corrigerez pas tous les mots qui ne sont pas lus correctement et que vous n'interviendrez pas avant qu'ils aient fini leur passage.

A) Le temps de réflexion

Si vos élèves sont habitués à ce que vous donniez des indices rapidement, expliquez-leur que, si vous ne répondez pas immédiatement, ce n'est pas parce qu'ils se sont trompés, mais parce que vous voulez leur laisser plus de temps pour réfléchir. À ce propos, les recherches semblent indiquer que l'enseignant n'accorde en moyenne qu'une seconde de **temps de réflexion** à l'enfant avant de répéter la question, de lui en poser une autre ou de passer à un autre enfant (Rowe, 1974). Le **temps de réflexion** est une stratégie qui devrait être introduite dans l'enseignement de la lecture. Ce **temps de réflexion** présente plusieurs avantages que nous pouvons résumer ainsi : il fournit une période de réflexion personnelle, sans stress, qui augmente la compréhension en lecture ; il aide de plus l'enfant à incorporer un nouveau matériel à ce qui existe déjà dans sa structure cognitive.

Rowe recommande de laisser cinq secondes de réflexion avant et après la réponse afin d'augmenter la qualité de la réponse donnée. Ainsi, pour donner de bons résultats, cette stratégie doit donc être utilisée avant et après la question. Gambrell (1980) rapporte que le fait d'augmenter le « temps de réflexion » produit un changement de comportement chez l'enfant. Celui-ci aurait ainsi tendance à donner des réponses plus longues, plus globales, renfermant des unités plus complètes ; on relève également plus de réponses appropriées à la question posée. Cette période développerait davantage la pensée spéculative. Le **temps de réflexion**, après la réponse, la complète, et permet une certaine extension de la pensée. Cette stratégie a également un effet sur le comportement du maître. Elle l'incite à poser des questions plus variées et permettrait de mieux connaître et de mieux comprendre les enfants.

L'utilisation de cette stratégie n'est pas facile. Pour être efficace, elle demande de la préparation de la part du maître. Ce dernier doit préparer ses questions, penser que le silence accordé ne doit pas être perçu avec panique ; y mettre du temps, de la pratique, augmenter graduellement le temps alloué à la réponse. Il doit également préparer l'enfant. Ce dernier a l'habitude de répondre rapidement, une période de silence développe souvent l'anxiété. Il faut donc l'habituer à ne pas prendre panique durant cette période silencieuse.

N'oublions pas que le changement d'attitudes se fait très lentement. Une façon de s'encourager serait peut-être de s'enregistrer et de noter ses propres progrès.

B) Le choix des stratégies

Quant au type d'indices que l'on donne aux enfants qui n'arrivent pas à lire tel ou tel mot dans la phrase, la première règle à suivre est d'orienter d'abord le lecteur vers le sens du texte. On peut, par exemple, suggérer à l'enfant de dire quel mot aurait du sens dans la phrase, lui suggérer de continuer à lire la phrase puis de revenir sur le mot-problème ou encore de relire le début de la phrase. Si l'indice sémantique n'est pas suffisant pour résoudre le problème, on peut combiner les indices sémantiques et les indices graphiques. On suggérera alors à l'enfant d'analyser le mot en essayant de retrouver des composantes déjà rencontrées dans d'autres mots. L'analyse terminée, le lecteur vérifiera si le mot décodé est compatible avec le sens de la phrase.

Bref, la première stratégie d'intervention en lecture à haute voix orientera toujours l'enfant vers la recherche de signification par le biais des indices contextuels.

ACTIVITÉS SIGNIFIANTES POUR LE LECTEUR DÉBUTANT

Au début de la première année, l'enseignant doit faire preuve d'imagination pour placer les enfants dans des situations de lecture authentiques et significatives. La plus grande partie du matériel de lecture disponible est trop difficile pour que les apprentis-lecteurs puissent faire une lecture autonome. Si l'on veut fournir aux enfants des texte complets et signifiants, il faut, dans un premier temps, que l'adulte lise le texte pour les enfants. Cette partie du chapitre présente 1) des activités pour le lecteur débutant qui pourraient être regroupées sous le thème **apprendre à lire en écoutant** et 2) des activités ponctuelles pour le tout début de l'apprentissage en première année.

Apprendre à lire en écoutant

Dans son programme de lecture, Goodman (1981) suggère, entre autres, comme activité pour les lecteurs débutants, de faire suivre un texte des yeux pendant qu'un narrateur lit le texte. En fait, cette technique n'est pas nouvelle ; en effet, dès le début du siècle, Huey (1908) rapportait le cas d'enfants qui avaient appris à lire en écoutant les mêmes histoires lues et relues par les parents. Huey affirmait, dès cette époque, qu'il y avait des leçons à tirer de cette situation naturelle d'apprentissage. D'autres auteurs, notamment Schonell (1961), Torrey (1973), Forester (1977) décrivent également comment des enfants ont appris à lire en écoutant le même texte. En suivant le texte des yeux, les enfants ont d'abord appris plusieurs mots globalement, puis ils ont commencé à extraire des correspondances lettres-sons et à étendre ces connaissances sur des mots nouveaux. À partir de ces constatations, les auteurs suggèrent l'existence d'un parallèle entre l'apprentissage du langage et l'apprentissage de la lecture. De la même façon qu'un enfant apprend à parler sans aucune leçon formelle, aucune règle de grammaire ni aucun cours de phonétique, ainsi l'enfant, dans des conditions similaires, peut apprendre à lire de façon naturelle. L'observation de ces lecteurs naturels est à l'origine de toutes les activités que l'on pourrait qualifier **d'apprendre à lire en écoutant**.

Apprendre à lire en écoutant peut se présenter sous différentes formes, l'élément essentiel étant qu'un enfant écoute, en suivant des yeux, un texte qu'il lira ensuite lui-même. La différence dans les techniques peut provenir du choix du texte : le texte peut être dicté par l'enfant lui-même ou il peut être choisi dans la littérature pour enfants. Une deuxième différence peut provenir de la situation elle-même : l'adulte peut soit lire le texte en présence de l'enfant, soit enregistrer le texte sur une cassette.

Quel que soit le type de présentation, ces activités poursuivent toutes les mêmes objectifs de motivation à la lecture et d'initiation à l'apprentissage global. L'objectif n'est pas que l'enfant sache décoder chacun des mots du texte lu mais qu'il fasse une expérience motivante et signifiante de lecture tout en s'initiant aux premières habiletés en lecture.

Les prochaines pages présenteront quatre types d'activités basées sur les principes de l'apprentissage **lire en écoutant**.

1) La première technique, connue sous le nom de **language experience approach**, utilise un texte dicté par l'enfant lui-même.
2) La seconde technique, celle du **langage structuré**, utilise encore le langage de l'enfant mais impose un certain cadre à la production verbale de l'enfant.
3) La troisième technique, la lecture dirigée, se sert d'un texte déjà écrit qui reflète le plus possible le langage et les intérêts de l'enfant.
4) La quatrième technique, celle du livre-cassette, utilise elle aussi un livre pour enfants mais, contrairement à la troisième technique, l'histoire a été précédemment enregistrée sur une cassette.

A) ACTIVITÉS FONDÉES SUR LE LANGAGE DE L'ENFANT

Ces activités consistent essentiellement à amener les enfants à dicter eux-mêmes un texte que l'adulte écrira pour eux. Ce texte sera lu et relu par l'adulte et l'enfant de telle sorte qu'il deviendra un matériel de base dans le processus de lecture. Ce type d'activité est à la base de l'approche connue sous le nom de **language experience approach**. L'essentiel dans cette approche est de partir d'une expérience individuelle de façon à ce que le texte dicté par les enfants reflète à la fois leur vocabulaire et leurs expériences. L'adulte écrit l'histoire telle qu'elle a été dictée par l'enfant mais en utilisant l'orthographe et la ponctuation standard (figures 46 et 47).

Askland (1973) suggère six étapes dans le déroulement d'une séance de **language experience approach** : 1) laisser l'enfant parler d'un sujet qui l'intéresse ; 2) l'amener à dicter son histoire phrase par phrase ; 3) lire chaque mot à mesure que vous les écrivez ; 4) lire l'histoire à l'enfant et lui permettre de la relire ; 5) placer les mots les plus significatifs dans une banque et réviser les mots qui sont déjà accumulés dans la banque ; 6) revoir et relire l'histoire avec l'enfant le lendemain avant d'écrire une autre histoire.

Souvent certains enfants trouvent difficile de raconter une histoire. Pour leur faciliter la tâche, vous pouvez leur permettre de prendre des photos qui captent le déroulement d'une séquence comme une activité de classe ou un jeu à la récréation. Une fois les photos développées, les enfants discutent et écrivent une phrase sous chaque photo. On place les photos dans un album, on ajoute un titre et voilà !

Figure 41 : Histoire dictée et illustrée par un enfant de 5 ans.

Le pêcheur

Figure 42 : Histoire dictée et illustrée par une enfant de 5 ans.

B) Activités de langage structuré

La technique classique du **language experience approach** se révèle parfois difficile avec certains enfants dont le langage est peu développé et qui n'arrivent pas à raconter une courte histoire. Il peut être alors plus facile pour l'enfant de partir d'une phrase déjà structurée et d'y ajouter des éléments personnels. Cunningham (1979) propose dans ce sens une technique qu'elle nomme l'**expérience de langage structuré**.

Cette technique peut être utilisée avec des petits groupes de trois à cinq enfants. En principe, ce sont les enfants dont le langage est moins développé qui forment ce groupe. Cependant, comme cette activité suscite ordinairement la curiosité des autres enfants, vous pouvez inclure ces derniers de façon rotative. De cette façon, chacun aura la chance de participer à l'expérience et, de plus, ces enfants fourniront un bon modèle au groupe. On choisit un thème différent chaque semaine et l'expérience se déroule du lundi au vendredi.

L'exemple suivant décrit une semaine portant sur le thème de la nourriture (Cunningham, 1979).

Lundi

- Préparez une quinzaine de découpures de magazines représentant des aliments.
- Asseyez-vous avec les enfants et présentez-leur les images une à une en posant des questions sur celles-ci. Par exemple :
  — Qu'est-ce que c'est ?
  — De quelle couleur est-ce ?
  — Est-ce un fruit ? un légume ?
  — Le mange-t-on cru ou cuit ?
  — Pousse-t-il dans le sol ?
- À la fin de la séance (20 minutes environ), dites aux enfants que, demain, ils auront à choisir une image et à raconter une histoire sur les aliments.
- Placez les images en vue pour que les enfants puissent commencer à faire leur choix au cours de la journée.

Mardi

- Revoyez le nom des aliments avec les enfants. Laissez les enfants choisir chacun une image.
- Une fois l'image choisie, collez-la sur un bristol ; écrivez en haut de l'image le nom de l'aliment et en bas le nom de l'enfant.
- Dites aux enfants que vous allez écrire une histoire pour que ceux qui viendront visiter la classe sachent quels sont les aliments préférés des enfants.
  Écrivez sur un grand carton **Ce que nous aimons manger.**
- Dites aux enfants que chacune des phrases dira ce que chacun aime manger.
  Choisissez un enfant qui peut servir de modèle et demandez-lui de commencer la phrase par « J'aime manger » et ensuite de nommer son image.
- Écrivez chaque phrase à mesure que les enfants les disent.
  Écrivez le nom de chaque enfant entre parenthèses à la fin de la ligne et laissez un grand espace entre chaque ligne (pour l'activité du lendemain).

Le tableau pourrait se présenter de la manière suivante :

Ce que nous aimons manger

J'aime manger des poires (Line)
J'aime manger du gâteau au chocolat (Dany)
J'aime manger des pommes (Sophie)
J'aime manger de la crème glacée (Éric)

- À mesure que vous écrivez, lisez les mots à haute voix. Demandez à l'enfant ensuite de relire sa phrase.
- Lorsque le tableau est terminé, relisez-le et demandez à chaque enfant de faire de même. Pour faciliter la lecture, pointez le nom d'un des enfants, demandez-lui de se lever et de montrer son image.
  Demandez à l'enfant de suivre avec son doigt à mesure qu'il lit afin de développer l'orientation de gauche à droite.
- L'activité est terminée lorsque chaque enfant a lu le tableau en entier. Placez le tableau bien en vue pour que les enfants puissent y revenir spontanément durant la journée.

Mercredi

- Commencez par réviser les images (nom de l'enfant et nom de l'aliment).
- En suivant la même progression que la veille, faites lire le tableau par quelques enfants. Montrez aux enfants des languettes de carton et dites-leur que vous écrirez chacune de leur phrase sur une languette. Pendant que vous écrivez, les enfants doivent essayer de deviner de quelle phrase il s'agit. Si un enfant croit avoir deviné la phrase, il va la placer sous la phrase correspondante sur le tableau.
- Continuez avec les autres phrases. Lorsque toutes les phrases ont été placées, enlevez-les et découpez-les en mots. Laissez chaque enfant reconstruire sa phrase.
- À la fin de l'activité, placez tous les mots dans une boîte que vous posez près du tableau contenant les images. Durant la journée, les enfants peuvent aller reconstruire les phrases s'ils le désirent.

Jeudi

- Avant la leçon, préparez des photocopies de l'histoire. Laissez suffisamment d'espace entre chacune des lignes. Préparez quatre photocopies par enfant. Commencez par faire lire le tableau par les volontaires.
- Profitez de la situation pour travailler certaines notions.
  — Combien y a-t-il de mots dans la phrase de Sophie ?
  — Quel est le mot le plus long de ta phrase ? Le plus court ?
  — Combien de fois voit-on le mot **manger** ? Le mot **chocolat** ?
  — Quel mot commence par **m** ? Par **p** ?
  — Combien y a-t-il de phrases ?
  — Quelle est la première ? La dernière ?
- Donnez ensuite à chaque enfant une copie de l'histoire et demandez-leur de la dire.
- Donnez à chacun les phrases découpées en languettes pour qu'il les colle à l'endroit approprié sur sa feuille. Pour les enfants qui réussissent facilement, découpez quelques phrases en mots pour qu'ils les collent sous la phrase appropriée.

Vendredi

- Donnez à chaque enfant une feuille photocopiée et faites-la-lui lire.
- Demandez ensuite à chacun de découper les phrases et de les coller sur des feuilles à dessin. Les enfants trouvent une illustration ou dessinent l'aliment. Rassemblez les feuilles sous forme de livre avec le titre « Ce que nous aimons manger ».
- Remettez le livre à l'enfant pour qu'il l'apporte à la maison. Gardez une feuille de l'histoire dans le dossier de l'enfant. Il accumulera ainsi plusieurs histoires qu'il pourra lire.
- Laissez le tableau, les images, les languettes dans un endroit accessible pour que les enfants puissent y revenir s'ils le désirent.

Le relevé d'activités que nous venons de voir décrit une première expérience avec un groupe d'enfants. À mesure que les enfants s'habitueront à ce style d'activités, celles-ci seront plus brèves et il sera alors possible d'introduire des éléments nouveaux.

Il y a une infinité de thèmes possibles pour cette expérience de langage structuré. En voici quelques exemples :

Je voudrais un ____________________.
Quand je serai grand(e), je serai ____________________.
Je peux faire ____________________.
Je veux un(e) ____________________ pour Noël.
C'est un(e) ____________________.

Lorsque l'on utilise un thème pour orienter l'activité, les enfants trouvent amusant de donner à leur livre la forme de l'objet choisi, par exemple, une pomme, une maison, un chat, un soleil, un arbre (figure 43).

Figure 43 : Exemples de livres réalisés par les enfants et reproduisant la forme du thème choisi.

Une activité toujours appréciée des enfants consiste à préparer un livre personnel dans lequel chacun se décrit. La structure des phrases est la même pour chaque livre mais chacun complète les informations par des données personnelles.

Concrètement, il s'agit de découper dans du carton une poupée de 30 cm pour chacun des enfants de la classe. Les poupées peuvent être partiellement individualisées si l'on fait varier la coiffure ou les vêtements. Pour la figure, utilisez un papier métallique qui produit un effet de miroir. En vous servant de la poupée comme modèle, découpez des vêtements dans du papier blanc (5 pages). Découpez un dernier vêtement dans du papier coloré ou du papier peint. Sur la couverture écrivez un titre du genre *Le livre de Dany*. Les autres pages peuvent contenir des informations telles :

Page 1 : Mon nom est ____________________.

Page 2 : Je demeure à ____________________.

Page 3 : Mon numéro de téléphone est ____________________.

Page 4 : Mon anniversaire est le ____________________.
J'ai ____________________ ans.

Page 5 : J'aime ____________________.

Assemblez ensuite les pages et agrafez-les sur la poupée de carton. Les enfants peuvent ensuite échanger leurs livres.

L'expérience de langage structuré peut être considérée comme une bonne activité d'initiation à la lecture. À travers cette expérience, les enfants auront développé leur langage, appris ce que sont une phrase et un mot, acquis un mouvement des yeux de gauche à droite et de bas en haut et, finalement, acquis la certitude qu'ils sont capables d'apprendre à lire.

C) Activités de lecture guidée

Essentiellement, cette activité consiste à lire un texte à l'enfant et à laisser ce dernier remplacer graduellement le lecteur adulte. Il convient de choisir un livre court et intéressant qui contient des phrases qui se répètent et des structures facilement prévisibles. Voici quelques conseils pour planifier une activité de lecture guidée (Gold, 1981 ; Jolly, 1981 ; Kendall, 1979) :

— Choisissez un livre court (de 10 à 20 pages) et intéressant qui contient des phrases qui se répètent et des structures facilement prévisibles.

— Survolez l'histoire pour trouver des mots répétés souvent et faciles à identifier ; il peut s'agir de mots

a) qui commencent par une majuscule (Dinomir) ;

b) qui ont une configuration facile à retenir (grand-maman) ;

c) qui identifient les personnages ou qui impressionnent tout spécialement l'enfant.

— Commencez la rencontre en présentant le livre d'une façon attrayante. Exemple : « Je pense que tu aimeras ce livre parce que je sais que tu aimes aller visiter ton oncle à sa ferme. Quelle sorte d'animaux as-tu vu à la ferme ?... »

— Après la période d'introduction, lisez le titre du livre et présentez une partie des images. Il est préférable de ne pas présenter toutes les images pour ne pas révéler l'intrigue de l'histoire.

— Proposez ensuite l'activité à l'enfant et dites : « Aujourd'hui nous allons lire ce livre. C'est moi qui le lirai d'abord mais plus tard tu pourras m'aider. Je vais placer mon doigt sous les mots pour que tu voies où nous sommes rendus. Regarde bien les mots quand je les lis. Quand nous tournerons une nouvelle page, nous commencerons par regarder l'image puis nous regarderons les mots ». Le « nous » utilisé dans la présentation a pour but de faire comprendre à l'enfant qu'il n'a pas seul la responsabilité de lire le livre.

— Lisez le livre alors assez lentement mais de façon naturelle. Tenez le livre de façon à ce que l'enfant puisse bien le voir. Faites courir votre doigt sous les mots en lisant.

— Lorsque la lecture est terminée, discutez du livre avec l'enfant ; demandez-lui ses impressions.

— Reprenez la lecture et amenez l'enfant à lire avec vous. Au début, demandez-lui de lire, par exemple, le nom du personnage principal. « *Tu dois connaître le nom du géant maintenant. Aimerais-tu lire son nom chaque fois qu'il est écrit ? Je vais lire et j'arrêterai lorsque le mot Dinomir sera écrit et c'est toi qui le liras* ». Dès que l'enfant est prêt, ajoutez d'autres mots.

Utilisez la même façon de procéder pour amener l'enfant à lire des expressions ou des segments de phrases. Par exemple, dans *La petite poule rouge*, vous pouvez lire «*pas moi*, dit le chat» et laisser l'enfant lire les autres phrases de même structure, comme «*pas moi*, dit le chien», «*pas moi*, dit le canard».

À mesure que l'enfant acquiert de l'aisance, vous pouvez lui laisser lire des paragraphes, puis le livre entier.

Si l'enfant fait une erreur, corrigez promptement sans le réprimander et sans analyser le mot.

— La démarche peut s'étendre sur plusieurs jours. Le nombre de lectures nécessaires peut varier d'un enfant à l'autre. Il est important de toujours terminer l'activité sur une note d'encouragement.

— À la suite de cette lecture, il est conseillé d'ajouter des activités d'exploitation qui peuvent prendre des formes très variées. En voici quelques exemples :

1. Récrire l'histoire selon le format du livre et la faire illustrer par l'enfant.
2. Faire apporter le livre à la maison en l'accompagnant d'une note qui demande aux parents de lire le livre avec les enfants.
3. L'enfant peut, s'il le désire, recopier l'histoire.
4. L'enfant peut écrire sa propre histoire en remplaçant des mots du livre par d'autres qu'il connaît.
5. L'enfant peut chercher dans le livre les mots qui sont semblables. Par exemple, il peut entourer le mot **il** en rouge, le mot **petit** en vert. S'il le désire, il peut dresser une liste des mots qu'il rencontre souvent.
6. On ne doit pas hésiter à encourager l'enfant à lire le livre à d'autres enfants.

Si la technique qui vient d'être décrite s'adresse à un enfant à la fois, il est tout à fait pensable de l'adapter en fonction d'un groupe. Il suffit, en fait, d'agrandir le texte pour qu'il soit lisible à quinze pieds de distance de sorte que plusieurs enfants puissent suivre des yeux le texte lu par l'enseignant. Il existe plusieurs façons d'agrandir un texte, pensons simplement aux diapositives et au rétroprojecteur. Mais la technique qui reçoit spontanément la faveur des enfants est le livre géant. Actuellement, il n'existe sur le marché que peu de livres géants destinés aux lecteurs débutants mais il est tout à fait possible d'en fabriquer soi-même à partir de textes écrits par les enfants ou de livres publiés dans un format ordinaire.

D) Le livre-cassette

L'essor rapide de la technologie, notamment l'arrivée des magnétophones à cassettes manipulables par les enfants, a permis une autre exploitation de la formule **apprendre à lire en écoutant**. L'enfant écoute un texte enregistré, ce qui lui permet une plus grande autonomie que dans les autres formules.

Les résultats obtenus par les recherches sur le livre-cassette nous portent à considérer cette technique comme très prometteuse (Schneeberg, 1977 ; Daly, 1975). Ces recherches mesurent l'efficacité globale de la technique en comparant le résultat en lecture des enfants qui l'ont utilisée avec celui d'un groupe-témoin. Une thèse récente (Girard, 1982) affine l'analyse en mesurant l'efficacité du livre-cassette pour l'acquisition globale des mots les plus fréquents dans le livre utilisé par les lecteurs débutants. Les résultats indiquent que les enfants qui ont écouté et regardé le livre-cassette reconnaissent plus de mots de ce livre que d'un livre-témoin de même niveau de difficulté.

L'implantation de cette technique dans une classe demande la collaboration d'une personne qui démontre le maniement du magnétophone aux enfants par petits groupes pendant que le professeur s'occupe des autres élèves de la classe. Cette personne peut être un parent ; elle n'a pas besoin de connaissances spécialisées.

1) Son implantation

a) *Le matériel :*

1. *Le choix des livres* : choisir des textes qui s'adressent à des lecteurs débutants. Ils doivent être courts et intéressants ; les collections graduées pour débutants sont de bonnes sources. Il existe déjà des livres-disques sur le marché mais ils ne sont pas pensés en fonction des critères de lisibilité.
2. *L'enregistrement* : Choisissez différentes voix. Comme les enfants adorent retrouver des voix familières, utilisez de préférence des lecteurs qu'ils connaissent. La lecture doit se faire avec naturel et avec intonation. Ajoutez un indice sonore pour indiquer à quel moment tourner la page. Pour faciliter la manipulation, il est essentiel de n'enregistrer qu'une seule histoire par cassette.

b) *La présentation de la technique aux enfants*

L'initiation à la technique peut se faire par petits groupes de 4 ou 5 enfants en suivant le déroulement suivant :

1. *Présenter les livres choisis aux enfants et leur montrer comment trouver la cassette correspondante. On peut déposer les livres dans un présentoir en plaçant la cassette à côté du livre ou encore on peut placer le livre et la cassette dans une enveloppe en prenant soin de ménager une fenêtre transparente qui permettra à l'enfant de voir le titre.*
2. *Entraîner les enfants à la manipulation du magnétophone. On peut afficher une feuille d'instructions dans le coin d'écoute.*
3. *Procéder à une première écoute supervisée. Insister pour que les enfants suivent le texte sinon du doigt, au moins des yeux.*

2) Son fonctionnement

L'idéal est de disposer de 4 ou 5 magnétophones de façon que plusieurs petits groupes utilisent les livres-cassettes à tour de rôle durant une période.

Une suggestion : utilisez les appareils qui permettent d'écouter seulement et non d'enregistrer ; ils sont moins chers.

Il est toujours possible d'implanter la technique avec un seul magnétophone. Dans ce cas, les livres-cassettes servent plutôt dans les périodes libres que dans des ateliers en bonne et due forme.

Lorsqu'un enfant a écouté un livre à plusieurs reprises et qu'il le connaît bien, il vient le lire à l'enseignant. Ce dernier écoute sans regarder dans le livre : cela évite de faire corriger à l'enfant des méprises acceptables. Si, après des écoutes répétées, l'enfant n'arrive pas à relire le texte, lui en proposer un autre plus court et plus simple. Si l'enfant bute sur un mot, lui donner ce mot simplement, sans insister sur l'analyse ; ce n'est pas l'objectif poursuivi par cette technique.

Lorsqu'un élève sait bien lire un livre, Cunningham (1979) suggère à l'enseignant, après un certain temps, de l'entraîner à superviser la lecture d'un autre enfant. Le moniteur procède de la même façon que l'enseignant, c'est-à-dire qu'il ne regarde pas dans le livre lorsqu'il écoute son compagnon.

Lorsque l'enfant sait lire le premier livre, il peut en choisir un deuxième. Carbo (1981) suggère de placer un registre dans le coin des livres-cassettes, pour que les enfants y inscrivent les livres qu'ils peuvent lire seuls. L'enfant signe la page et écrit : « *Je peux lire ce livre tout seul* ».

L'enseignant peut faire ses enregistrements en lisant un livre à toute la classe. À ce moment, les enfants savent que la lecture est enregistrée et qu'il faut être assez silencieux pour entendre voler une mouche.

Schneiderman (1979) propose, pour sa part, de faire faire les enregistrements par les enfants de deuxième et troisième années. On pourrait également suggérer de confier cette tâche aux élèves du deuxième cycle qui ont des difficultés en lecture. De cette façon, on peut faire lire à des élèves en difficulté des textes faciles, même des textes pour la première année ; le lecteur ne se sentira pas dévalorisé puisque l'objectif est tout à fait justifié.

Ce matériel enregistré par les enfants peut être déposé à la bibliothèque et emprunté par les enfants qui le désirent.

Activités pour les premières semaines de 1re année

- Préparez une feuille d'exercice (modèle ci-dessous). Demandez aux enfants de découper les lettres dans le bas de la feuille. Cela fait, les enfants replacent les lettres en ordre de façon à écrire : «*Je sais lire. Je m'appelle* ________________». Les enfants collent les lettres dans les cases et écrivent leur nom dans l'espace libre. Cette activité est gratifiante car les enfants ont le sentiment qu'ils savent déjà lire.

Je sais lire.
Je m'appelle ______________.

____

e	e	r	s	i	e	l	m	j	a
s	e	j	a	i	l	l	p	p	

- Écrivez le nom d'un enfant au tableau ou mieux, placez les lettres sur un tableau magnétique. Demandez aux enfants quel nom ils voient. Changez l'ordre des lettres et demandez à l'enfant dont vous aviez formé le nom s'il le reconnaît toujours. Demandez-lui de replacer les lettres pour reformer son nom. Répétez l'activité avec d'autres noms d'enfants. Faites comprendre aux enfants que les lettres doivent être dans un certain ordre pour faire des mots.

- Préparez de petits cahiers intitulés *Je sais lire* par ______________. Placéz sur une table des étiquettes de produits connus ou des magazines et demandez aux enfants de découper et de coller l'image et le nom des produits qu'ils reconnaissent. L'enfant lit ensuite son livre. Une autre version de cette activité consiste à faire découper des illustrations par les enfants et à les leur faire coller sur des fiches préparées et classées en quatre catégories : «*J'ai* ______________». «*Je n'ai pas* ______________». «*J'aime* ______________». «*Je n'aime pas* ______________».

- C'est la journée de la couleur rouge. Chaque enfant dessine un objet rouge. Écrivez au tableau la liste des objets :

  La pomme est rouge.
  Mon crayon est rouge.
  Mon chandail est rouge.

  Choisir une autre couleur le lendemain.
- Donnez une guimauve à chaque enfant et demandez-lui de la décrire : à quoi elle ressemble, ce qu'elle sent, quel goût elle a. Écrivez la description des enfants au tableau et relisez le texte plusieurs fois. Le lendemain, photocopiez le texte sur la guimauve pour tous les enfants : les mots du texte sont récrits dans des carrés au bas de la page. Les enfants découpent les mots et avec un partenaire essaient d'identifier les mots qu'ils peuvent lire. Circulez parmi les groupes ; lorsqu'un enfant sait lire un ou plusieurs mots, écrivez-les sur une fiche que l'enfant conservera.
- Préparez des livrets de plusieurs feuilles contenant la phrase suivante au bas de la page : «*J'ai vu un* ________________ *au zoo.*» L'enfant écrit le nom d'un animal en se référant au fichier de la classe, puis il dessine l'animal au centre de la page. La même activité peut se faire sous une autre forme : pliez une feuille de 8½" × 14" en deux dans le sens de la longueur puis pliez-la en quatre (Figure 44). Après l'avoir dépliée, rabattre le rectangle de droite sous celui de gauche de façon à former une forme triangulaire en trois dimensions. Dans le bas des trois rectangles visibles, vous écrivez : «*J'ai vu un* ________________ *au zoo*». Les enfants complètent les phrases et les illustrent. Ils peuvent ensuite déposer leurs productions sur une table pour que tous puissent les consulter (Figure 44).

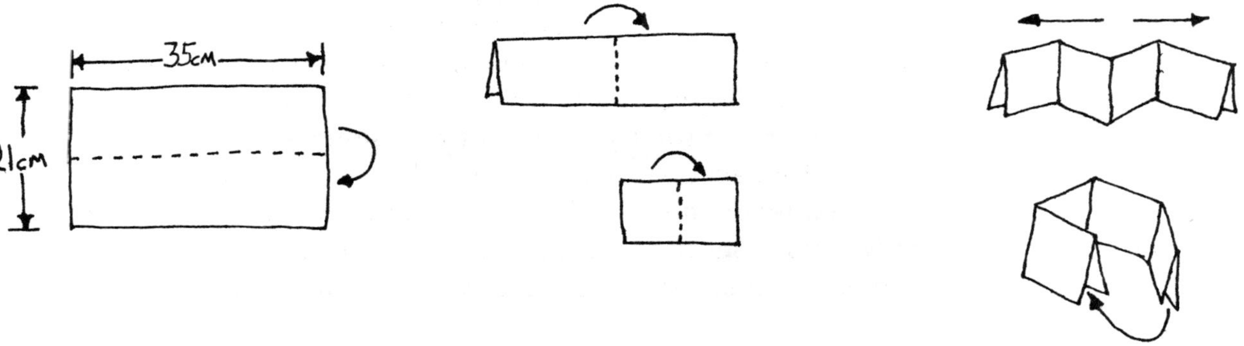

Figure 44 : Illustration d'une activité pour les premiers jours de classe en 1re année.

BANQUE D'ACTIVITÉS DE LECTURE

Il existe un nombre incalculable d'activités dont le but est de motiver les enfants à la lecture. En voici quelques-unes que l'on peut adapter au niveau et aux besoins de l'enfant. Rappelons que le choix d'une activité demande une préparation et nécessite un suivi ; c'est souvent ce qui fait la différence entre une activité réussie et une autre non réussie.

1. Le club du livre ou de lecture

Les clubs du livre ont toujours eu du succès auprès des adultes, et pas seulement chez ceux qui aimaient déjà la lecture. Il est possible d'adapter cette activité au contexte scolaire et aux besoins de l'enfant. Voici comment un club peut s'organiser :

- Seul l'enfant intéressé s'inscrit au club.
- Le membre du club sera identifié par un macaron, les activités se dérouleront à l'intérieur de la classe et également dans l'école.
- Il peut y avoir des clubs plus spécialisés. Ex. : club des lecteurs de romans, club des lecteurs d'histoires humoristiques, club du livre scientifique, etc.
- Dans les clubs, on peut échanger des livres et on peut organiser des activités : présenter le livre lu aux autres membres du club ; critiquer «*ce que j'ai aimé et ce que je n'ai pas aimé dans ce livre*» ; utiliser «*la critique partagée*», trois enfants lisent le volume, le premier situe l'intrigue, le deuxième fait ressortir les points intéressants et le dernier parle des illustrations, etc.
  Lorsque l'enfant présente son livre aux membres du club, cela peut s'accompagner d'un montage audio-visuel, d'un spectacle de marionnettes ou d'un sketch.
- Le club peut également être responsable d'une semaine de lecture, de la visite d'un auteur, d'une exposition de livres avec un libraire local, etc.

2. Les inventaires de lecture

Chaque semaine, un enfant relève à l'intention de la classe ou de son équipe le nombre de livres lus et les catégories auxquelles ils appartiennent. Ces statistiques sont affichées et discutées ; par exemple, on remarque que, depuis deux semaines, les lectures ont porté sur tel thème, ou que tel livre, qui a été lu par 15 enfants nous amène à conclure qu'il présentait un vif intérêt...

3. Les notices

Dans un cahier collectif, chaque titre de livre est suivi de quelques lignes qui indiquent le sujet, l'action, les principaux personnages, etc. La notice peut prendre une forme interrogative, pour créer du mystère, dans un style et avec des images qui suscitent la curiosité. Vous pouvez en écrire quelques-unes et amener graduellement l'enfant à réaliser lui-même cette activité. La notice sert à orienter le lecteur qui a du mal à choisir.

4. Lire pour les enfants de la maternelle

À tour de rôle, faites lire les élèves devant des petits groupes de la maternelle.

5. Les macarons

Les élèves qui ont lu un nombre déterminé de livres reçoivent un macaron sur lequel est inscrit, par exemple, «*J'ai lu dix livres*».

6. Les partenaires

Faites choisir un partenaire à chaque enfant et réservez des moments déterminés pour que les partenaires se fassent la lecture l'un l'autre.

7. La campagne de promotion

Organisez une campagne de promotion de livre. Les élèves peuvent agir comme des agents de publicité et **vendre** des livres.

8. Le sujet du mois

Fabriquez des affiches colorées pour annoncer un sujet particulier pour chaque mois, comme l'étude de la nature, par exemple.

9. La lecture critique

Mettez au point des critères pour évaluer un livre. Encouragez les élèves à trouver des exemples dans leurs propres lectures.

10. L'enregistrement de livres

Faites enregistrer des extraits de livres aux élèves. Organisez un jeu comme «*De quel livre provient ce passage ?*» ou «*Je pense à un livre dans lequel un personnage dit : ________________.*»

11. Les citations

Utilisez des citations de personnages célèbres sur l'importance de la lecture. Mettez-les en valeur sur les murs de la classe. Changez-les fréquemment.

12. Les séries

Incitez les élèves à lire un livre d'une série ou un livre d'un auteur qui a écrit plusieurs livres du même genre.

13. Des bibliothèques personnelles

Encouragez les élèves à commencer leur propre bibliothèque. Aidez-les à démarrer avec une liste de bons livres.

14. Écrire des livres

Faites écrire, illustrer et relier leurs propres livres aux élèves. Encouragez les noms de plume. Faites circuler les livres dans la classe et, si possible, dans l'école.

15. Les tableaux d'affichage

Par exemple, «*Livres pour les athlètes*», «*Livres sur les animaux*», etc.

16. Les objets qui suscitent la curiosité

Apportez des objets qui suscitent la curiosité dans le but d'amener les élèves à lire sur des sujets déterminés.

17. Invitations

Invitez des personnes de l'extérieur à entretenir la classe de sujets intéressants. Assurez-vous de faire le lien entre la causerie et l'activité de lecture.

18. Les livres de la maison

Apportez vos propres livres de la maison et présentez-les aux enfants.

19. Jeu de rôles

Suscitez de l'enthousiasme en faisant jouer le dialogue emprunté à un livre.

20. L'intérêt du professeur

Demandez régulièrement aux élèves : « *Qu'as-tu lu récemment ?* » « *As-tu lu quelque chose d'intéressant en fin de semaine ?* » Tenez-vous au courant de ce que chacun est en train de lire.

21. Faire la lecture aux élèves

Lisez à vos élèves des histoires courtes mais complètes aussi souvent que possible. Veillez à la variété des lectures : humour, thèmes particuliers, actualité, etc.

22. Arrêter à un point excitant

Lisez un livre à haute voix et arrêtez au point le plus intéressant (ayez plusieurs copies disponibles).

23. Montrer de l'enthousiasme

Par-dessus tout, manifestez une attitude positive et enthousiaste envers la lecture.

LES JEUX DE LECTURE

La série d'activités présentées plus haut fait ressortir la place que l'on devrait accorder au jeu dans l'apprentissage. Il est intéressant de constater que, sous la culture italienne, le mot **giuoco** (« jeu ») ne semble pas impliquer la dichotomie **travail-amusement** que l'on retrouve chez nous. Le jeu n'est pas que récréatif, il est éducatif, il fait partie de l'apprentissage. Selon Scurati (voir : Tutolo, 1982), dans les classes italiennes, l'adulte enseigne, et l'enfant joue (Giuoco). Cette attitude envers le jeu engendre moins de stress et entraîne moins d'échecs. C'est dans cette optique que nous présentons, ici, quelques suggestions qui permettront de choisir et de rendre efficaces les jeux dits de lecture.

1. Les jeux doivent être simples, autrement, il faut plus de temps pour apprendre à jouer qu'il n'en faut pour jouer réellement.
2. Les jeux ne doivent pas réclamer trop de surveillance : votre temps sera plutôt consacré à l'enseignement.
3. Les enfants sont souvent intéressés à préparer eux-mêmes les jeux. Il se fait alors une pratique naturelle pendant la préparation.
4. Choisir des jeux qui comportent un élément de hasard afin de soutenir la motivation. Les jeux qui réclament une activité physique (lancer, attraper, etc.) sont également attrayants pour certains enfants.
5. Les participants doivent apprendre quelque chose à travers ces jeux. Cependant, comme ces jeux constituent une occasion de mettre certaines compétences en pratique, et non d'en acquérir de nouvelles, ils auront avant tout une source d'encouragement.
6. Ordinairement, trois enfants suffisent pour un jeu. Si l'on doit former des équipes, il est souvent préférable que le professeur

choisisse lui-même les partenaires pour éviter qu'il y ait des pertes de temps et des laissés pour compte.

7. Un jeu trop souvent répété perd de son attrait.
8. Un jeu n'est plus un jeu si on doit obliger les enfants à y participer.

Pour résumer ce chapitre, rappelons que la lecture silencieuse a préséance sur la lecture orale, bien que cette dernière apporte parfois un complément utile. Rappelons également qu'en cas de méprise, le maître devrait orienter le jeune lecteur vers les indices contextuels plutôt que vers les indices graphiques. Finalement, la caractéristique d'une activité de lecture bien conçue sera de placer les enfants dans des situations intéressantes pour eux.

Chapitre X
Matériel de lecture

Dans ce chapitre, vous ferez l'inventaire des critères de sélection des textes proposés aux enfants. Vous vous attarderez d'abord sur le caractère authentique et la variété des textes. Vous aborderez ensuite le thème du niveau de difficulté des textes par le biais de la lisibilité et des collections graduées. Finalement, vous analyserez l'impact des stéréotypes sur les intérêts, les attitudes et la compréhension des jeunes lecteurs.

VARIÉTÉ ET CARACTÈRE AUTHENTIQUE DES TEXTES

Si l'on considère la lecture sous l'angle des activités fonctionnelles, il va de soi que les textes présentés aux enfants refléteront toutes les fonctions de l'écriture. Si les textes reflètent les fonctions de l'écriture, ils seront probablement authentiques et, s'ils représentent toutes les fonctions, ils seront par le fait même variés.

Avant toute autre chose, on doit veiller à ce que le contenu des textes soit **valable**. Si le but du texte est d'informer, il doit être clair ; si son but est de distraire, il doit le faire de façon adéquate (Holdaway, 1979). C'est donc dire que les textes présenteront, dès le début, toutes les caractéristiques du langage fonctionnel ; ils seront entiers et pertinents. On évitera soigneusement tout langage artificiel ou abstrait (Goodman, 1981). Le matériel choisi sera non seulement authentique mais également intéressant : la motivation à la lecture n'est pas chose acquise pour un bon nombre d'enfants et il importe que le langage écrit soit assez intéressant pour que l'enfant y trouve un intérêt qu'il ne retrouverait pas dans le langage oral.

La deuxième caractéristique touche la variété : ce critère a déjà été abordé par le biais des différents discours ou types de textes à présenter aux lecteurs de tous les niveaux. Le lecteur débutant, comme le lecteur habile, doit bénéficier de la possibilité d'entrer en contact avec des textes qui transmettent de l'information, ou qui font appel à l'imagination. On ne s'en tiendra pas au seul manuel de lecture mais on verra à intégrer tous les aspects de l'écriture qui sont reliés à la vie de l'enfant. On a trop souvent tendance à oublier que le manuel n'est qu'un outil : ce n'est pas le manuel qui doit déterminer les gestes du professeur mais celui-ci qui doit savoir tirer profit du manuel. Cependant, aujourd'hui, les manuels de lecture ont atteint un certain niveau de qualité et peuvent être une ressource intéressante à condition d'être considérés comme **l'une** des ressources et non comme la **seule** ressource pour l'enseignement.

Exemples de textes authentiques et variés

Les albums, les illustrés, les magasines pour les jeunes, l'ensemble de ce que les éditeurs proposent aux enfants n'est pas le seul matériel accessible. C'est souvent à travers la lecture efficace des écrits utilitaires que se développera le goût pour les livres. Voici donc une liste d'écrits variés que le lecteur rencontre dans son environnement. Cette liste, même si elle n'est pas complète, illustre bien les ressources illimitées offertes par l'environnement.

Affiches : «*sonnez et entrez*»
«*Nous ne sommes pas responsables des accidents*»
Affiches publicitaires
Annuaires téléphoniques
Cartes de souhaits, d'invitation, etc.
Catalogues et dépliants publicitaires
Étiquettes : produits alimentaires
Horaires : autobus, train, bateau ; horaires de l'école, de la télé, etc.
Liste d'épicerie
Menu : restaurant, cafétéria
Messages : téléphoniques
parents – enfants, enfants – parents
professeurs
Noms de rues, de magasins
Panneaux de signalisation routière
Plans : les cartes géographiques et routières
- de la ville, de la province, du pays
- métro, circuits d'autobus
- parcours de l'école à la maison

les plans d'un bâtiment
- sa maison, son école, un magasin

les plans de modèles réduits
- modèles d'avions, d'autos, de bateaux, légo, mécano

Posologie : médicaments
Tableau d'affichage

Exemples d'activités

Pour bien faire réaliser aux enfants que l'écriture ne se limite pas aux livres, planifiez une expérience de sensibilisation : remettez à chaque enfant une question qui l'obligera à se livrer à une petite recherche. Demandez aux enfants d'apporter en classe le texte dans lequel ils ont trouvé l'information recherchée. Amenez-les à constater l'éventail des textes et à suggérer d'autres possibilités qui n'ont pas été exploitées.

Voici une liste de questions qui peuvent servir à la planification de cette activité qui a pour but de démontrer jusqu'à quel point on peut lire, pour des raisons variées, des textes très différents.

- Quelles sont les principales parties d'une bicyclette ?
- De quels feux, réflecteurs et accessoires une bicyclette doit-elle être obligatoirement pourvue ?
- Que veulent dire les signaux routiers suivants ?

- Énumère quelques maladies enfantines.
- Que faire en cas de saignement de nez, de piqûre d'insecte, de coup de soleil ?
- Que doit inclure une trousse de premiers soins ?
- Posologie d'un médicament (sirop contre la toux).
- Comment faire germer une fève ?
- Quelles vitamines renferment les épinards, les carottes, le chou-fleur ?
- Comment faire du yogourt ?
- Ta mère te servira un cassoulet pour souper. Quels sont les ingrédients ; crois-tu que tu aimeras ce plat ?
- Tu veux pratiquer la natation, où t'adresseras-tu ?
- Natation : règles de prudence.
- Quelles activités sportives ou culturelles t'offre le service des loisirs ?
- Qu'a fait le premier ministre du Québec cette semaine ?
- Quels sont les meilleurs marqueurs de l'équipe des Nordiques, du Canadien ou de la Ligue Nationale ?
- Qui a été nommé l'athlète du mois chez les Nordiques ? Pourquoi ?
- Fais la liste des fruits et légumes qui sont en vente cette semaine chez ton marchand préféré.
- Comment nourrir un hamster ?
- Dresse la liste des spectacles pour enfants de ce mois-ci.
- Combien vaut un 25 ¢ canadien de 1967 ?
- À quelles heures les bulletins de nouvelles passent-ils à la télé ?
- Quel est le tarif téléphonique entre Québec et Trois-Rivières, Québec et Montréal ?
- Quel est le tarif postal d'une lettre, d'une carte postale ?

- Que faire pour enlever une tache d'herbe sur ton pantalon ?
- Trouve un truc de magie que tu peux exécuter.
- En cas de feu, que dois-tu faire ?
- Quels sont les règlements de l'école ?
- Tu veux t'acheter un jeu. Quel magasin l'offre au meilleur prix ?
- Peux-tu expliquer à tes amis les règles des jeux **stratégo** ou **boggle** ?
- Que faire pour devenir membre du club lego ?
- Vacances à Percé : quels sont les endroits intéressants ?
- Visite du vieux Québec à pied : où aller, quels attraits seront les plus importants ?
- Quels sont les principaux barrages hydro-électriques du Québec ?
- Si tu trouves un chat ou un chien et que tu ne peux pas le garder, quelle est l'adresse de la Société qui pourra s'en occuper ?
- Trouve le nom de 5 planètes.
- Quel a été le premier homme à marcher sur la lune, en quelle année ?
- Est-ce qu'une femme a déjà fait un voyage spatial ?
- Que veut dire **alunissage** ?

LE NIVEAU DE DIFFICULTÉ D'UN TEXTE

Outre le caractère authentique et la variété, un autre critère doit être pris en considération dans le choix des textes, le niveau de difficulté du texte.

Une longue tradition, particulièrement aux États-Unis, veut que l'on distingue trois niveaux de difficulté dans les textes. On dira qu'un enfant se situe, par rapport à un texte donné, à un niveau d'indépendance, à un niveau d'apprentissage ou à un niveau de frustration.

Niveau d'indépendance :	L'enfant peut lire le texte seul, sans aide (lecture personnelle).
Niveau d'apprentissage :	L'enfant peut lire le texte mais avec un peu d'aide de l'enseignant (textes normalement présentés en classe).
Niveau de frustration :	L'enfant ne peut comprendre le texte même avec de l'aide.

Cunningham (1982) décrit ces trois niveaux de difficulté d'une façon très imagée. Si vous voulez grimper dans une échelle, dit-elle, et s'il ne manque pas de barreau, vous monterez sans problème (niveau d'indépendance). Cependant, s'il manque un barreau, vous pourrez probablement monter en fournissant un effort supplémentaire ou avec l'aide de quelqu'un. On peut grimper dans une échelle à laquelle il manque un barreau (niveau d'apprentissage). Imaginez maintenant qu'il manque deux barreaux à l'échelle. Il est probable que peu d'entre vous seriez capables d'enjamber l'espace entre les deux barreaux manquants. Cependant, si l'échelle était la seule façon d'entrer dans une maison en flammes dans laquelle se trouve une personne chère, vous pourriez vraisemblablement faire un effort herculéen et franchir l'espace entre les deux barreaux manquants. Mais une échelle à laquelle il manque trois barreaux (niveau de frustration) vous est tout à fait inutile, quelle que soit votre motivation.

Holdaway (1979) précise encore cette notion de niveau de difficulté d'une tâche grâce à l'observation des jeunes enfants dans leur environnement naturel. En fait, lorsque l'on observe un enfant qui choisit une activité spontanément, on constate qu'il la choisit habituellement en fonction d'un niveau de difficulté qu'il peut aborder mais qui comporte une certaine part de risque, c'est-à-dire que ce niveau de difficulté lui permettra de développer un peu plus ses compétences (niveau d'apprentissage). Mais les enfants choisissent aussi de consacrer une partie de leur temps à une activité qui ne comporte presque aucun risque parce qu'elle est très facile (niveau d'indépendance). Cependant, il arrive beaucoup moins souvent qu'un enfant choisisse de lui-même une activité vraiment trop difficile pour lui, une activité qui le conduit à des échecs répétés. Ceci se produit seulement lorsque la motivation de l'enfant est excessivement élevée (niveau de frustration).

Idéalement, les programmes de lecture devraient s'inspirer de ces observations et offrir régulièrement aux enfants des textes en conformité avec leur niveau d'apprentissage à l'intérieur de la classe, offrir plusieurs textes qui reflètent leur niveau d'indépendance en dehors de la classe ou dans des périodes de lecture personnelle. Quant aux textes extrêmement difficiles, ils ne devraient jamais être proposés, à moins que l'enfant ne les choisisse lui-même. Rappelons qu'il arrive que des enfants extrêmement motivés choisissent des activités relevant du niveau de frustration, mais elles seront dommageables si elles sont imposées à l'enfant par une pression extérieure (Holdaway, 1979).

Au deuxième cycle, un professeur peut s'attendre à un éventail d'habiletés en lecture qui couvre à peu près cinq années scolaires : il peut y avoir des élèves en quatrième année qui n'ont pas dépassé, en lecture, le niveau de la deuxième année, et d'autres qui ont atteint le niveau de la sixième année et plus. Ceci correspond à un éventail normal qui est dû à des différences intellectuelles, à la motivation de l'enfant, à ses expériences personnelles ainsi qu'à la somme de lecture que l'enfant a pu accumuler.

Afin de préciser la notion de niveau de difficulté du texte, nous aborderons dans les prochaines pages 1) la définition de la lisibilité, 2) le rôle des collections graduées et 3) le matériel produit par les enfants.

La lisibilité

La lisibilité, qui se définit comme le degré de difficulté d'un texte, est un terme qui commence à être de plus en plus connu dans notre monde scolaire. Il ne faut cependant pas confondre la lisibilité avec les facteurs typographiques (caractères, grosseurs des lettres, etc.) qui influent sur la lecture. Ces facteurs ont été résumés par Tinker (1954). La lisibilité fait plutôt référence à la structure de la phrase, à sa longueur, sa complexité et au vocabulaire utilisé.

Les premières recherches relatives au niveau de difficulté des textes faites sur une base objective sont l'œuvre de Thorndike, qui publia dans les années 1910 la première liste de fréquence des mots.

Depuis 1940, il est apparu un courant assez important, axé sur les formules de lisibilité. Ces formules tiennent compte ordinairement des aspects syntaxique et sémantique du texte à partir de facteurs comme la longueur des mots et des phrases et le niveau de difficulté du vocabulaire utilisé. Il existe, pour la langue anglaise, de nombreuses formules de lisibilité qui permettent au professeur de déterminer à quel niveau scolaire correspond un texte. En langue française, une formule a été établie par Henry (1975), mais uniquement pour la fin du primaire et le début du secondaire. Si ces formules peuvent être utiles dans une certaine mesure, elles n'en comportent pas moins plusieurs faiblesses. Le principal problème relatif à ces formules est que les facteurs qu'il serait souhaitable de mesurer ne peuvent l'être au moyen de telles formules et que ceux qui le sont ne fournissent pas toujours l'information la plus pertinente. En fait, ces formules ne visent ni les intérêts du lecteur ni son expérience (Standal, 1978).

L'enseignant qui veut se faire une idée du niveau de difficulté d'un texte peut également utiliser des critères comme la longueur de la phrase, les modes-temps utilisés, la présence des pronoms et de la forme passive. Il est évident que cette façon de procéder ne conduira qu'à une évaluation approximative du niveau de difficulté du texte car les critères mentionnés plus haut ne sont que des indices. La longueur de la phrase, par exemple, est souvent retenue comme un critère important. C'est un fait qu'en général les phrases longues sont plus difficiles à comprendre mais il ne s'agit pas d'une règle absolue. En effet, il y a des phrases courtes qui sont très difficiles à comprendre, par exemple : «*Je pense donc je suis*». Ce n'est pas la longueur en elle-même qui rend la phrase facile ou difficile, ce sont les idées qui y sont exprimées. En effet, si l'on veut décrire une relation, il faut utiliser une phrase plus longue et plus complexe. Des phrases simples sont un bon véhicule pour des idées simples mais une phrase complexe peut être nécessaire pour communiquer une idée complexe.

Une autre façon de mesurer la lisibilité est de recourir à la technique de closure qui consiste à retirer de façon systématique certains mots d'un texte et à demander aux enfants de les retrouver. Cette technique sera décrite dans le chapitre consacré à l'évaluation.

Les collections graduées

On peut améliorer les habiletés de prédiction des enfants en leur présentant des livres intéressants et faciles. Pour l'enfant, un livre sera facile, non seulement si le langage utilisé ne pose aucun problème pour lui, mais également s'il n'y a pas trop de texte sur une même page. Souvent, lorsque les enfants sont mis en présence d'un livre trop épais, ils sont découragés avant même de l'ouvrir, même s'ils auraient été capables de lire ce livre s'il avait été présenté en plus petites unités. Les enfants ont besoin de lire plusieurs **petits livres** pour raffermir leur confiance et leur compétence comme lecteur. La lecture doit être **facile** si l'on veut que les enfants s'engagent à fond dans un processus de prédiction, sinon, ils retourneront à la lecture mot à mot.

Il existe des collections de livres dont le niveau de difficulté est gradué. Ces livres s'adressent au lecteur débutant et peuvent jouer un rôle important en ce qui touche l'auto-apprentissage : ils sont conçus de façon à favoriser l'enrichissement du vocabulaire visuel car les mêmes mots reviennent plusieurs fois dans des contextes différents. De plus, comme la lecture de ces livres est aisée, le lecteur débutant peut se centrer sur la compréhension sans être obligé de s'attarder constamment à l'analyse de mots. Nous vous signalons qu'il existe des recensions des collections graduées, notamment *Une analyse des collections pour lecteurs débutants* (Giasson-Lachance, 1981).

En résumé, gardez toujours à l'esprit qu'il est recommandé de proposer fréquemment aux élèves des livres de difficulté réduite ou moyenne dans le but de développer leur goût de la lecture.

Les textes produits par les enfants

Une des meilleures sources de lecture pour les jeunes lecteurs provient de leurs propres créations. Les enfants peuvent inventer des textes sur des sujets variés, des expériences (la visite au jardin botanique, le hamster de la classe, etc.) ou des textes dans lesquels ils donnent cours à leur imagination (histoire d'un extra-terrestre, d'un héros imaginaire, une recette de potion magique, etc.).

En partant des textes écrits par les enfants, on mise dès le départ sur un atout, la connaissance du sujet qui facilite les anticipations. Utiliser les productions des enfants est donc une façon de s'assurer que le niveau de difficulté du texte sera adéquat. Il est certain que les textes écrits par les enfants ne seront pas la seule ressource pour la lecture en classe, mais ils complètent bien les textes à caractère authentique.

Il existe plusieurs mises en situation fort utiles pour amener les enfants à produire des textes valables. Voici, à titre d'illustration, une situation qui est habituellement bien appréciée des enfants.

Activité : Le poème-courtepointe.

Description : Il s'agit, pour les enfants, d'écrire un poème sur eux-mêmes en juxtaposant les réponses à une série de questions.

Les questions peuvent varier à l'infini ; voici quelques suggestions :
Quelle couleur suis-je ?
Quel son suis-je ?
Quelle heure de la journée suis-je ?
Quelle saison suis-je ?
Quel endroit suis-je ?
Quels mets suis-je ?
Quel sport suis-je ?
Quelle fleur suis-je ?

Exemple : Poème courtepointe écrit par Marie-Ève, 8 ans :
Je suis le vert de la mer
Je suis minuit qui rit
Je suis Noël qui brille dans le salon
Je suis l'heure qui pleure
Je suis tigre qui rugit
Je suis terre habitée.

En résumé, le texte produit par les enfants, en plus de contribuer au développement des habiletés d'expression écrite, permet à l'enseignant de constituer une banque de textes dont le contenu sera accessible aux enfants de la classe.

LES STÉRÉOTYPES SEXISTES

On parle de sexisme lorsqu'un individu utilise le sexe comme critère de base pour juger et classer des personnes dans des matières qui ne sont pas reliées à de réelles différences sexuelles. Poussé à l'extrême, le sexisme peut reléguer l'un des deux sexes à un statut secondaire et inférieur dans la société. Bien que le sexisme puisse s'appliquer aux deux sexes, le problème que l'on rencontre le plus fréquemment est celui de la description injuste des femmes.

Le sexisme dans les manuels scolaires

Des analyses de manuels de lecture ont montré, à maintes reprises, que les personnages féminins étaient non seulement présentés en nombre inférieur aux personnages masculins, mais encore qu'ils étaient associés à des caractéristiques très restrictives. Citons, aux États-Unis (voir : Heathcote, 1982), les études de Child, Potter, Levine (1946), Key (1971), Stefflre (1969), U'Ren (1971), De Crow (1972), Britton (1973), Pottker (1973). Une étude comparative des manuels français, roumains, russes, espagnols et suédois révèle que les mêmes stéréotypes se retrouvent dans tous les pays, sauf peut-être en Suède.

Au Québec, le sexisme dans les manuels scolaires a fait l'objet de nombreuses dénonciations. Un des premiers documents à exposer le problème est à notre connaissance, celui de la C.E.Q. intitulé *Écoles et luttes de classe au Québec* (1974). Peu après, le Conseil du statut de la femme publie une étude systématique de Lise Dunningan, *Analyse des stéréotypes masculins et féminins dans les manuels scolaires au Québec* (1976). Dans cette recherche, 225 manuels scolaires québécois sont décortiqués. L'unité d'analyse est le personnage ; 24,312 personnages ont été codés à l'aide d'une grille comprenant 75 questions. Le rapport présente l'analyse statistique de ces données et une série de recommandations qui s'adressent au Comité d'approbation des manuels du ministère de l'Éducation, aux éditeurs de manuels scolaires et aux **consommateurs** de ces manuels. Voici un extrait des conclusions de ce rapport :

> *« Comme on peut le constater, les personnages fictifs des manuels scolaires sont nettement déterminés par les stéréotypes traditionnels concernant le rôle de chaque sexe. Les hommes et les femmes (comme les garçons et les filles) partagent rarement les mêmes activités et ont peu de choses en commun au niveau du caractère. Les personnages féminins valent par leur charme et leur serviabilité, et n'exercent pas de contrôle sur leur sort. Les personnages masculins doivent être ingénieux et braves, et maîtriser le monde extérieur pour être admis dans le groupe privilégié des* **hommes**. *Le degré de maturité des personnages féminins n'est pas mesuré à leur autonomie personnelle ou à leur sens des responsabilités, mais à leur adresse dans les tâches domestiques.*
>
> *Les femmes adultes sont sous-représentées, et définies avant tout par leur rôle familial. Même l'exercice de ce rôle est illustré de façon très partielle : le rôle d'éducatrice de la mère de famille est minimisé et sa tâche se résume à peu près à la cuisine, au ménage et aux courses. En dehors du cadre domestique et maternel, la place des femmes est tout à fait marginale et subordonnée à celle des hommes. Les femmes sont*

également ignorées lorsqu'on fait référence aux personnages authentiques de l'histoire ou de la réalité contemporaine. » (p. 179)

On retrouve également cette prise de conscience du sexisme dans les manuels scolaires dans *L'école québécoise, énoncé de politique* et *plan d'action,* document du ministère de l'Éducation. On y affirme que l'un des critères de sélection des manuels sera *d'éviter de reproduire les schémas sexistes ou raciaux et assurer un équilibre dans la représentation des modèles offerts aux enfants* (par. 9.3.4). Un autre rapport encore, *Pour les Québécoises : égalité et indépendance,* produit par le Conseil du statut de la femme, dénonce le sexisme dans le matériel didactique.

À la suite des recommandations du Conseil du statut de la femme, le ministère de l'Éducation demandait récemment aux responsables des programmes de formation des maîtres de se pencher, entre autres, sur le problème du sexisme dans le matériel didactique.

Les manuels récents

À la suite des nombreuses dénonciations provenant de divers organismes et du resserrement des critères d'acceptation des manuels, on a pu constater dans les dernières années un certain progrès par rapport à l'élimination des stéréotypes sexistes dans les manuels scolaires. En effet, le nombre de personnages féminins principaux a légèrement augmenté et leurs caractéristiques sont un peu plus variées et un peu plus positives. Cela se vérifie particulièrement dans les livres destinés aux enfants de 10 ans et plus. Par contre, les livres d'images pour les plus petits demeurent largement stéréotypés, bien que l'on puisse identifier certaines exceptions.

Malgré ces changements récents, il faut reconnaître qu'étant donné le nombre incalculable de livres accessibles aux enfants, nous sommes encore bien loin du jour où un enfant qui choisira au hasard, aura autant de chance de choisir un livre non stéréotypé qu'un livre stéréotypé.

Effets du contenu stéréotypé de certains manuels

Plusieurs recherches ont analysé l'effet des textes sexistes sur les intérêts des enfants en rapport avec la lecture, sur leur attitude envers les rôles de l'homme et de la femme et sur leur compréhension en lecture (Scott, 1980).

A) Les intérêts des enfants

Dans les recherches portant sur des textes traditionnels, on rapporte (Tibbetts, 1974) que les garçons, en général, détestent les histoires avec des personnages féminins alors que les filles aiment surtout les histoires qui mettent les garçons en vedette. Cependant, dans l'analyse de ces recherches, on ne tient pas compte du contenu des histoires. Par ailleurs, on sait que, de façon générale, les histoires où apparaissent surtout des personnages féminins sont ennuyeuses, alors que les histoires où les garçons occupent l'avant-scène, sont remplies d'action.

Cependant, les recherches dans lesquelles les femmes sont présentées dans un rôle non traditionnel arrivent à des résultats différents. Quatre recherches récentes (Frasher, 1977 ; Frasher et Frasher, 1978 ; Scott et Feldman-Summers, 1979 ; Rakes et al., 1977) montrent que les enfants (les filles et les garçons) s'intéressent beaucoup, sinon plus, aux histoires dans lesquelles le personnage principal est féminin, mais dans un rôle non traditionnel, qu'aux histoires qui décrivent un personnage masculin.

En définitive, le fait de modifier les rôles dans les histoires pour enfants peut augmenter l'intérêt des enfants pour la lecture.

B) Les attitudes des enfants

On a souvent insisté sur l'importance des modèles dans l'acquisition des rôles masculin et féminin. Les livres ne sont pas la seule source d'identification et d'imitation pour les enfants mais leur rôle ne doit pas être négligé, en particulier si le sexe du personnage est le même que celui du lecteur.

Plusieurs recherches, comme celles de Stull et Witlam (1978), de Scott et Feldman-Summers (1979), de Flerx, Fidler et Rogers (1976) et de McArthur et Eisen (1976) démontrent que les enfants du primaire et du préscolaire modifient leurs attitudes face aux rôles masculin/féminin après avoir lu ou entendu des histoires dans lesquelles les rôles sont présentés de façon non traditionnelle.

C) La compréhension

Les recherches relatives à l'effet du langage sur la compréhension indiquent que les filles et les garçons interprètent souvent mal la terminologie générique masculine (ex. : **l'homme**, pour désigner l'humanité). Harrison (1975) a présenté à des enfants un passage sur Cromagnon sous trois formes différentes : des termes génériques masculins (homme), des termes neutres (les gens, les êtres humains) et des termes qui indiquaient le sexe (les garçons, les filles). Les termes génériques masculins ont inspiré surtout des dessins de personnages masculins alors que les termes précis ont suscité le meilleur équilibre entre les dessins de personnages masculins et féminins.

On peut conclure que la terminologie générique masculine amène les enfants à mal interpréter les événements vécus par des hommes et des femmes. Ce résultat a été vérifié à maintes reprises (Sheridan, 1982). L'utilisation d'un langage plus précis pourrait donc améliorer la compréhension en lecture des enfants.

Stratégies pour contrer les stéréotypes sexistes dans le matériel didactique

À la faveur des nouveaux critères d'acceptation des manuels, même si, en principe, les stéréotypes sexistes devraient un jour disparaître des manuels scolaires, les enseignants seront malgré tout appelés à se servir de matériel didactique moins récent ou de sources diverses où l'on relèvera encore des traces de sexisme.

Que faire avec de tels textes en classe ? Schulwitz (1976) donne les conseils suivants :

- Analysez les livres que les enfants auront entre les mains pour connaître leurs aspects sexistes. En les connaissant mieux, vous serez mieux préparé à leur faire face.
- Étudiez et modifiez les attitudes en enseignant. Par exemple, dans un texte, une mère lave la vaisselle. Demandez aux enfants : « Est-ce que la vaisselle est une tâche réservée à la mère ? Est-ce que les garçons aussi peuvent laver la vaisselle ? » Ou encore, un garçon déclare, dans un texte, que toutes les filles sont peureuses. Demandez « Est-ce que ce sont seulement les filles qui peuvent avoir peur ? » Expliquez que ce trait de caractère ne s'appliquent ni à toutes les filles, ni à tous les garçons ; il varie selon les personnes et non selon le sexe.
- Modifiez l'histoire après la lecture. Par exemple, si des garçons jouent au baseball, dites aux enfants « Reprenons l'histoire mais cette fois-ci avec des filles qui jouent au baseball. »
- Développez une pensée critique à propos du langage sexiste des textes. Par exemple, un auteur dit : « Il attendait patiemment que les femmes aient fini de jacasser. » Demandez aux enfants comment on pourrait reformuler la phrase (« ... pendant que les femmes parlaient »).
- Éliminez les livres qui sont décidément trop sexistes.

LES STÉRÉOTYPES RELATIFS AUX PERSONNES ÂGÉES

Ce n'est pas par hasard que l'essor du mouvement féministe a suivi de très près celui des mouvements de défense des minorités raciales. Lorsqu'une personne est sensibilisée à une forme d'injustice, il n'y a qu'un pas à faire pour qu'elle se sensibilise à d'autres injustices du même type. C'est pourquoi bien des gens qui ont réagi de façon positive au mouvement féministe, se préoccupent aujourd'hui d'une autre forme de discrimination, celle qui sévit envers les personnes âgées (Nilsen, 1978).

En Amérique, la société n'accorde pas une place de premier plan aux personnes âgées alors que, dans d'autres cultures, elles sont vénérées par tous. Carol Seefeldt et ses collègues (1977 : voir Taylor, 1980) ont dressé une liste de ces stéréotypes en se fondant sur plusieurs rapports de recherche. En général, les personnes âgées sont regardées comme fatiguées, méchantes, lentes sur le plan des facultés mentales, solitaires, misanthropes, grincheuses, non productives et dépourvues de vie affective. Une autre étude de Seefeldt faite auprès de 181 enfants de 3 à 11 ans, avait pour but de vérifier les attitudes des enfants envers les personnes âgées. Les résultats révèlent que ces attitudes sont négatives et stéréotypées. Les enfants ont tendance à juger les personnes âgées comme malades, fatiguées et laides. Comme seulement 39 des enfants pouvaient identifier des personnes âgées dans leur entourage, il apparaît donc que leurs attitudes reflètent des stéréotypes culturels plutôt que des expériences personnelles.

Si les livres que lisent les enfants exercent une influence sur leurs attitudes, il faudrait donc voir comment les personnes âgées y sont représentées, dans le texte et dans les illustrations. L'analyse de Ansello (1977 ; voir : Taylor, 1980) portant sur 656 images de livres destinés à des débutants et à des jeunes lecteurs montre que ces personnes sont présentées comme peu importantes et sans imagination. Dans une autre étude, Barnum observe que les caractéristiques décrivant les personnes âgées laissent entendre qu'elles sont plus passives, moins en santé, qu'elles ont une vie sociale réduite, qu'elles sont sous-représentées sur le marché du travail et que les tâches où elles évoluent exigent moins d'habileté. Les personnes âgées sont également présentées comme ni malheureuses, ni heureuses, un peu comme si elles n'avaient pas d'émotion. Signalons aussi que les femmes plus âgées étaient moins nombreuses que les hommes dans les 100 images analysées, empruntées à des livres pour enfants publiés entre 1950 et 1974.

Pour conclure ce chapitre sur le choix des textes, nous rappellerons les principaux critères de sélection. Les textes présentés aux enfants, quel que soit leur niveau d'habileté, seront de caractère authentique et variés, c'est-à-dire qu'ils refléteront les fonctions du language écrit. De plus, on portera une attention particulière au degré de difficulté afin que la lecture soit une activité agréable pour l'enfant. Finalement, on veillera à ce que les textes soient le plus possible exempts de stéréotypes.

Chapitre XI
Évaluation de la lecture

Dans ce chapitre, vous verrez d'abord quelles sont les limites des tests de lecture normalisés puis vous vous attarderez plus longuement sur l'évaluation informelle.

Une partie du chapitre sera consacrée à l'analyse des méprises, son origine, son utilité, son déroulement. Finalement, les différentes utilisations de la technique de closure seront présentées et illustrées d'exemples concrets.

LES BUTS DE L'ÉVALUATION

Vous enseignez en deuxième année et, au cours de l'année, un nouvel élève arrive dans votre classe. Vous vous demandez quel est le niveau d'habileté générale de cet enfant en lecture. Vous vous demandez s'il a acquis des automatismes dans l'utilisation de stratégies pour lire des mots nouveaux, si c'est un lecteur qui cherche à comprendre son texte ou qui se préoccupe surtout de déchiffrer avec précision ?

Vous ne pourrez répondre à toutes ces questions en vous fondant sur les résultats d'un seul test et vous devrez recourir à une évaluation répétée dans plusieurs circonstances. Le premier critère qui guidera le choix du type d'évaluation sera l'objectif visé. Si vous ne savez pas exactement à quoi serviront les résultats de l'évaluation, il est préférable de vous abstenir. Demandez-vous toujours avant une évaluation : « Pourquoi est-il nécessaire d'évaluer cet enfant ? Quelle sera l'utilité des résultats ? »

Quels sont donc les outils à la disposition de l'enseignant qui veut évaluer ses élèves, que ce soit pour dépister ceux qui ont besoin d'aide, pour déterminer plus précisément quelles sont les forces et les faiblesses d'un enfant ou quels sont les progrès accomplis par la classe ? Nous verrons, dans ce chapitre, les techniques d'évaluation les plus connues en signalant non seulement leur utilité mais également leurs limites. Nous aborderons les tests normalisés, l'évaluation informelle, l'analyse des méprises et la technique de closure.

LES TESTS NORMALISÉS

Les tests normalisés fournissent un critère de comparaison qui permet de juger le rendement des enfants par rapport au rendement d'autres enfants de même âge ou de même niveau scolaire. Ces tests se caractérisent par une variété de questions qui touchent plusieurs habiletés. Ils ont comme objectif de déterminer quels sont les enfants dont la performance générale est nettement inférieure à celle du groupe. En partant de ces résultats, on émet l'hypothèse que ces enfants auront besoin d'aide. Ces tests sont donc utiles en ce qui a trait au dépistage, mais ils ne permettent pas de déterminer pourquoi un enfant ne réussit pas en lecture et ils ne peuvent servir de guide dans le choix des stratégies d'enseignement. Avec le temps, on s'est rendu compte que la donnée la plus fiable fournie par ces tests est la prédiction du rendement des élèves lors de tests de même type subis ultérieurement. Il y a de fortes chances, par exemple, que les résultats d'un enfant de cinquième année soient assez semblables aux résultats que celui-ci a obtenus en deuxième année lors de tests normatifs similaires (Ruddell, 1979 ; Fraser, 1981).

Si l'on décide d'utiliser un test normatif pour tracer un portrait global de la classe, ce qui est une utilisation appropriée, il faut tenir compte de deux variables importantes dans la sélection du test : l'origine de la normalisation et la conception de la lecture de l'auteur du test.

Pour normaliser un test, il faut d'abord le faire subir à un large échantillon d'élèves puis établir des normes à partir des résultats. Lors du choix d'un test, il est donc primordial de s'assurer que la population qui a servi à la normalisation se rapproche de la population d'enfants que l'on veut évaluer. Il va sans dire que tous les tests normalisés en Europe ne peuvent être utilisés au Québec. De plus, on sait que les normes établies pour un test, quel qu'il soit, sont sans valeur après cinq ans à cause des changements rapides qui se produisent dans les populations.

En choisissant un test, il faut également s'assurer que l'on accepte la conception de la lecture prônée par l'auteur du test. En effet, acheter un test, ce n'est pas seulement se doter d'un instrument de mesure, c'est aussi faire sienne une façon de concevoir l'acte de lire et son évaluation. Mais encore faut-il se demander si les concepteurs de tests ont véritablement une conception de la lecture car il n'y a rien qui ressemble plus à un test normatif qu'un autre test normatif. Les auteurs semblent souvent se guider non pas sur une définition du processus de lecture mais sur les tests déjà publiés.

Ainsi, pour l'évaluation au premier cycle, on peut s'attendre à trouver une séquence de sous-tests gradués, allant de la lettre à la syllabe, puis au mot et à la phrase. On verra apparaître presque inévitablement des syllabes simples, suivies de syllabes complexes (dr..., br..., cl...) et de sons complexes (oin, an, in). Ces évaluations sont un exemple typique de la conception « bottom-up » de la lecture, conception qui postule que le lecteur part d'éléments simples pour aller vers des éléments complexes.

Quant à l'évaluation des lecteurs plus avancés, on utilise ordinairement la méthode des choix multiples, après la lecture d'un paragraphe. Le problème, dans ce genre d'évaluation, est que le lecteur ne découvre le but de la lecture que lorsque les questions sont posées, c'est-à-dire lorsque la lecture est terminée. De plus, ces tests commencent toujours par évaluer la compréhension littérale avant la compréhension interprétative (quand ils ne s'en tiennent pas exclusivement à la compréhension littérale). C'est une perte de temps que de procéder systématiquement à l'évaluation de la compréhension littérale : on ne devrait y avoir recours que lorsque la compréhension interprétative semble défectueuse.

Bref, les tests normalisés peuvent avoir à révéler l'éventail des compétences en lecture d'une classe mais leur utilité est très limitée du fait que les résultats ne peuvent être traduits sous forme de stratégies d'enseignement.Vous trouverez une analyse des tests de lecture publiés en langue française dans l'ouvrage « Techniques d'évaluation de la lecture » (Giasson-Lachance, 1980).

L'ÉVALUATION INFORMELLE

Depuis toujours, les enseignants utilisent l'observation pour évaluer l'habileté à lire de leurs élèves et pour adapter ensuite leur enseignement à leurs besoins. Cette évaluation se fait la plupart du temps dans le cadre des activités régulières de la classe, au cours des activités d'apprentissage. Certains auteurs parlent d'évaluation **par-dessus l'épaule** car elle se fait très souvent lorsque le professeur circule parmi les pupitres et s'arrête pour observer un enfant en train de travailler. Les enseignants doivent être encouragés à continuer d'utiliser ce genre d'évaluation. Une observation attentive et structurée permet de déterminer les intérêts du lecteur, d'identifier ses stratégies et de lui proposer des textes appropriés.

Une des situations d'évaluation informelle les plus pertinentes est celle du tête-à-tête avec l'enfant. Ces rencontres, qui peuvent durer de 4 à 6 minutes, tous les 5 ou 10 jours, sont importantes pour l'enfant qui apprécie que son professeur lui consacre du temps individuellement. Même si elles sont brèves, ces rencontres sont précieuses si l'on veut mieux saisir les habiletés de l'enfant et les stratégies qu'il utilise, se tenir au courant des livres qu'il lit et voir comment il conçoit la lecture. Il ne s'agit pas, pendant cette rencontre, de faire de l'enseignement individualisé, il s'agit plutôt d'identifier les besoins de l'enfant pour pouvoir lui fournir par la suite les situations d'apprentissage appropriées.

Ordinairement, la rencontre tourne autour d'un livre que l'enfant a lu. Le professeur écoute d'abord ce que l'enfant a à lui dire sur son livre. Il peut ensuite écouter l'enfant lui lire un passage du livre. Il peut également lui poser des questions sur le thème du livre, les caractéristiques des personnages, etc. Voici une liste de questions dans laquelle vous pouvez puiser pour discuter du livre lu par l'enfant (Pederson, 1978).

1. Pourquoi as-tu choisi ce livre ?
2. Quelle sorte d'histoire est-ce ?
3. Quelle partie as-tu préférée ? Pourquoi ?
4. Y a-t-il une partie que tu n'as pas aimée ? Pourquoi ?
5. Est-ce que c'était un bon livre pour toi ? Pourquoi ?
6. Est-ce que c'était un livre difficile, facile ou juste comme il faut ? Qu'est-ce qui te fait dire cela ?
7. Quelles sont les choses les plus importantes que tu as apprises ? (documentaire) ?
8. Quelle est l'idée principale du livre ?
9. Qu'est-ce que le livre veut t'enseigner ?
10. Comment l'histoire finit-elle ?
11. Qui sont les personnages principaux de l'histoire ?
12. Quel personnage as-tu aimé le mieux ? Pourquoi ?
13. En quoi les personnages se ressemblent-ils ? En quoi sont-ils différents ?
14. As-tu aimé ce livre plus ou moins que ton dernier livre ? Pourquoi ?
15. Es-tu d'accord avec l'histoire ?
16. Qui, d'après toi, aimerait lire ce livre ?
17. Si tu pouvais parler à l'auteur, qu'est-ce que tu aimerais lui demander à propos de l'histoire ?

Après la rencontre, le professeur note brièvement les éléments importants qu'il a relevés. L'enfant, lui, note dans son cahier les livres qu'il a lus ainsi que les commentaires qu'ils lui ont inspirés.

L'ANALYSE DES MÉPRISES

Pendant longtemps, l'évaluation en lecture est restée presque exclusivement centrée sur l'exactitude, sur la précision du déchiffrage. On s'attendait à ce que l'enfant lise exactement ce qui était écrit : toute déviation était considérée comme une erreur, comme une faiblesse du lecteur. Avant de présenter la technique de l'analyse des méprises, qui est un instrument d'évaluation issu des modèles psycholinguistiques, nous nous attarderons d'abord sur les motifs qui ont contribué à remettre en question l'évaluation traditionnelle de la lecture.

Problèmes relatifs à l'évaluation traditionnelle

Par évaluation traditionnelle, nous entendons la mesure de la lecture à haute voix dans une situation individuelle. On peut relever deux problèmes inhérents à la technique même de l'évaluation de la lecture à haute voix : le premier est de juger si oui ou non il y a erreur de lecture, le deuxième de décider à quelle catégorie appartient l'erreur. Lors d'une expérience, Page et Carlson (1975) ont demandé à 14 spécialistes en lecture d'évaluer l'enregistrement d'un enfant en difficulté. Le nombre d'erreurs relevé par les spécialistes varia d'une à quatorze, pas plus de trois spécialistes ne s'entendant sur la même erreur. Pour ne donner qu'un exemple, les répétitions sont regardées comme des erreurs par certains, mais ignorées par d'autres. Le résultat final peut donc différer de manière significative pour un même enfant selon la façon de compter les erreurs.

Une autre question relative à l'évaluation traditionnelle mérite d'être soulevée : celle de l'utilité de ces classifications d'erreurs. Les classifications qui reposent sur les substitutions, les omissions, les inversions et les répétitions sont fermement ancrées dans les pratiques d'évaluation. Mais il faut bien avouer qu'elles sont fondées plutôt sur l'habitude que sur un modèle théorique. Ces classifications d'erreurs ne livrent malheureusement pas d'indices clairs quant aux stratégies susceptibles d'aider le lecteur. En effet, un enfant qui fait des substitutions de mots peut présenter un problème aussi bien sur le plan des connaissances lettres-sons, de la syllabation, que de l'analyse structurale et de l'utilisation du contexte.

Il faudrait ajouter également à cette analyse que les classifications d'erreurs de lecture ne fournissent d'indices que pour ce qui regarde le mot lui-même et non l'interrelation des mots entre eux. Le danger est grand de mal interpréter les résultats lorsque les mots sont analysés de façon isolée. Ainsi, on croit souvent que les erreurs de décodage représentent un déficit au plan de la connaissance des relations lettres-sons. Cohn et D'Alessandro (1978) ont tenté de vérifier cette hypothèse auprès de 100 sujets référés à une clinique de lecture. L'objectif de la recherche était de voir si les erreurs de décodage commises par ces enfants étaient vraiment dues à une connaissance déficiente des relations lettres-sons. On demanda à chaque enfant de lire une liste de mots. Après chaque erreur, l'examinateur procéda de la façon suivante :

1. L'examinateur dit : « *Regarde bien le mot et essaie encore* ».
2. S'il y a échec, l'examinateur pose d'autres questions pour amener l'enfant à lire le mot. Par exemple, si l'enfant omet un son (ex. : bon au lieu de blond), l'examinateur demande : « *Quelles sont les deux premières lettres ? — Quel son font-elles ? — Maintenant, lis le mot* ». Si l'enfant substitue un son à un autre (ex. : blanc au lieu de blond), l'examinateur demande : « *Que font les lettres* **mon**, *les lettres* **son**, *les lettres* **on** *? — Maintenant, lis le mot* ». En aucun cas, l'examinateur ne donne le son des lettres mais il attire l'attention de l'enfant sur des lettres ou sur des mots connus.

Les résultats de l'expérience, sur les 519 mots mal lus, sont les suivants :

— Correction au premier essai 49,9%
— Correction aux autres essais 28,7%
— Total des corrections 78,6%

L'analyse de mots non corrigés révèle les faits suivants :

— 22,5% des mots présentent une épellation phonétique difficile ;
— 36% des mots contiennent des correspondances lettres-sons qui ont été bien lues dans d'autres mots.

Il ne reste que 46 erreurs sur 519 qui inciteraient à conclure que l'enfant ne connaît pas les correspondances lettres-sons. Par conséquent, bien d'autres raisons que les habiletés de décodage peuvent expliquer qu'un enfant ne lise pas correctement un mot.

Si l'on ne s'assure pas qu'il y a vraiment un problème en ce qui a trait aux correspondances lettres-sons, on risque d'enseigner des éléments inutiles et, surtout, de dévaloriser l'enfant qui sait très bien que ce sont des exercices pour lecteurs débutants. Il est très rare qu'un enfant, à partir de la troisième année, n'arrive pas à corriger ses erreurs si on lui laisse la chance de le faire. La recommandation logique serait donc d'éviter de placer ces enfants dans des programmes de rééducation du décodage. Ceci ne veut pas dire qu'on ne doit pas aider ces enfants, mais plutôt que la forme d'aide devrait être différente.

Weaver et Smith (1979) abondent dans le même sens et ajoutent même que, si un enfant lit mal un mot, il ne s'agit peut-être pas d'une déficience de décodage, mais d'un excès de décodage. Ces auteurs rapportent qu'au secondaire, les élèves les plus faibles en lecture sont ceux qui commettent des méprises nettement reliées aux correspondances lettres-sons.

Bref, il semblerait qu'en essayant de quantifier avec précision les erreurs en lecture, on ait fait abstraction de leur degré relatif de gravité.

L'origine de l'analyse des méprises

Les premières analyses des méprises ont été effectuées par Goodman (1969), qui s'est servi des données recueillies dans les lectures à haute voix d'enfants de tous les niveaux scolaires pour élaborer son modèle de lecture. Dans cette optique particulière, plus le lecteur est habile, moins il utilise d'indices visuels (indices grapho-phonétiques) et plus il se fie aux indices cognitifs (la syntaxe et le sens). Le lecteur émet continuellement des hypothèses sur les mots à venir : il utilise pour ce faire ses connaissances de la langue et ses connaissances sur le réel. L'exactitude en lecture perd donc la place privilégiée qu'elle occupait au profit de la compréhension. À la faveur de l'approche psycholinguistique, on a vu apparaître une nouvelle conception de l'évaluation en lecture. Deux principes rendent assez bien compte de cette nouvelle orientation.

1. La gravité des méprises est plus importante que la quantité.

2. On aurait avantage, souvent, à interpréter certains problèmes apparents de décodage en terme de bonne ou mauvaise utilisation du contexte.

Si l'on observe un enfant qui substitue un mot à un autre, on peut penser qu'il ne connaît pas le mot qui est écrit. Mais la raison de cette méprise peut être que le lecteur cherche à comprendre le sens du message et ne s'arrête pas à la structure de surface. Par exemple ; un lecteur peut lire *Il était une fois* au lieu de *Il y avait une fois*, sans changer le sens de la phrase.

Goodman rapporte par exemple que le bon lecteur débutant substitue souvent un mot-fonction à un autre mot-fonction :

la
Exemple : Les enfants sortent de ~~leur~~ maison.

Les bons lecteurs omettent également des mots-fonctions qui ne sont pas indispensables :

Exemple : Le géant est ~~très~~ fatigué.

De plus, ces lecteurs insèrent parfois des mots-fonctions optionnels :

très
Exemple : Dinomir est ∨ content.

À propos des ajouts et des omissions, D'Angelo et Wilson (1979) ont analysé 100 protocoles de tests de lecture afin de déterminer l'importance de ces types de méprises. Les résultats ont révélé qu'il n'y avait dans les lectures que 6% d'ajouts et 7% d'omissions par rapport à l'ensemble des méprises. De plus, une analyse plus détaillée a montré que moins de 3% des erreurs totales sont des ajouts ou des omissions qui changent le sens ou la syntaxe de la phrase. Goodman (1973) rapporte même que les ajouts et les omissions qui ne modifient pas le sens ou la syntaxe augmentent avec l'habileté en lecture.

Vous avez pu constater que l'analyse des méprises se distingue nettement de la classification traditionnelle des erreurs parce qu'elle tient compte des stratégies qui ont produit les méprises et qu'elle juge de l'importance d'une méprise par rapport à son impact sur la compréhension.

Le déroulement de l'analyse des méprises

A) Cueillette d'échantillons de lecture à haute voix

Les échantillons de lecture doivent se rapprocher le plus possible des conditions naturelles de lecture.

1. Le texte proposé à l'enfant doit lui être inconnu afin de pouvoir vérifier sa capacité d'anticipation. Choisir un texte de 600 à 1 000 mots.
2. La lecture doit être ininterrompue. Les interruptions distraient le lecteur de sa recherche de sens. Le lecteur doit être informé qu'il ne recevra pas d'aide, qu'il devra se servir de tout ce qu'il connaît pour trouver le sens du texte.
3. Le lecteur doit comprendre que le but de la lecture doit être de trouver du sens au texte et non de faire une **belle lecture** pour un auditoire.

B) Évaluation des méprises

L'analyse des méprises s'attache plus au type de méprises qu'à leur quantité. Les lecteurs qui essaient de trouver du sens produisent un plus grand pourcentage de réponses sémantiquement acceptables, quel que soit le nombre de méprises.

Y. Goodman (1980) propose trois questions à poser pour évaluer chacune des phrases du texte lu.

I. Est-ce que la phrase produite par le lecteur est compatible avec le contexte de toute l'histoire ?

OUI (O)	Lorsque la phrase produite par le lecteur est acceptable.
NON (N)	Lorsque la phrase produite est inacceptable.

II. Quel est le degré de changement de sens causé par les méprises produites par le lecteur ?

NON (N)	Lorsque la phrase produite par le lecteur ne change pas le sens de l'histoire.
PARTIEL (P)	Lorsque la phrase produite par le lecteur est compatible avec l'histoire ou ne néglige que des incidents, personnages ou séquences *mineurs*.
OUI (O)	Lorsque la phrase produite par le lecteur est incompatible avec l'histoire ou néglige des incidents, personnages ou séquences *majeurs*.

III. En comparant la méprise de type substitution avec le mot du texte, quel est le degré de ressemblance graphique entre le mot du texte et le mot produit par le lecteur ? (les 20 premières substitutions seulement)

ÉLÈVE (É) Il y a un degré élevé de ressemblance si deux des trois parties du mot sont semblables : le début et le milieu ; le début et la fin ; le milieu et la fin. (Ex. : campagne — compagne)

PARTIEL (P) Il y a un degré partiel de ressemblance si une des trois parties du mot est semblable : le début, le milieu ou la fin. (Ex. : partie — parmi)

NUL(N) Il n'y a aucun degré de ressemblance si toutes les parties du mot sont différentes. (Ex. : beau — joli).

C) COTATION DES MÉPRISES

Pour simplifier le travail d'analyse, il est préférable de coter les méprises sur une photocopie du texte lu par l'enfant en utilisant un système de cotation.

Omission : ⬭
insertion : ^ ajouter le mot
substitution : écrire le mot
répétition : souligner
correction : ©

D) EXEMPLE D'ANALYSE DES MÉPRISES

1 Bientôt après le loup arriva et frappant à la porte, il s'écria :
2 « Petit cochonnet, petit cochonnet, laisse-moi entrer. »3 Mais le cochonnet répondit : 4« Non, non par la barbiche de mon petit menton. »
5 Alors le loup 6 répliqua : « Et bien ! Je soufflerai, et je gronderai, et j'écraserai ta maison. »7 De sorte qu'il souffla et qu'il gronda, et il écrasa la maison, et mangea le premier petit cochonnet.

Sens acceptable	Changement de sens
1. O	N
2. O	N
3. O	N
4. O	P
5. O	N
6. N	O
7. O	N

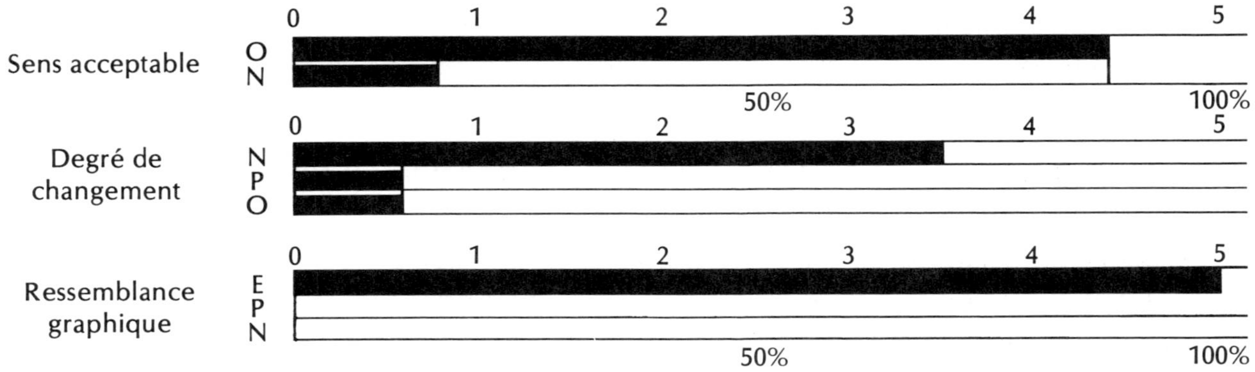

Bref, étant donné que les méprises ne sont pas dues au hasard, leur analyse fournit un outil précieux pour déterminer les stratégies des lecteurs. En pratique, il n'est pas nécessaire de procéder à une analyse des méprises pour chaque enfant, et un bon entraînement à cette méthode rendra l'enseignant plus apte à fonder ses diagnostics sur des observations quotidiennes en classe.

LA TECHNIQUE DE CLOSURE

Le terme de closure a été introduit par Taylor (1953) qui l'a emprunté à la psychologie gestaltiste. Cette école de psychologie, qui s'intéresse au phénomène complexe de la perception, a formulé certaines lois dont celle du « closure » qui veut que, même en l'absence de certains détails, l'esprit soit en mesure de reconnaître une forme familière et de les saisir comme un tout.

Par exemple, dans la figure suivante, le lecteur supplée mentalement aux parties manquantes et perçoit un carré.

Taylor a appliqué ce principe aux textes : s'il manque des mots dans un texte, on tendra naturellement à combler le vide de façon à compléter le tout. Par exemple, devant la phrase « *Hier, j'ai rencontré ma cousine sur la* ________________», un certain nombre de mots viennent à l'esprit. C'est la familiarité avec le langage et le contexte qui crée cette tendance à vouloir compléter la phrase.

Cependant, il faut bien avouer que le principe de closure de la psychologie gestaltiste s'applique à la perception alors que la tâche de compléter un texte relève de la cognition. Certains auteurs, Rye (1982) entre autres, soutiennent que le terme de closure ne serait pas approprié, mais il est évidemment trop tard pour changer ce terme largement répandu depuis plusieurs années.

Somme toute, la technique de closure mesure la familiarité du lecteur avec le langage et le contenu du texte. En d'autres mots, il mesure le degré d'adéquation entre le langage et l'expérience du lecteur et le langage et l'expérience de l'auteur.

La technique de closure comme moyen de mesurer la compréhension en lecture

La technique de closure est utilisée, depuis quelques années, pour évaluer la compréhension des textes. Cette technique présente l'avantage d'être simple à construire et facile d'emploi. Rappelons cependant que le closure partage avec les tests collectifs le désavantage de sacrifier l'observation individuelle. C'est pourquoi le closure devrait être utilisé comme une évaluation globale qui sera complétée par d'autres observations sur le comportement du lecteur.

A) ÉLABORATION DU TEST

1. Choix du texte

Le texte choisi doit correspondre, sur le plan de la difficulté, au niveau de lecture de la classe. Le texte doit être inconnu des élèves.

2. Les lacunes

Après avoir choisi le texte, il s'agit de supprimer un mot à tous les n^{mes} mots. Il est préférable toutefois de laisser intactes la première et la dernière phrase. Les mots seront supprimés de façon progressive. Ainsi, au début de l'élémentaire, on supprimera un mot sur dix, alors qu'à la fin de l'élémentaire, on ira jusqu'à un mot sur cinq. Les mots manquants sont remplacés par des blancs de longueur uniforme qu'on prendra soin de souligner d'un trait.

3. Règles de suppression des mots

a) En principe, tout segment séparé des autres par un espace est considéré comme un mot. Exemple : le petit bateau (trois mots).
b) Les mots unis par un trait d'union sont comptés séparément s'ils peuvent être utilisés isolément dans la langue (bateau-mouche), le trait d'union devra cependant être maintenu dans le texte.
c) Dans le cas d'un nombre de plusieurs chiffres, écrit en lettres, chaque segment constitue un mot indépendant.
d) Les formes élidées sont considérées comme des mots indépendants. Exemple : l'enfant (deux mots).

B) DÉROULEMENT DU TEST

L'enseignant donne d'abord un exemple de test de closure au tableau. Il écrit un court texte et comble les blancs avec les élèves. Il précise aux élèves que l'on ne doit écrire qu'un seul mot (par blanc). Il souligne que tous les blancs sont de même longueur mais que le mot peut être très long ou très court. Enfin, il signale que les fautes d'orthographe ne comptent pas.

Voici un exemple de directives précédant l'exercice préliminaire : « *Certains mots ont été enlevés de ce texte. Votre travail est de trouver le plus de mots manquants possible. Certaines des dernières phrases peuvent contenir des indices pour les premières. La meilleure chose à faire est de lire toutes les phrases d'abord et ensuite de revenir aux premières phrases et d'essayer de remplir les blancs. Ne placez qu'un mot par blanc* ».

Lorsque les élèves ont bien compris l'exemple donné, ils sont invités à lire silencieusement tout le texte sans combler les blancs, à écrire ensuite les mots dont ils sont certains puis les mots dont ils doutent. Il n'y a pas de limite de temps.

Voici un exemple de directives pour le test : « *L'exercice que je vous ai distribué ressemble à celui que nous avons fait ensemble mais vous le trouverez probablement plus difficile. Je ne m'attends pas à ce que vous puissiez trouver toutes les bonnes réponses. Choisissez les mots qui, d'après vous, complètent le mieux la phrase et n'oubliez pas de n'écrire qu'un mot à la fois. Vous pouvez passer les espaces les plus difficiles et y revenir lorsque vous aurez fini. Si vous n'êtes pas certains de la façon d'écrire un mot, faites de votre mieux. Les fautes d'ortographe ne seront pas comptées.* »

C) COTATION DU TEST DE CLOSURE

Seul le mot original est accepté. La décision de compter les réponses exactes plutôt que les synonymes relève de considérations scientifiques et pratiques.

Plusieurs recherches ont montré que l'inclusion des synonymes n'améliore pas de façon significative la validité des résultats (Gallant, 1964 ; McKenna, 1976 ; Miller et Coleman, 1967 ; Ruddel, 1964 ; Taylor, 1953, voir Pikulski et Tobin, 1982). De plus, l'utilisation des synonymes rend le test moins fiable parce qu'elle fait intervenir un élément de subjectivité.

Le fait de compter les synonymes augmente le nombre de bonnes réponses mais il y a une corrélation très forte entre les deux formes de correction. Ainsi, on peut tenir pour acquis que les élèves seront classés dans le même ordre que l'on accepte les synonymes ou non. Si l'on accepte les synonymes, il faudrait élever les standards et ces standards n'existent pas.

D) INTERPRÉTATION

Plusieurs recherches ont tenté de préciser les relations ou les équivalences entre les résultats obtenus à la suite d'un test de closure et ceux qu'ont fournis d'autres types d'évaluation. Le tableau suivant regroupe les données en désignant l'auteur, le type d'évaluation utilisée, ainsi que la correspondance avec le test de closure.

Auteur	Test utilisé	Résultats	Équivalence avec le closure
Bormuth (1967) / Rankin et Culhane (1969)	Questions sur une lecture silencieuse	90% 75%	57% 44%
Bormuth (1968)	Lecture à haute voix	98% 95%	54% 34%
Ransom (1968) / Jones et Pikulski (1974)	Lecture à haute voix	Niveau d'indépendance Niveau d'apprentissage Niveau de frustration	45% 30–45% 30%

Comme on peut le constater, les résultats des recherches sur l'équivalence entre le test de closure et les tests de lecture courants ne sont pas parfaitement univoques. Cependant, il est possible d'en déduire certains seuils permettant de situer les lecteurs par rapport à un texte.

Niveau d'indépendance :	55% et plus	
Niveau d'apprentissage :	45% – 55%	
	35% – 45%	(Zone grise : il est difficile de déterminer réellement si les textes de cette catégorie appartiennent au niveau d'apprentissage ou au niveau de frustration).
Niveau de frustration :	35% et moins	

E) EXEMPLE DE TESTS DE CLOSURE

Afin de réaliser pour vous-même comment on procède pour remplir, corriger et interpréter un test de closure, prenez le temps de trouver les mots qui ont été enlevés dans les deux textes suivants puis interprétez vos résultats en fonction de la grille présentée précédemment. En principe, vous devriez vous situer à un niveau d'indépendance pour le premier texte et à un niveau d'apprentissage pour le deuxième.

Premier texte

Il était une fois ________ jolie servante qui s'________ Nougatine et qui pleurait; ________ Fou qui ne faisait ________ le fou; un grand ________, Stratégie, qui se lamentait; ________ pâtissier, Praline, qui abîmait ________ ses larmes salées son ________ gâteau à la framboise; ________ un roi, BRIOCHE PREMIER, ________ dans un fauteuil, qui ________'avait plus envie de ________. Pourtant, la veille encore, ________ Fou égayait le palais ________ ses pitreries; Brioche Premier ________ fièrement son cheval à ________, et humait avec délices ________ merveilleuses roses blanches de ________ jardin royal. Belbobine, le ________, retouchait une dernière fois ________ somptueux costume que Brioche ________ lui avait commandé pour ________ chasse aux fraises, son ________ favori; aussi gourmand que coquet, ________ roi se gavait de ________ friandises préparées par Praline. ________ matin même, Brioche Premier ________ encore un roi heureux ________ sans problème. Que s'________-il donc passé? Tandis ________'il se promenait dans ________ parc, un petit oiseau ________ était venu lui chuchoter ________ l'oreille: « Je suis ________, un petit oiseau de ________ du tout; toi, le ________, tu crois que tu ________ heureux parce que tu ________ tout ce que tu ________ ... mais moi je sais ________, et toi pas. » À ________ de cet instant, Plume ________ quitta plus Brioche Premier, ________ harcelant sans répit : « Je ________ voler, et toi pas! ________ sais voler, et toi ________! » Perché sur le gâteau ________ roi, Plume, lui chipait ________ friandises; Praline, outré, n'________ jamais vu un tel ________ de lèse-majesté.

Deuxième texte

Les distinctions, constatées sur __________ plan de la terminologie __________ du contenu, nous incitent __________ suggérer que les deux __________ se concertent dans le __________ d'adopter une classification __________ des définitions identiques au __________ pour les catégories d'__________ qui constituent des clientèles __________.

Par ailleurs, au-delà des __________ de terminologie et de __________, on constate que le __________ actuel de classification des __________ d'adaptation et d'__________ s'inspire d'une __________ médico-psychiatrique et se __________ dans la ligne d'__________ approche de type clinique.

__________ effet, en plus d'__________ des termes propres au __________ médico-psychiatrique, le système __________ classification insiste sur les __________ de l'enfant sans __________ la moindre allusion à __________ talents, capacités et aptitudes, __________ aux aspects normaux et __________ de sa personnalité. Selon __________ modèle de l'approche __________ utilisée en médecine et __________ psychiatrie, on identifie le __________ de l'enfant, on __________ l'accent sur son __________, on met en exergue __________ maladie. Suite à l'__________ du problème, on procède __________ à l'analyse du __________ dont on cherche à __________ l'origine et l'__________ en faisant une interprétation __________ type fondamentaliste, c'est-__________-dire une interprétation fondée __________ la recherche des causes __________ de la difficulté malgré __________'omission de plusieurs aspects __________ à la personnalité globale __________ l'enfant. L'approche __________ se manifeste même dans __________'application des techniques d'__________ ayant trait à la __________ des difficultés d'apprentissage __________ l'enfant.

CLÉ DE CORRECTION

Premier texte :

1- une 2- appelait 3- un 4- plus 5- général 6- un 7- de 8- beau 9- et 10- effondré 11- n 12- rien 13- le 14- de 15- montait 16- roulettes 17- les 18- son 19- tailleur 20- le 21- Premier 22- la 23- sport 24- le 25- mille 26- le 27- était 28- et 29- était 30- qu 31- son 32- bleu 33- à 34-Plume 35- rien 36- roi 37- es 38- as 39- désires 40- voler 41- partir 42- ne 43- le 44- sais 45- Je 46- pas 47- du 48- ses 49- avait 50- crime.

Deuxième texte :

1- le 2- et 3- à 4- ministères 5- but 6- et 7- moins 8- inadaptation 9- communes 10- questions 11- sémantique 12- système 13- difficultés 14- apprentissage 15- tradition 16- situe 17- une 18- en 19- utiliser 20- langage 21- de 22- handicaps 23- faire 24- ses 25- ni 26- positifs 27- le 28- clinique 29- en 30- problème 31- met 32- déficit 33- sa 34- identification 35- généralement 36- handicap 37- expliquer 38- évolution 39- de 40- à 41- sur 42- premières 43- l 44- inhérents 45- de 46- clinique 47- l 48- intervention 49- correction 50- chez.

La technique de closure comme mesure de la lisibilité

La technique de closure peut être utilisée pour vérifier si un texte est à un niveau approprié pour l'ensemble de la classe. Avec le closure, on ne peut déterminer si un texte convient à la 4e, 5e ou 6e année, mais on peut classer des textes du plus facile au plus difficile.

La technique de closure comme technique d'enseignement

La technique de closure peut être avantageusement utilisée comme stratégie d'enseignement de la compréhension. Deux règles sont à retenir quand on pense au closure, non pas pour l'évaluation, mais en vue de l'enseignement ; premièrement, il n'y aura amélioration de la compréhension que si les enfants sont amenés à justifier leurs réponses ; deuxièmement, les synonymes sont acceptés au même titre que la réponse originale du texte. Rappelons que pour l'évaluation de la compréhension et de la lisibilité, seule la réponse du texte est acceptée, mais il va sans dire que vous ne remettez jamais aux enfants des copies sur lesquelles vous avez rejeté les synonymes. Il est important d'insister sur ce point car il arrive souvent que l'on confonde le closure utilisé comme technique d'évaluation et le closure utilisé comme technique d'enseignement.

Variantes de la technique de closure

A) Technique du labyrinthe

Certains auteurs (Guthrie et al., 1974 ; Porter, 1976) ont suggéré de présenter des choix multiples dans la technique de closure, particulièrement dans le cas des jeunes lecteurs.

Le lecteur doit trouver les mots qui vont constituer le **chemin** le plus approprié à travers le labyrinthe, d'où le nom de la technique.

ferait **vacances**
L'anniversaire de Jean **fêtait** une semaine avant les **jours**.
tombait **écoles**

Guthrie et *al.* (1974) suggèrent de procéder de la façon suivante pour construire, donner et corriger le test de labyrinthe :

1. Choisir un passage d'environ 120 mots.
2. Remplacer chaque cinquième mot par trois choix. Ces choix doivent inclure :
   a) le mot original ;
   b) un mot-piège appartenant à la même catégorie morphologique que le mot original ;
   c) un mot-piège appartenant à une autre catégorie grammaticale.
3. Varier les positions des choix pour que le mot exact ne se retrouve pas toujours dans la même position.
4. Distribuer les textes aux élèves et leur demander d'entourer la réponse appropriée.
5. Ne compter comme bonne réponse que la réponse exacte.

L'avantage de la technique du labyrinthe est d'être plus facile pour les enfants et plus rapide dans son déroulement. Par contre, elle réclame une préparation plus longue et elle a fait l'objet de moins de recherches. Ainsi, en ce qui regarde l'interprétation des résultats, le test du labyrinthe offre moins de garanties que le test de closure standard. Guthrie situe le niveau d'indépendance à 90% et plus, le niveau d'apprentissage à 60–69% et le niveau de frustration à 60% et moins.

B) Le test de closure après la lecture à haute voix

Cette technique, proposée par Page (1975), se fonde sur les mêmes principes que le closure standard, sauf que l'enfant lit le texte intact à haute voix avant de subir le closure conventionnel. L'auteur voit dans cette technique une façon de lier l'évaluation de la lecture à haute voix et celle de la compréhension. D'après Page, on devrait s'attendre, si l'on a recours à cette technique, à des résultats de 10 à 20% supérieurs à ceux obtenus grâce au closure standard, mais le test conserverait ses autres qualités.

C) Le test de closure limité

Cunningham et Cunningham (1978) ont proposé une variante du closure qui consiste à joindre au test la liste des mots enlevés. Ces mots sont placés dans un ordre aléatoire et l'on signale à l'enfant que chaque mot ne peut être utilisé qu'une fois. Seul le mot exact est accepté comme bonne réponse.

Les auteurs considèrent que cette variante du closure peut éliminer les résistances que manifestent certains professeurs face au closure étant donné que seules les réponses exactes sont acceptées.

La valeur et la fiabilité de cette variante sont fort acceptables. La principale faiblesse du closure limité est qu'il n'existe pas encore de critères précis pour traduire les résultats en niveau de lecture.

Pour résumer ce chapitre sur l'évaluation, nous dirons que si l'on choisit d'enseigner la lecture comme une activité fonctionnelle, il devient alors difficile de fractionner le langage écrit en petites unités en vue de l'évaluer. Si l'enseignement se fait à partir de textes significatifs et dans des situations où l'enfant lit avec une intention particulière, l'évaluation devra alors suivre ce même modèle.

BIBLIOGRAPHIE

ABRIOUX, P. **L'histoire de l'alphabet**. Aulnay-sous-Bois, 1975.

ACHIM, P., LESSARD, J.C. **À mots découverts**. Montréal : Mondia, 1981.

ACKERMAN, M.D. Acquisition and transfer value of initial training with multiple grapheme-phoneme correspondance. **Journal of Educational Psychology**, 1973, 65(11), 28–34.

ASHTON-WARNER, S. **Teacher**. New York : Simon et Schuster, 1963.

ASKLAND, L. Conducting individual language experience stories. **The Reading Teacher**, 1973, 27(2), 167–170.

BARR, R. Processes underlying the learning of printed words. **Elementary School Journal**, 1975, 75, 258–268.

BEAN, T., LEUER, M. The effect of a miniconference on teacher beliefs about the reading process. **Reading Horizons**, 1981, 22(2), 85–91.

BELLENGER, L. **Les méthodes de lecture**. Paris : PUF. Collection Que sais-je ? 1701, 1978.

BÉNICHOU, J.P. et *al.* **Lire, c'est vraiment simple quand c'est l'affaire de tous**. Paris : OCDL, 1982.

BERGER, P. **L'histoire de l'écriture dans l'antiquité**. Paris : Imprimerie Royale, 1891.

BINET, A., SIMON, T.H. **Mesure du développement de l'intelligence chez le jeune enfant**. Paris : Société A. Binet et T.H. Simon, 1921.

BLOOM, L., LAHEY, M. **Language development and disorder**. New York : Wiley, 1978.

BLOOMFIELD, L. **Language**. New York : Holt, 1933.

BOND, G., DYKSTRA, R. Coordinating center for first grade instructional reading programs. Minneapolis : University of Minnesota, 1967.

BOND, G., TINKER, M. **Reading difficulties: Their diagnostic and correction**. New York : Appleton, Century, Crofts, 1967.

BOUCHARD, L. Influence du développement psychomoteur sur l'apprentissage scolaire des enfants normaux de 1re année. **Québec Français**, 1975, 17, 32–34.

BOWEY, J.A. Intrasentence contextual facilitation in children's oral reading. **Reading Psychology**, 1982, 3(2), 91–105.

BRIGGS, C., ELKIND, D. Characteristics of early readers. **Perceptual and Motor skills**, 1977, 44, 1231–1237.

BRIGGS, C., ELKIND, D. Cognitive development in early readers. **Developmental Psychology**, 1973, 9(2), 279-280.

BRITTON, J. What's the use ? A schematic account of language function. **In** A. CASHMAN et E. GRUGEON (Eds), **Language in education**. Londres : Routledge and Kegan Paul, 1972.

BURKE, C. The language process : systems or systematic ? **In** H. RUDORF, R. RODGER (Eds), **Language and learning to read**. Boston : Houghton, Mifflin, 1972.

BUSSIÈRES, S. **Je veux lire**. Montréal : Pédagogia, 1967.

CARBO, C. Making books talk to children. **The Reading Teacher**, 1981, 35(2), 186–190.

CHALL, J. The great debate : Ten years later, with a modest proposal for reading stages. Washington : National Institute of Education, 1976.

CHALL, J.S. **Learning to read : The great debate**. New York : McGraw Hill, 1967.

CHALL, J.S. Reading 1967–1977 : a decade of change and promise. Bloomington : Phi Delta Kappa Educational Foundation, 1977.

CHISHOLM, D., KNAFLE, J.D. Letter-name knowledge as a prerequisite to learning to read. Paper presented at the annual meeting of The American Educational Research Association, Washington, D.C. 1975.

CIESIELSKI, R., REINWEIN, J. **Les apprentis I**. Montréal : Éditions Études vivantes, 1981.

CLAPARÈDE, E. **L'École sur mesure**. Paris : Delachaux et Niestlé, 1953.

CLARK, M.M. **Young fluent readers**. London : Heinemann Educational Books, 1976.

CLASS, A., DEMERS, S., CHARBONNEAU, R. **Phonétique appliquée.** Montréal : Beauchemin, 1968.

CLAY, M. **The early detection of reading difficulties. A diagnostic survey**. Auckland : Heinemann Educational Books, 1972.

COHEN, M. **La grande invention de l'écriture et son évolution**. Paris : Imprimerie royale, 1958.

COHEN, R. **L'apprentissage précoce de la lecture**. Paris : PUF, 1977.

COHEN, R. **Plaidoyers pour les apprentissages précoces.** Paris : PUF, 1982.

COHN, M., D'ALESSANDRO, C. When is a decoding error not a decoding error ? **The Reading Teacher**, 1978, 32(3), 341–345.

CUNNINGHAM, J., CUNNINGHAM, P. Validating a limited — cloze procedure. **Journal of Reading Behavior**, 1978, 10, 211–213.

CUNNINGHAM, P. Beginning Reading without readiness: structured language experience. **Reading Horizon**, 1979, 19(3), 227-228.

CUNNINGHAM, P. Put your two bottom readers in your top reading group. **Reading Horizons**, 1982, 22(3), 211–218.

DALY, B., NEVILLE, M.H., PUGH, A.K. Reading while listening: an annoted bibliography of materials anc research. The University of Leeds of Education, 1975, Paper No 13.

D'ANGELO, K., WILSON, R. How helpful is insertion and omission miscue analysis? **The Reading Teacher**, 1979, 32(5), 519–521.

DAY, K.C., DAY, H.D., SPICOLA, R., GRIFFEN, M. The development of orthographic linguistic awareness in kindergarten children and the relationship of this awareness to later reading achievement. *Reading Psychology*, 1981, 2(2), 76–87.

DECROLY, O. **Initiation à la méthode Decroly**. Bruxelles: Ermitage, 1936.

DELOGNE, D. **Apprendre à lire avant six ans**. Bruxelles: Édition de l'Université de Bruxelles, 1973.

DUBOIS, J., JOYANNON, G., LAGANE, R. **Grammaire française**. Paris: Larousse, 1961.

DUNNINGHAM, L. **Analyse des stéréotypes masculins et féminins dans les manuels scolaires du Québec**. Québec: L'éditeur officiel du Québec, 1976.

DURKIN, D. **Children who read early**. New York: Teacher's College Press, 1966.

DURKIN, D. **Strategies for identifying words. A workbook for teachers and those preparing to teach**. Boston: Allyn and Bacon, 1977.

DURKIN, D. **Teaching them to read**. Boston: Allyn and Bacon, 1978.

DURKIN, D. **Teaching young children to read**. Boston: Allyn and Bacon, 1976.

DURRELL, D.D., MURPHY, H.A. A prereading phonics inventory. **The Reading Teacher**, 1978, 31(4), 385–391.

L'école québécoise, énoncé de politique et plan d'action. Québec: Service des communications du Ministère de l'éducation, 1979.

Écoles et luttes des classes au Québec. C.E.Q., 1974.

L'école sur mesure. La Prairie: Les entreprises culturelles, 1977.

EHRI, L., WILCE, L.S. Do beginners learn to read function words better in sentences or in lists? **Reading Research Quarterly**, 1980, 15(4), 451–477.

ELKIND, D. Piaget's theory of perceptual development: Its application to reading and special education. Journal of Special Education, 1967, 1, 357–361.

EVANS, M., TAYLOR, N., BLUM, I. Children's written language and its relation to reading acquisition. **Journal of Reading Behavior**, 1979, 11(1), 7–19.

FERREIRO, E. What is written in a written sentence? A developmental answer. **Journal of Education**, 1978, 160(4), 25–39.

FLERX, V.C., FIDLER, D.S., and ROGERS, R.W. Sex Role Stereotypes: Developmental Aspects and Early Intervention. **Child Development**, 1976, 17, 998–1007.

FLESH, R. **Why Johnny can't read, and what you can do about it**. New York: Harper, 1955.

FOREST, M. Mon premier livre de lecture Forest-Ouimet : Directives pédagogiques. **L'instruction publique**, 1959, 3(7), 613–618.

FOREST, M., OUIMET, M. **Mon premier livre de lecture**. Montréal, 1935.

FORESTER, A.D. What teachers can learn from « natural readers ». **The Reading Teacher**, 1977, 31(2), 160–166.

FOSS, D.J., HAKES, D.T. **Psycholinguistics : an introduction to the psychology of language**. Englewood Cliffs : Prentice-Hall, 1978.

FOUCAMBERT, J. **La manière d'être lecteur.** Paris : OLDL, SERMAP, 1976.

Frères des Écoles Chrétiennes. **La lecture par la méthode phonique**. Montréal, 1922.

Frères des Écoles Chrétiennes. **Syllabaire**. Montréal, 1911.

Frères des Écoles Chrétiennes. **Syllabaire**. Montréal, 1872.

Frères Maristes. **Cours de lecture**. Montréal, 1923.

Français — Enseignement élémentaire (Programme-cadre). Ministère de l'éducation du Québec, 1969.

FRASER, G.E. The prediction of junior high school reading competency from elementary school performance. Thèse de doctorat, University of Massachusetts, 1981.

FRASHER, R.S. Boys, Girls and Pippi Longstocking. **The Reading Teacher**, 1977, 30, 860–863.

FRASHER, R.S., FRASHER, J.M. Influence of Story Characters' Roles on Comprehension. **The Reading Teacher**, 1978, 32, 160–164.

FREINET, C. **Méthode naturelle de lecture**. Cannes : Bibliothèque de l'école moderne coopérative de l'enseignement laïc, 1961.

FRIES, C.C. **Linguistic and reading**. New York : Holt, Rinehart and Winston, 1963.

GAGNÉ, R.M. **The conditions of learning**. (2nd edition). New York : Holt, Rinehart and Winston, 1970.

GAMBRELL, L.B. Sustained silent reading — A time for teacher. **The Reading Teacher**, 1981, 34(7), 836–839.

GAMBRELL, L.B. Think-time : Implications for reading instruction. **The Reading Teacher**, 1980, 34(2), 143–147.

GAVEL, S.R. June reading achievements of first-grade children. **Journal of Education Boston University**. 1958, 140(3), 36–44.

GELB, I.J. **Pour une théorie de l'écriture.** Paris : Flammarion, 1973.

GENOUVRIER, E., PEYTARD, J. **Linguistique et enseignement du français**. Paris : Larousse, 1970.

GESELL, A. **Infancy and human growth**. New York : Macmillan, 1928.

GIASSON-LACHANCE, G. **Une analyse des collections pour les lecteurs débutants**. Montréal : Les éditions Ville-Marie, collection PPMF-Laval, 1981.

GIASSON-LACHANCE, J. **Lecture — Activités de vocabulaire visuel en 1re année.** Montréal : Les éditions Ville-Marie, collection PPMF-Laval, 1981.

GIASSON-LACHANCE, J. **Techniques d'évaluation de la lecture.** Montréal : Les éditions Ville-Marie, collection PPMF-Laval, 1980.

GIASSON-LACHANCE, J., LEDUC, A. L'utilisation de la couleur dans la mise en relief de graphèmes chez des enfants de classe de maternelle. **Rééducation Orthophonique**, 1981, 19(121), 429–439.

GIBSON, E.J. The ontogeny of reading. **American Psychologist**, 1970, 25, 136–143.

GIBSON, E.J., LEVIN, H. **The psychology of reading**. Cambridge, MA : M.I.T. Press, 1975.

GIRARD, N. L'effet de la technique du livre-cassette sur l'acquisition de vocabulaire visuel chez des lecteurs débutants. Thèse de maîtrise, Université Laval, 1982.

GOLD, R. Two strategies for reinforcing sight vocabulary of language experience stories. **The Reading Teacher**, 1981, 35(2), 141–144.

GOODMAN, K.S. Analysis of oral reading miscues : applied psycholinguistics. **Reading Research Quarterly**, 1969, 5(1), 9–30.

GOODMAN, K.S. Behind the eye : What happens in reading. **In**. K.S. GOODMAN, O.S. NILES (Eds), **Reading Process and Program**. Urbana : National Council of Teachers of English, 1970.

GOODMAN, K.S. Comprehension-Centered reading. **Clarement reading conference yearbook**, 1970, 34, 125–135.

GOODMAN, K.S. A linguistic study of cues and miscues in reading. **Elementary English**, 1965, 42, 639–643.

GOODMAN, K.S. Reading : A psycholinguistic guessing game. **Journal of the Reading Specialist**, 1967, 6, 126–135.

GOODMAN, K.S. What we know about reading. **In** P.D. ALLEN et D.J. WATSON (Eds), **Findings of Research in Miscue Analysis : Classroom Applications.** Urbana : ERIC, 1976, 57–70.

GOODMAN, K., GOODMAN, Y. Reading is natural. **Apprentissage et socialisation**, 1980, 3(2), 107–123.

GOODMAN, Y., ALTWERGER, B. Print awareness in pre-school children : a study of the development of literacy in preschool children. Program in language and literacy. University of Arizona ; Arizona Center for Research and development, 1981.

GOODMAN, Y.M., BURKE, C. **Reading strategies : Focus on comprehension**. New York : Holt, Rinehart and Winston, 1980.

GOUGH, P.B. One second of reading. **In** J.F. KAVANACH, I.G. MATTINGLY (Eds), **Language by ear and by eye**. Cambridge, Mass. : M.I.T. Press, 1972.

GRAY, W., BARUCH, D., RIDER-MONTGOMERY, E. **Viens travailler, viens jouer.** Toronto : Gage, 1948.

GRAY, W., BARUCH, D., RIDER-MONTGOMERY, E. **Viens voir**. Toronto : Gage, 1948.

GRAY, W.S. Reading and physiology and psychology of reading. **In** C.W. HARRIS (Ed.), **Encyclopedia of Educational Research**. New York : Macmillan, 1960.

GREANEY, V. Factors related to amount and type of leisure time reading. **Reading Research Quarterly**, 1980, 15(3), 337–358.

GRÉVISSE, M. **Le bon usage: grammaire française, avec des remarques sur la langue française d'aujourd'hui**. Gembloux : Duculot, 1975.

GUTHRIE, J., SEIFERT, M., BURNHAM, N., CAPLAN, R. The maze technique to assess, monitor reading comprehension. **The Reading Teacher**, 1974, 28(2), 161–168.

HABER, R.N., COLE, R.A. Evidence for the direct access to letter identification. **Acta Psychologica**, 1980, 46, 181–192.

HALLIDAY, M.A.K. **Explorations in the functions of language**. London : Butler et Tanner, 1973.

HALLIDAY, M.A.K. **Learning How to Mean — Explorations in the Development of languages.** London : Edward Arnold, 1975.

HALPERN, H. An attitude survey of uninterrupted sustained silent reading. **Reading Horizons**, 1981, 21(4), 272–280.

HARGIS, C.H., Gickling, E.E. The function of imagery in word recognition development. **The Reading Teacher**, 1978, 31(8), 870–875.

HARRISON, L. Cro-Magnon Women — in Eclipse. **The Science Teacher**, 1975, 42, 8–11.

HARSTE, J.C. Understanding the hypothesis. It's the Teacher that makes the difference : Part I. **Reading Horizons**, 1977, 18, 32–43.

HAVELOCK, E. **Aux origines de la civilisation écrite en Occident**. Paris : Maspero, 1981.

HEATHCOTE, O.D. Sex stereotyping in Mexican reading primers. **The Reading Teacher**, 1982, 36(2), 158–165.

HEATHINGTON, B.S., ALEXANDER, J.E. A child-based observation checklist to assess attitudes toward reading. **The Reading Teacher**, 1978, 31(7), 769–772.

HENRY, G. **Comment mesurer la lisibilité**. Bruxelles : Fernand Nathan, 1975.

HIEBERT, E.H. Developmental Patterns and Interrelationship of Preschool Children's Print Awareness. **Reading Research Quarterly**, 1981, 16(2), 236–260.

HIEBERT, E.H. The relationship of logical reasoning ability, oral language comprehension and home experiences to preschool children's print awareness. **Journal of Reading Behavior**, 1980, 12, 313–324.

HILLERICH, R.L. A diagnostic approach to early identification of language skills. **The Reading Teacher**, 1978, 31(4), 357–364.

HOFFMAN, J.W. Developing flexibility through reflex action. **The Reading Teacher**, 1979, 33(3), 323–330.

HOLDAWAY, D. **The fundations of literacy**. London : Ashton Scholastic, 1979.

HOLMES, J.A. Factors underlying major reading disabilities at the college level. **Genetic Psychology Monographs**, 1954, 49, 3–95.

HUEY, E.B. **The psychology and pedagogy of reading**. New York : Macmillan, 1908. Republié par M.I.T. Press, Cambridge, 1968.

HUNSBERGER, M. Reading investigations... What directions ? **Journal of Reading**, 1982, 25(7), 629–633.

HUNT, L. The effect of self-selection, interest and motivation upon independent, instructional and frustration levels. **The Reading Teacher**, 1970, 24(2), 146–151.

JAVAL, E. **Psysiologie de la lecture et de l'écriture**. Paris : Félix Alcan, 1905. Réédité par RETZ, 1978.

JENKINS, J.R., BAUSELL, B.R., JENKINS, L.M. Comparaison of letter name and letter sound training as transfer variables. **American Educational Research Journal**, 1972, 9, 75–86.

JOHNS, J.L. First Graders' Concepts about Print. **Reading Research Quarterly,** 1980, 15(4), 529–549.

JOHNS, J.L. Research in reading : A century of inquiry. **In** S. WEINTRAUB, H. SMITH, G. PLESSIS, N. ROSNER, W. HILL, M. KIBLAY (Eds), **Summary of investigations relating July 1, 1980 to June 30, 1981**. Newark : IRA, 1982.

JOHNSON, J.L. Rx for Round Robin Oral Reading. **Reading Horizons**, 1982, 22(3), 201–204.

JOLLY, H.B. Teaching basic function words. **The Reading Teacher**, 1981, 35(2), 136–141.

JOLOIS, J.J. **Joseph-François Perrault (1753-1844) et les origines de l'enseignement laïque au Bas-Canada**. Montréal : Les Presses de l'Université de Montréal, 1969.

JUEL, C. Comparison of word identification strategies with varying context, word type, and reader skill. **Reading Research Quarterly**, 1980, 15(3), 358–377.

KENDALL, J.R. Enriching the beginning reading program : the natural language technique. **Reading Horizons**, 1979, 20(1), 16–19.

KING, E.M., FRIESEN, D.T. Children who read in kindergarten. **The Alberta Journal of Educational Research**, 1972, 18(3), 147–161.

KITA, M.J. Children's Concepts of Reading and Writing. Paper presented at the Annual Meeting of the National Reading Conference, 1979, ED182722.

LABRECQUE, A., BÉLANGER, D. La mesure de la conscience de l'écrit chez l'enfant de 5 ans. Thèse de maîtrise. Université Laval, en préparation.

LANGEVIN, J. **Cours de pédagogie ou principes d'éducation**. Rimouski : Imprimerie de la Voix de Golfe, 1869.

LEFEVRE, C. **Linguistics and the teaching of reading**. Toronto : McGraw-Hill, 1964.

LEMIRE, G. et *al.* **L'enseignement du français et la communication orale**. Montréal : Les éditions Ville-Marie, collection PPMF-Laval, 1981.

LEMIRE, G. et *al.* **Je vis en français**, La Prairie : Les Entreprises culturelles, 1981.

MCARTHUR, L.Z., EISEN, S.V. Achievements of Male and Female Storybook Characters as Determinants of Achievement Behavior by Boys and Girls. **Journal of Personality and Social Psychology**, 1976, 33, 467–473.

MCCONKIE, C.W. What the study of eye movement reveals about reading. **In** L.R. RESNICK, P.A. WEAVER (Eds), **Theory and Practice of early reading. vol. 3.** Hillsdale : Lawrence Erlbaum, 1979.

MCCRACKEN, R.A. Sustained Silent reading. **In** C.A. PEDERSON (Ed.), **Reading and language arts I**. Grand Forks : Center for teaching and learning, 1978.

MAGNAN, C.J. Enseignement de la lecture. **L'enseignement Primaire**, 1899, 4, 258–262.

MAGNAN, C.J. et AHERN, G. **Mon premier livre: lire, écrire, compter**. Québec, 1900.

MARTONCIK, K., ERICKSON, L. Do your cues confuse students? **Reading Psychology**, 1982, 3(2), 161–166.

MATTINGLY, I.G. Reading the linguistic process and linguistic awareness. **In** J.F. KAVANAGH and I.G. MATTINGLY (Eds), **Language by ear and by eye.** Cambridge: M.I.T. Press, 1972.

MAXWELL, R. The young critic. **Ripples**, 1979, 5, 5–7.

MORICE, A.G. **Croquis anthropologiques**, Winnipeg, 1934.

MORISSON, C., HARRIS, A.J., AVERBACH, I.T. The reading performance of disadvantaged early and non-early readers from grades I through 3. **The Journal of Educational Research**, 1971, 65(1), 23–26.

MORRIS, D. Beginning readers' concept of word. **In** E.H. HENDERSON et J.W. BEERS (Eds), **Developmental and cognitive aspect of learning to spell**. Newark: IRA, 1982, (97–112).

MORRISON, R.E., INHOFF, A.W. Visual factors and eye movements in reading. **Visible Language**, 1981, 15(2), 129–146.

MORROW, L.M. Relationships between literature programs, library corner designs, and children's use of literature. **Journal of Educational Research**, 1982, 75(6), 339–344.

NGANDU, K. Elementary students' definitions of reading. **Reading Horizons**, 1979, 19(4), 272–276.

NILSEN, A.P. Old blondes Just Dye away: Relationships between sexism and ageism. **Language arts**, 1978, 55(2), 175–179.

NOBLE, E.F. Self-selection: A remedial strategy for readers with a limited reading vocabulary. **The Reading Teacher**, 1981, 34(4), 386–389.

OLSON, A.V. Growth in word perception abilities as it relates to success in beginning reading. **Journal of Education, (Boston University)**, 1958, 140, 25-26.

OTTO, J. The new debate in reading. **The Reading Teacher**, 1982, 36(1), 14–20.

OUELLET, A. **Processus de recherche. Une approche systématique**. Québec: Les Presses de l'Université du Québec, 1981.

PAGE, W. The Post Oral reading cloze test: New link between oral reading and comprehension. **Journal of Reading Behavior**, 1975, 7(4), 383–389.

PAGE, W., CARLSON, K. The process of observing oral reading score. **Reading Horizons**, 1975, 15(3), 147–150.

PEDERSON, C.A. (Ed.). **Reading and language arts I**. Grand Forks: Center for Teaching and Learning, 1978.

PESOT, J. **Silence on parle.** Montréal: Guérin, 1979.

PIAGET, J. **Le langage et la pensée chez l'enfant**. Paris: Delachaux et Niestlé, 1923.

PIKULSKI, J.J., TOBIN, A.N. The cloze procedure as an informal assessment technique. **In** J.J. PILULSKI, T. SHANAHAN (Eds), **Approaches to the informal evolution of reading**. Newark: IRA, 1982.

PINES, M. **De la naissance à six ans: une révolution dans les apprentissages**. Vesone: Delagrave, 1969.

PITTS, M.M. Comprehension monitoring: definition and practice. **Journal of Reading**, 1983, 26(6), 516–523.

POPP, H. Current Practices in the teaching of beginning reading. **In** J.B. CARROLL, J.S. CHALL (Eds), **Toward a literate society**. New York: McGraw-Hill, 1975.

POPP, H.M. Visual discrimination of alphabet letters. **The Reading Teacher**, 1964, 17, 221–225.

PORTER, D. Modified Cloze procedure: a more valid reading comprehension test. **English Language Teaching Journal**, 1976, 30(2), 151–155.

Pour les québécoises: égalité et indépendance. Conseil du Statut de la femme, Québec: L'éditeur officiel du Québec, 1978.

PRÉFONTAINE, R., DELOLME, A. **Mes premières lectures**. Boucherville: Le Sablier, 1980.

PRÉFONTAINE, R., PRÉFONTAINE, G. **Vocabulaire oral des enfants de 5 à 8 ans au Canada français**. Montréal: Beauchemin, 1968.

Programme d'études des écoles élémentaires du Québec. Ministère de l'instruction publique du Québec, 1948.

Programme d'études primaires — Français. Ministère de l'Éducation du Québec, 1979.

PUGH, A.K. **Silent reading: an introduction to its study and teaching**. London: Heinemann, 1978.

QUANTZ, S.D. Problems in the psychology of reading. **Psychological Review**, 1898, 5, 434–436.

RAKES, T.A., GOTFRED, S., and BOWMAN, H.L. Reader Preferences Related to Female Aggressiveness and Stereotyped Character Roles. **Reading Improvement**, 14, 30–35.

RAYNER, K. Visual cues in word recognition and reading: Introduction. **Visible Language**, 1981, 15(2), 125–128.

READ, C. Writing is not the Inverse of Reading for Young Children. **In** J.F. FREDERIKSEN, J.F. DOMINIC (Eds), **Writing: The Nature, Development and Teaching of Written Communication**. Vol. 2, 105–117. Hillsdale: Lawrence Erlbaum Associates, 1981.

Réflexions sur les préalables aux apprentissages scolaires. Ministère de l'éducation du Québec. Service de l'adaptation scolaire, 1980.

Registre d'inscription et d'appels pour les écoles catholiques et françaises du Québec, 1917.

RICHAUDEAU, F., GAUQUELIN, F. **Méthode de lecture rapide**. Paris: RETZ, 1977.

RICHEK, M.A. Readiness skills that predict initial word learning using two different methods of instruction. **Reading Research Quarterly**, 1977-1978, 12(2), 200–223.

RICHER, E. **Syntaxe I**. Collection: Essors pour notre temps. Paris: Desclée de Brouwer, 1967.

ROBECK, C.P. The development of literacy in middle class preschool children. **Reading Psychology**, 1982, 3(2), 105–116.

ROETTGER, D. Elementary students' attitudes toward reading. **The Reading Teacher**, 1980, 33(4), 451–454.

ROSS, F.-X. **Pédagogie théorique et pratique**. Québec: Imprimerie Charrier et Dugal, 1924.

ROSS, P.A. Getting books into those empty hands. **The Reading Teacher**, 1978, 31, 397–399.

ROWE, M.B. Relation of Wait-time and rewards to the development of language, logic and fate control : Part one — Wait-time. **Journal of Research in Science Teaching**, 1974, 11, 81-94.

RUBIN, A. A theoretical taxonomy of the differences between oral and written language. **In** R.J. SPIRRO, B.R. BRUCE, W.F. BREWER (Eds), **Theoretical issues in reading comprehension: perspectives in cognitive psychology, linguistic, artificial intelligence and education**. (411-438). New Jersey : Lawrence Erlbaum Associates Publishers, 1980.

RUDDELL, R.B. Early prediction of reading success : Profiles of good and poor readers. **In** M.L. RAMIL, A.J. MOE (Eds), **Reading research: Studies and applications.** Elemson, J.C. : National Reading Conference 28th Yearbook, 1979.

RUDDELL, R.B. Language acquisition and the reading process. **In** H. SINGER, R.B. RUDDELL (Eds), **Theoretical models and processes of reading**, Newark : IRA, 1970.

RUMELHART, D.E. Notes on schema for stories. **In** D.J. BOBROW, A. COLLINS (Eds), **Representation and understanding: studies in cognitive science**. New York : Academic Press, 1975.

RYE, J. **Cloze procedure and the teaching of reading**. London : Heinemann Educational Books, 1982.

SAMUELS, S.J. The effect of letter-name knowledge on learning to read. **American Educational Research Journal**, 1972, 9(1), 65-74.

SCHANK, P.C. **Reading and Understanding: Teaching from the Perspective of Artificial Intelligence**. Hillsdale : Lawrence Erlbaum Associates, 1982.

SCHNEEBERG, H. Listening while reading : a four year study. **The Reading Teacher**, 1977, 30(6), 629-635.

SCHNEIDERMAN, M. Homemade talking books. **The Reading Teacher**, 1979, 33(2), 205.

SCHONELL, F. **The psychology and teaching of reading**. New York : Philosophical Library, 1961.

SCHREINER, R., TANNER, L.R. What history says about teaching reading. **The Reading Teacher**, 1976, 29(5), 468-473.

SCHULWITZ, B.S. Coping with sexism in reading materials. **The Reading Teacher,** 1976, 29(8), 768-770.

SCOTT, K.P. Sexist and nonsexist materials : what impact do they have ? **Elementary School Journal**, 1980, 81(1), 46-52.

SCOTT, K.P. and FELDMAN-SUMMERS, S. Children's Reactions to Textbook Stories in Which Females Are Portrayed in Traditionnally Male Roles. **Journal of Educational Psychology**, 1979, 71, 396-402.

SHERIDAN, E.M. **Sex stereotypes and reading: Researchs and Strategies**. Newark : IRA, 1982.

SKINNER, B.F. **Verbal behavior**. New York : Appleton, Century, Crofts, 1957.

SINGER, H. A developmental model of speed of reading in grades three through six. **In** H. SINGER, R.B. RUDDELL (Eds), **Theoretical models and processes of reading**. Newark : IRA, 1970.

SMETHURST, W. **Teaching young children to read at home.** New York : McGraw-Hill, 1975.

SMITH, F. **La compréhension et l'apprentissage**. Montréal : HRW, 1979. (Édition originale en langue anglaise, 1975).

SMITH, F. Overloading the competent reader. Texte présenté à l'Assemblée annuelle du National Council for Teachers of English tenue à Las Vegas, nov. 1971. ED 085 674 (Traduction).

SMITH, F. **Reading without nonsense**. New York : Teachers College, Columbia University, 1979.

SMITH, N.B., ROBINSON, A. **Reading Instructions for today's children**. Englewood Cliffs, N.J. : Prentice-Hall, 1980.

SMITH, R.J., BARRETT, T. **Teaching reading in the middle grades**. Menlo Park, California : Addison-Wesley Publishing Company, 1979.

Sœurs de la charité. **La grande nouvelle**. Sherbrooke, 1953.

Sœurs de la charité. **Lecture progressive par la méthode nouvelle**. Montréal, 1934.

Sœurs de la congrégation Notre-Dame. **Mon premier livre de lecture**. Montréal, 1940.

Sœurs de la congrégation Notre-Dame. **Syllabaire gradué ou le 1er livre des enfants**. Montréal, 1890.

SPIEGEL, D.L. Meaning-seeking strategies for the beginning reader. **The Reading Teacher**, 1978, 31(7), 772–777.

SPIEGEL, D.L., ROGERS, C. Teacher responses to miscue during oral reading by second-grade students. **Journal of Educational Research**, 1980, 74(1), 8–12.

STAATS, A.W. **Learning, language and cognition**. New York : Holt, Rinehart and Winston, 1968.

STAATS, A.W. **Social Behaviorism**. Homewood : Dorsey Press, 1975.

STAATS, A., BREWER, B.A., GROSS, M.C. Learning and cognitive development : representation samples, cumulative — hierarchical learning, and experimental-longitudinal methods. Monographs of the Society for Research in Child Development, 1970, 35(8), 1–85.

STAATS, A.W., MINKE, K.A., FINLEY, J.R., WOLF, M.M., BROOKS, L.O. A Reinforcer system and experimental procedure for the laboratory study of reading acquisition. **Child Development**, 1964, 35, 209–231.

STAIGER, R. **L'enseignement de la lecture**. Paris : Delachaux et Niestlé, 1973.

STANDAL, T. Readability formulas : What's out, what's in ? **Reading Teacher**, 1978, 31, 642–646.

STANDAL, T.C., TOWNER, J.C. The « Virtues » of round robin reading. **Reading Horizons**, 1982, 22(3), 204–207.

STANOVICH, K.E. Toward an interactive-compensatory model of individual differences in the development of reading fluency. **Reading Research Quarterly**, 1980, 16(1), 32–71.

STARKEY, J. STARKEY, P. Interchange. Some differences between achievers and non-achievers. **The Reading Teacher**, 1981, 35(3), 349-350.

STERN, A.J. Eye movements, reading and cognition. **In** J.W. SENDERS, D.F. FISHER et R.A. MONTY (Eds), **Eye movements and the higher psychological functions**. Hillsdale, N.S. : Lawrence Erlbaum Associates, 1978, p. 145–157.

STULL, M., WITTMAIER, B.C. Attitude changes in children after exposure to stories about women in traditional or non-traditional occupation. **Journal of Educational Psychology**, 1978, 70, 945–949.

TAYLOR, G.C. Images of the elderly in children's literature. **The Reading Teacher**, 1980, 34(3), 344–347.

TAYLOR, W. Cloze procedure : A new tool for measuring readability. **Journalism Quaterly**, 1953, 30, 415–433.

TEALE, W.H. Positive environments for learning to read : What studies of early readers tell us. **Language arts**, 1978, 55, 922–932.

TERS, F., MAYER, G., REICHENBACK, D. **L'échelle Dubois-Buyes**. Paris : OCDL, 1977.

THÉRIAULT-PITRE, J. Étude comparative du phénomène d'accélération dans l'apprentissage du nom et du son des lettres de l'alphabet chez des enfants de quatre ans. Thèse de doctorat. Université Laval, 1978.

THÉRIAULT-PITRE, J. et LEDUC, A. Le phénomène d'accélération dans l'apprentissage du nom et du son des lettres de l'alphabet. **Apprentissage et Socialisation,** 1979, 2(3), 133–151.

THORNDIKE, E.L. **The psychology of learning**. New York : Teachers College, Columbia University, 1923.

THORSON, G. An atternative for judging confusability of visual letters : **Perceptual and Motor Skills,** 1976, 42, 116–118.

THOUGH, J. **Focus on meaning : Talking to some purpose with young children**. London : George Allen et Unwin, 1974.

TIBBETTS, S.L. Sex Differences in children's Reading Preferences. **The Reading Teacher**, 1974, 28(3), 279–281.

TINKER, M.A. **The legibility of print**. Minneapolis : University of Minnesota Press, 1954.

TORREY, J.W. Learning to read without a teacher : a case study. **In** F. SMITH, **Psycholinguistics and reading**. (Ed) Montréal : Holt, Rinehart and Winston, 1973, 147–157.

TREMBLAY-VAILLANCOURT, T., ROY-LEBLANC, S. **Les mots en fête**. Collection Et si on lisait... Montréal : Les Éditions françaises, 1978.

TRUE, J. Round robin reading is for the birds. **Language Arts**, 1979, 56(8), 918.

TURCOTTE-DELISLE, M. **Les malurons**. Montréal : CEC, 1981.

TUTOLO, D. Beginning reading in Italy. **The Reading Teacher**, 1982, 35(4), 482-483.

VALIQUETTE, J. Les fonctions de la communication, au cœur d'une didactique renouvelée de la langue maternelle. Québec : Ministère de l'Éducation, Études et documents, 1979.

VAN GRUNDERBECK, N. Les pré-requis démystifiés. **Québec Français**, 1980, 39, 26-27.

VAN THAN, S. Que faut-il penser des pré-requis ? **Le Préscolaire**, 1981, juin, 8-9.

VEATCH, et *al*. **Keywords to reading : The language experience approach begins**. Columbia : Charles et Merrill, 1973.

VENEZKY, R.L. The curious role of letter names in reading instruction. **Visible language,** 1975, 9(1), 7–23.

VENEZKY, R.L. Research on reading Processes. A historical perspective. **American Psychologist**, 1977, mai, 339–345.

VENEZKY, R.L., Calfee, R.C. The reading competency model. **In** SINGER, R.B. RUDDELL (Eds), **Theoretical models and processes of reading**. Newark : IRA, 1970.

VÉZINA, A. Les fonctions de l'écrit : quelques conditions nécessaires à un apprentissage significatif de la lecture et de l'écrit. **Québec Français**, 1978, 29, 37–43.

VIKIS-FRÉBERGS. **Fréquence d'usage des mots au Québec**. Montréal : Presses de l'Université de Montréal, 1974.

VINETTE, J.P. **Méthodologie générale**. Montréal : Centre de psychologie et de pédagogie, 1950.

VINETTE, R. **Échelle de vocabulaire et d'orthographe. Partie du maître**. Montréal : Centre de psychologie et de pédagogie, 1949.

WALLON, H. **Évolution psychologique de l'enfant**. Paris : Colin, 1947.

WEAVER, C. **Psycholinguistics and reading : From process to practice**. Boston : Little and Brown, 1980.

WEAVER, C., SMITH, L. A psycholinguistic look at the Informal Reading Inventory Part II. Inappropriate inferences from an informal reading inventory. **Reading Horizons**, 1979, 19(2), 103–112.

WEAVER, P., RESNICK, L.B. The theory and practice of early reading : an introduction. **In** L.B. RESNICK, P.A. WEAVER (Eds), **Theory and Practice of early reading.** Vol. 2. Hillsdale, N.J. : Lawrence Erlbaum Associates, 1979.

WENDELIN, K.H., ZINCK, R.A. How students make book choices. **Reading Horizons**, 1983, 23(2), 84–89.

WIGHT, J. Speach acts : thought acts. **Educational Review**, Special Issue : Developments in Language, 1976, 28(3), 168–179.

WILLIAMS, J.P. Learning to read : A review of theories and models. **Reading Research Quarterly**, 1973, 8, 121–146.

WILSON, F.T., FLEMMING, C.W. Grade trends in reading progress in kindergarten and primary grades. **The Journal of Educational Psychology**, 1940, 31(1), 1–13.

WOLPERT, E.M. Lenght, imagery values and word recognition. **The Reading Teacher**, 1972, 25, 180–196.

WOODRUFF, A. **The psychology of teaching**. Toronto : Longmans, Green, 1951.

ZINTZ, M.V. **The reading Process**. Dubuque : Brown, 1975.

LITHO AU CANADA
PAR L'ÉCLAIREUR LTÉE, BEAUCEVILLE